"十四五"职业教育国家规划教材

矿井水文地质

第二版

主　编　陈引锋

中国矿业大学出版社
·徐州·

内 容 提 要

本书为"十四五"职业教育国家规划教材。本书是在 2018 年出版的《矿井水文地质》(第一版)的基础上修订而成的。教材编写以项目引导、任务驱动模式展开。全书内容分为六个项目:项目一——地下水基础知识;项目二——地下水系统与地下水动态;项目三——矿井水文地质勘查;项目四——矿井水害分析与探测;项目五——矿井水害防治;项目六——矿井水资源化。本次修订以党的二十大精神为指导,开启"大思政"的模式,坚持守正创新,在任务中增加了素养目标,依据新的规程规范,对原书内容进行了删改,部分内容进行了更新与调整,补充了一些新技术新方法。另外,编写了实验实习实训与习题指导书,作为本教材配设的电子资源,以便让学生更好地巩固所学的知识,提高职业技能与综合能力。

本书是煤炭高等职业技术院校、高等专科院校矿山地质类专业的教材,适于矿山地质类具有地质学基础的学生学习与使用,也可供从事地质相关专业的工程技术人员和研究人员参考。

图书在版编目(C I P)数据

矿井水文地质/陈引锋主编. —2 版. —徐州:
中国矿业大学出版社,2022.2(2023.9 重印)
ISBN 978 - 7 - 5646 - 5306 - 4

Ⅰ. ①矿… Ⅱ. ①陈… Ⅲ. ①矿井—水文地质—教材
Ⅳ. ①TD163

中国版本图书馆 CIP 数据核字(2022)第 032004 号

书　　名	矿井水文地质
主　　编	陈引锋
责任编辑	章　毅　张　岩
出版发行	中国矿业大学出版社有限责任公司
	(江苏省徐州市解放南路　邮编 221008)
营销热线	(0516)83885370　83884103
出版服务	(0516)83995789　83884920
网　　址	http://www.cumt.com　E-mail:cumtpvip@cumt.com
印　　刷	徐州中矿大印发科技有限公司
开　　本	787 mm×1092 mm　1/16　印张 15.75　字数 403 千字
版次印次	2022 年 2 月第 2 版　2023 年 9 月第 2 次印刷
定　　价	43.00 元

(图书出现印装质量问题,本社负责调换)

第二版前言

《矿井水文地质》教材自 2018 年第一版出版以来,满足了各院校教学之需,受到师生的好评。2020 年和 2023 年,《矿井水文地质》分别被遴选为"十三五"和"十四五"职业教育国家规划教材,使教材的修订工作得以顺利进行。

本次教材修订工作,本着为党育人、为国育才的目的,以习近平新时代中国特色社会主义思想铸魂育人为主题主线,坚持正确政治方向和价值导向,构建"大思政"的工作格局,同时以《高职高专地质专业"十四五"规划教材·规范版》为指导思想,在任务中增加了素养目标,对任务实施模块也相应进行了修改,旨在培养矿井水文地质工作一线德才兼备,高素质、高水平的复合型技术技能人才。

为了节省资源空间,重点内容中均加入了一些视频与动画的数字资源,打造为立体化规划教材,以更好地满足教学与研究的需要。按照国家标准,对接行业标准,依据《安全生产法》《矿山安全法》《煤矿安全规程》《煤矿防治水细则》等相关专业技术规范的要求,在修订过程中替换了某些陈旧与规范性的内容,更新与增加了矿井水文地质勘查、矿井水害分析与探测、矿井水害防治方面的新知识、新技术与新方法,加强了启发性教学,部分章节做了较大的改动。

修订过程中保持原教材的框架结构:项目一与项目二为矿井水文地质基础知识;项目三矿井水文地质勘查、项目四矿井水害分析与探测、项目五矿井水害防治为本书的重点内容;项目六矿井水资源化为拓展内容。为加强实践教学,本书配有独立的实验实习实训与习题指导书,目前尚未出版,读者朋友可以与编辑(邮箱 962065858@qq.com)联系获得相关配套资料。

修订工作是在 2018 年版《矿井水文地质》内容的基础上进行的。邀请企业行业大师作为技术指导,同时邀请山西工程职业学院与黑龙江能源职业学院老师参与了部分内容的编写。本书由陈引锋主编。由陕西能源职业技术学院丁海英、山西工程职业学院郝宝华修订项目一;由陕西能源职业技术学院刘晓玲修订项目二;由陕西能源职业技术学院马长玲、陕西省一九四煤田地质有限公司方迎辉修订项目三;由陕西能源职业技术学院刘晓玲、陕西省一九四煤田地质有限公司方迎辉修订项目四；由陕西能源职业技术学院陈引锋、陕西延安市车村煤矿一号井周海涛修订项目五；由陕西能源职业技术学院马长玲、黑龙江能源职业学院李洪军修订项目六。实验实习实训与习题指导书由陈引锋编写，方迎辉提供了实验实习实训部分图件的修订稿。最后，由陈引锋统编全稿。成稿后，原编者对多数章节进行了审阅。

本书的出版得到了陕西能源职业技术学院李振林教授、李玉杰副教授，中煤科工集团西安研究院有限公司李贵红研究员、牛光亮高级工程师、李浠龙高级工程师的鼎力帮助，得到了许昌学院唐东旗副教授与山西高河能源有限公司魏军贤高级工程师的大力支持，在此表示衷心感谢。同时，感谢中国矿业大学出版社的同仁，感谢他们为出版此书所付出的心血。

由于编者水平所限，书中难免会有不妥之处，恳请读者批评和指正。

修订者

2023 年 9 月

第一版前言

矿井水文地质是一门集理论科学性、生产实践性、研究应用性于一身的综合性课程，理论、实践与技术相结合是它的一大特色。同时，该课程在包含系统的地质基本知识、基本概念和基础知识的同时，重点突出了与矿井生产紧密相关的水文地质知识和理论，为矿井生产服务的特色十分明显。

为了让地质类专业的学生在较少的课时内，通过一门课程就能全面了解矿井水文地质的内容，在校内部讲义《矿井水文地质》的基础上，编写了本教材，供学生使用。

本教材在原来课程体系的基础上，通过增加、删减部分内容后，形成了现在的编排框架，打破了以往的章节编排的形式，以高职高专地质专业培养目标为指导，依据《煤矿安全规程》《煤矿防治水规定》等相关专业技术规范的要求，结合高等职业教育教学特点，在教学模式、教学内容和教学方法等方面都进行了改进。教材编写过程中以项目引导、任务驱动模式展开，在项目中穿插一些工程实例，以加强学生对生产实践技能的掌握，培养学生解决实际工程问题的能力，目的是培养在矿井水文地质一线的高素质、实用型人才。

本书的出版得到了陕西能源职业技术学院李振林教授、吕智海教授和李玉杰老师的鼎力帮助与大力支持，在此表示衷心感谢。本书编写的分工如下：项目一由河南工业和信息化职业学院刘超编写，项目二由陕西能源职业技术学院陈引锋编写，项目三由陕西能源职业技术学院陈引锋、马长玲共同编写，项目四由陕西能源职业技术学院刘晓玲编写，项目五由陕西能源职业技术学院陈引锋编写，项目六由陕西能源职业技术学院魏奥林编写。最后的统稿工作由陈引锋完成。

在本书的编写过程中，吸收和借鉴了同类教材的精华，在此对各位作者表示衷心的感谢。由于编者水平所限，书中难免会有不妥之处，恳请有关专家和广大读者给予批评和指正。

作　者

2018 年 5 月

目　　录

项目一　地下水基础知识

任务一　地下水的形成与赋存

【知识要点】　自然界的水循环;岩石中的空隙;岩石空隙中的水;岩石的水理性质。

【技能目标】　具备简述自然界水循环过程的能力;具备简要分析岩石中的空隙类型及空隙中水存在形式的能力;具备简要描述岩石水理性质的能力。

【素养目标】　树立尊重自然、遵循客观规律的理念;培养学生分析问题的能力。

 **任务导入**

在矿井建设与生产过程中,流入井巷空间的地下水、地表水都是影响煤矿建设与生产的地质因素,它们均为煤矿开采条件的重要组成部分。本项目将介绍与矿井水文地质有关的一些基础知识。

地下水的形成过程比较复杂,其影响因素众多,其中,降水、蒸发和径流是主要的影响因素。岩石的空隙性决定了地下水的储量大小,地下水在岩石空隙中的存在方式多种多样,地下水在流动的过程中,与岩石之间会发生各种各样的反应,从而反映出岩石具有的水理性质。

 **任务分析**

地下水的形成与赋存,是矿井水文地质的基础知识。学习该内容,重点要掌握水循环、水在岩石中的存在形式及岩石的水理性质,必须掌握以下相关知识:

(1) 自然界的水循环;

(2) 岩石中的空隙;

(3) 岩石空隙中的水;

(4) 岩石的水理性质。

 **相关知识**

一、自然界的水循环

地球上的水分布于大气圈、地球表面和地壳中。自然界中的水循环主要是指大气圈水、地表水、地下水之间的相互转化关系。

1. 水循环的过程

狭义的水循环是水文循环的简称,是在太阳辐射和重力共同作用下,以蒸发、降水和径流等方式周而复始进行的。全球平均每年有 577 000 km³ 的水通过蒸发进入大气,通过降水又返回海洋和陆地。其特点是速度较快,途径较短,转换交替比较迅速。对于全球来说,全年平均蒸发量之和等于全年平均降水量之和。

地下水的形成

水循环可以分为大循环和小循环。在全球范围内,水分从海洋表面,陆地的河湖、岩土表面、植物叶面蒸发,上升的水汽随气流转移到陆地和海洋上空,陆地上空的水汽以降水的形式降落到陆地表面,又以径流的形式汇入大海之中,称为大循环,循环周期长达数千年或几天。海洋或陆地内部的水分交换称为小循环。其循环过程见图 1-1。

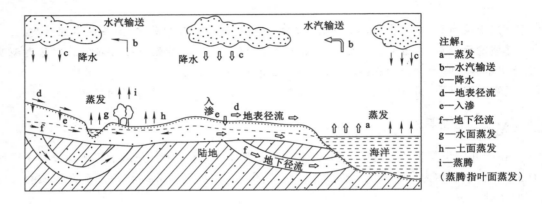

图 1-1　自然界中水循环

2. 水循环的机理

水循环服从质量守恒定律,整个循环过程保持着连续性,既无开始,也没有终结。从实质上讲,水循环是物质与能量的传输、储存与转化过程,而且存在于每一环节。有时候,水循环广泛遍及整个水圈,并深入大气圈、岩石圈及生物圈。

二、岩石的空隙性

岩石空隙是地下水的储存场所和运动通道。空隙的多少、大小、形状、连通情况和分布状况,称为岩石的空隙性。它对地下水的分布和运动具有重要影响。

按照空隙成因和岩石的性质,可将岩石空隙分为孔隙、裂隙和溶隙。因此,相应地将岩石划分为孔隙岩石、裂隙岩石和岩溶岩石。此外,还存在各种过渡类型的岩石,如垂直节理发育的黄土、具有收缩裂隙的黏土等,都可称为裂隙-孔隙类岩石,石灰岩多数称为裂隙-岩溶岩石。

松散岩石空隙的发育程度,一般用孔隙度来表示。孔隙度是指某一体积岩石中孔隙体积所占的比例,即岩石中的孔隙体积(V_n)与岩石总体积(V)之比,可用小数或百分数表示。裂隙岩石与岩溶岩石空隙的多少,相应地用裂隙率和溶穴率表示。

三、岩石空隙中的水

地壳岩石中的水主要是指岩石空隙中的水。根据水与岩石之间的相互作用及物理状态的不同,地壳岩石中的水可分为结合水(矿物表面结合水)、重力水、毛细水、固态水与气态水。

1. 结合水

结合水是指受固相表面的引力大于水分子自身重力的那部分水。松散岩石的颗粒表面及坚硬岩石空隙壁面均带有电荷,水分子又是偶极体,由于静电吸引,固相表面具有吸附水分子的能力。

由于固相表面对水分子的吸引力自内向外逐渐减弱,结合水的物理性质也随之发生变化,将最接近于固相表面的结合水称为强结合水。结合水的外层由于分子力黏附在岩土颗粒上的水称为弱结合水,又称薄膜水,其外层可被植被吸收。

结合水最大的特点是不能自由运动,具有抗剪性。

2. 重力水

重力水是指距离固体表面更远,重力对其影响大于固体表面对它的吸引力,因而能在重力影响下自由运动的那部分水(图1-2)。井、泉取用的地下水均为重力水,是水文地质学的主要研究对象。

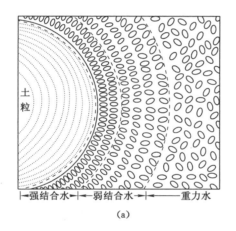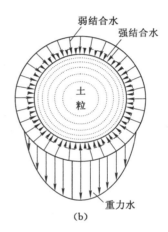

图 1-2 结合水与重力水示意图

3. 毛细水

松散岩石中细小的孔隙通道构成毛细管,因此在地下水面以上的包气带中广泛存在毛细水。毛细水是指由于毛细管力的作用而保存于包气带内岩层毛细空隙中的地下水,受重力作用,能传递静水压力,可为植物吸收。毛细水可分为支持毛细水、悬挂毛细水和孔角(触点)毛细水(图1-3)。

毛细水的形成

水从地下水面沿着小孔隙上升到一定高度,形成一个毛细水带,此带中的毛细水下部有地下水面支持,因此称为支持毛细水。细粒层次与粗粒层次交互成层时,在一定条件下,由于上下弯液面毛细力的作用,在细土层中会保留与地下水面不相连接的毛细水,称为悬挂毛细水。在包气带中颗粒接触点上还可以悬留孔角(触点)毛细水,即使是粗大的卵砾石,颗粒接触处孔隙大小也可以达到毛细管的程度而形成弯液面,将水滞留在孔角上。

4. 气态水与固态水

在未饱和水的空隙中存在着气态水。气态水可以随空气流动而流动。气态水在一定温度压力条件下与液态水相互转化,当岩石的温度低于 0 ℃时,空隙中液态水转为固态水。

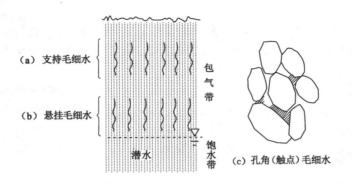

图 1-3　毛细水分类图

四、岩石的水理性质

岩石与水接触过程中,所表现出来的控制水分活动的各种性质,称为岩石的水理性质。它对评价岩石渗透能力、储水量大小和地下水运动等都很重要。

1. 容水性

岩石具有能够容纳一定水量的性能称为岩石的容水性,用容水度来衡量。容水度(n)是指岩石完全饱水时所能容纳水的体积与岩石总体积的比值,可用小数或百分数表示。

一般说来,容水度在数值上与孔隙度相当,但是对于具有膨胀性的黏土,充水后体积扩大,容水度可大于孔隙度。

2. 给水性

给水性是指饱水岩石在重力作用下能自由流出一定水量的性能。其性能好坏与孔隙大小、多少、连通程度有关,用给水度来衡量。

给水度(μ)是指饱水岩石在重力作用下排出水的体积与岩石总体积的比值,可用小数或百分数表示。常见岩石的给水度见表1-1。

表 1-1　常见岩石的给水度

岩石名称	给水度(μ)	岩石名称	给水度(μ)
砂砾	0.35～0.30	强裂隙岩层	0.05～0.02
粗砂	0.30～0.25	弱裂隙岩层	0.02～0.002
中砂	0.25～0.20	强岩溶化岩层	0.15～0.05
细砂	0.20～0.15	中等岩溶化岩层	0.05～0.01
极细砂	0.15～0.10	弱岩溶化岩层	0.01～0.005
亚砂土	0.10～0.07	页岩	0.005～0.000 5
亚黏土	0.07～0.04		

3. 持水性

持水性是指在重力作用下岩石仍能保持一定水量的性能,用持水度来衡量。持水度(S_r)强弱决定于岩石颗粒表面吸附水的能力,即岩石颗粒越小,滞留的水越多,持水度越大,反之则相反。具体划分见表1-2。

给水度、持水度与容水度之间的关系是:$\mu + S_r = n$。

表 1-2　常见岩石的持水性

持水性	粒径/mm	持水度/%	岩石名称
不持水的	>1~2	<0,接近0	极粗砂、砾石、卵石、致密块状坚硬岩石及岩溶裂隙发育的岩石
弱持水的	0.5~0.25 0.25~0.10	1.60 2.73	粗、中、细砂,裂隙微细的坚硬岩石及泥灰岩、白垩、疏松砂岩等
持水的	0.10~0.05 0.05~0.005	1.75 10.18	极细砂、粉砂
强持水的	<0.005	44.85	黏土、泥炭、淤泥等

4. 贮水(或释水)性

贮水性是指承压含水层当水位上升(或下降)时,引起弹性贮存(或释放)一定水量的性能。

5. 透水性

岩石的透水性是指土或岩石允许水透过的能力。其强弱取决于土或岩石中的孔隙和裂隙大小和连通性,以渗透系数表示,可分为5个等级(表1-3)。

表 1-3　岩石透水性等级划分

透水性等级	透水系数/(m·d^{-1})	岩石名称
Ⅰ(强透水的)	>10	良透水岩石(卵石、砾石、粗砂、岩溶发育的岩层)
Ⅱ(良透水的)	10~1	透水岩石(砂、裂隙岩石)
Ⅲ(半透水的)	1~0.01	微透水岩石(亚砂土、粉砂、泥灰岩、砂岩)
Ⅳ(弱透水的)	0.01~0.001	极微透水岩石(亚黏土、黏土质砂岩)
Ⅴ(不透水的)	<0.001	不透水岩石,即隔水岩石(黏土)

6. 导水性

导水性是指岩石传导水的性能。用渗透系数 K 表示,单位为 m/d。

7. 导压性

导压性是指岩石传递水压的性能。导压系数(a)表示水压从一点传到另一点的速率,或表示在承压含水层中抽水,不同时间降落漏斗扩展的速度,单位为 m²/d。

8. 毛细性

毛细性是指饱水岩层水面以上,在毛细力作用下,水能上升一定高度的性能。毛细上升现象是地下水表面张力和重力、空隙壁面对水分子的吸附力平衡作用的结果,毛细水可以传递水压力。某些松散岩层最大毛细上升高度见表1-4。

表 1-4　某些松散岩层最大毛细上升高度

岩石名称	最大毛细上升高度/cm	岩石名称	最大毛细上升高度/cm
粗砂	2～4	亚砂土	120～250
中砂	12～35	亚黏土	250～350
细砂	35～120	黏土	500～600

任务实施

通过图片或网上资料了解自然界的水循环过程和水循环的研究意义。观察生活里的重力水、结合水和毛细水，并举例区别。通过实验，了解水与岩石的相互作用机理，进一步掌握岩石的水理性质。

思考与练习

1. 简述水循环及其特点。
2. 简述空隙的分类及其表征指标。
3. 岩石中的水主要有哪些存在形式？各有什么特点？
4. 岩土的水理性质包括哪些？互相之间有什么关系？

任务二　含水层、隔水层与弱透水层

【知识要点】　含水层、隔水层与弱透水层；岩层透水性的划分原则。
【技能目标】　具备简单划分含水层、隔水层与弱透水层的能力；具备进行岩层透水性划分的能力。
【素养目标】　培养学生的综合分析能力，使其具有一定的地质思维。

任务导入

地下水的赋存情况很复杂，划分含水层和隔水层的标志并不在于岩层是否含水，关键在于所含水的性质。空隙细小的岩层，所含的几乎全是结合水，构成隔水层；空隙较大的岩层，则含有重力水，构成含水层。弱透水层则是介于含水层与隔水层之间。

任务分析

在含水层与隔水层划分的基础上，提出弱透水层的概念，很好地解释了一些自然水文现象。完成此任务，必须掌握以下相关知识：
（1）含水层、隔水层与弱透水层的定义；
（2）岩层透水性的划分原则。

相关知识

一、含水层、隔水层与弱透水层

岩层按其渗透性可以分为透水层与不透水层。一般来说,饱含水的透水层便是含水层,不透水层通常称为隔水层,透水性差的被看作弱透水层(图1-4)。

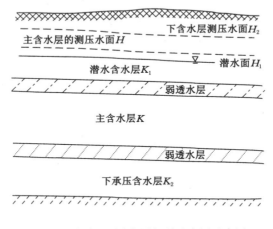

图1-4 含水层、隔水层与弱透水层示意图

含水层是指能够并给出相当数量水的透水层,成为含水层的必备条件是:有赋存地下水的空间,有能聚集和赋存地下水的条件,有水的补给量。

隔水层也称"不透水层",是指透水性很低的岩层,一般指渗透系数小于0.001 m/d的岩层。两者的划分是相对的,在特定条件下可以相互转化。如黏土岩隔水,如果裂隙发育则可透水,也能贮水;此外,在较大水压作用下,有的黏土和黏土岩石可使其中一部分结合水产生运动而具有透水性,可由隔水层转化为含水层。

透水层是指能允许水流透过的岩层,一般指渗透系数大于0.001 m/d的岩层。通常情况下,人们习惯上把渗透性很差,给出的水量微不足道,但在较大水力梯度作用下,具有一定的透水能力的岩层称为弱透水层,弱透水层透水能力介于含水层与隔水层之间。

二、岩层透水性的划分原则

(一)一般划分原则

岩层透水性的一般划分原则如下:

(1)注意岩层透水、隔水和含水的相对概念及其相互转化关系。

(2)考虑形成条件,并能反映客观实际。

(3)有利于生产实际需要和工作方便。

(二)根据生产目的划分

根据生产目的,岩层有以下两种划分方式:

(1)供水:能满足供水量的岩层均可视为含水层。按水量大小进一步划分为主、次含水层。由于供水规模和要求不同,相同含水层在不同富水地区,可以看成弱的、次要的含水层,甚至当作隔水层处理。如西坡与枣岭奥灰水是两个分系统,中间地下分水岭的灰岩溶隙不发育,可当作隔水层。

（2）矿井防治水：凡水量足以威胁矿井生产的岩层均可视为含水层。按其威胁程度可进一步分成主、次含水层。一般水量大、水压大、距开采煤层近的含水层（如岩溶化灰岩等）应作为主含水层考虑。

（三）根据岩层含水性的变化划分

根据岩层含水性的变化可将岩层划分为以下几种：

（1）含水层：对于厚度很大的含水层，考虑岩性差异、裂隙或岩溶发育程度在垂直方向上的变化，进一步划分出含水性不同的层，如奥陶系中统含水层。

（2）含水层组段：从简化地质条件，有利于生产工作出发，可将岩性和含水性相近的含水层综合归并成一个含水层组。如 K_8 和 K_9 砂岩含水层，可归并成 2 号煤层顶板直接或间接进水的含水组。又如奥陶系中统溶裂含水层进一步可划分为下马家沟组（O_{2x}）、上马家沟组（O_{2s}）和峰峰组（O_{2f}），每组又分为 2～3 段。

（3）含水带：不含水的岩层，由于局部裂隙和断裂影响可以透水并含水，因此，在岩层水平分布方向上，应按实际含水性划分出含水带（静止水位以下）。

（4）富水带：含水岩层由于局部岩性变化，裂隙和岩溶发育可以存在透水和含水性很强的地段（如古河床、岩溶集中径流地带等）。在水平分布上应划分出富水带。

 **任务实施**

结合某一地区的实际地层情况，简要了解含水层、隔水层与弱透水层的具体分布，以及作为矿区供水水源在实际中的应用。

 **思考与练习**

1. 什么是含水层？含水层的构成条件是什么？
2. 什么是隔水层？什么是弱透水层？
3. 简述岩层透水性的划分原则。

任务三　地下水的类型及其特征

【知识要点】　地下水的类型；潜水、承压水与上层滞水；孔隙水、裂隙水与岩溶水。

【技能目标】　具备进行地下水类型划分的能力；具备正确识别地下水类型与简要分析不同地下水类型特征的能力。

【素养目标】　培养学生的专业探索精神；树立地下水存在会威胁到矿井建设与矿产开采安全的意识。

 **任务导入**

重力水的开发与利用是水文地质研究的重点内容。矿井涌水除地表水外，地下水有可能是潜水，也有可能是承压水或上层滞水。不同的地下水类型，其矿井水文地质特征也不同。

任务分析

在进行地下水类型划分的基础上,重点掌握地下水的运动特征,需掌握以下相关知识:

(1) 地下水的类型划分;

(2) 潜水、承压水与上层滞水;

(3) 潜水与潜水等水位线图;

(4) 孔隙水、裂隙水与岩溶水。

相关知识

一、地下水的主要类型

地下水的主要类型见表1-5。

表 1-5 地下水的主要类型

分类	孔隙水	裂隙水	岩溶水
包气带水	土壤水、上层滞水、过路及悬挂毛细水及重力水	裂隙岩层浅部季节性存在的重力水及毛细水	裸露于岩溶化岩层上部岩溶通道中季节性存在的重力水
潜水	各类松散沉积物浅部的水	裸露于地表的各类裂隙岩层中的水	裸露于地表的岩溶化岩层中的水
承压水	山间盆地及平原松散层深部的水	组成构造盆地、向斜构造或单斜断块的被掩埋的各类裂隙岩层的水	组成构造盆地、向斜构造或单斜断块的被掩埋的岩溶化岩层的水

注:另外还有特殊类型水,如多年冻结区及火山活动区的地下水。

二、各类地下水的主要特征

影响地下水形成的自然地理因素有气象因素、水文因素、地形等。地下水按埋藏条件可分为上层滞水、潜水、承压水(层间水)。

(一) 上层滞水

(1) 埋藏在包气带中局部隔水层之上的重力水,主要是降水、凝结水或地表水下渗过局部隔水层聚集而形成的季节性地下水。

(2) 分布不广、分布范围与补给范围一致,通过蒸发及向周围流散下渗进行排泄。

(3) 具有自由水面,属无压性水。

(4) 水量不大,并随季节明显变化,一般雨季有,旱季干。

(5) 易受污染。

(二) 潜水

1. 饱水带潜水的特征

饱水带潜水(图1-5)的特征如下:

(1) 埋藏于地表以下第一个稳定隔水层之上的重力水,主要为渗入形成,亦有凝结成因。

(2) 一般分布区与补给区一致,以蒸发及泉的形式排泄。

(3) 具有自由水面,属无压水。潜水面形态波状起伏,与岩性、厚度、地形、隔水底板形态变化有关。

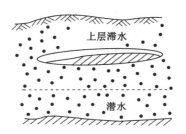

图 1-5 饱水带潜水

（4）水位、水量随季节变化，旱季水位下降，水量减少，雨季反之。

（5）易受污染。

意义：工农业供水的主要水源，厚松散层潜水，对建井施工和浅部煤层开采有一定影响。

2. 潜水面的形状及其影响因素

一般情况下，潜水面是向排泄区倾斜的曲面，其总的起伏形状与地形一致而较缓和。除地形影响外，其形状变化主要还受到大气降水的渗入及水文网特征、含水层的岩性及其厚度、隔水底板的形状的影响。

3. 潜水面的表示方法

潜水面的表示方法有两种：一种是在地质剖面图上画出潜水面剖面线的位置，即成水文地质剖面图，既表示出水位，也表示出含水层的厚度、岩性及其变化；另一种是在平面图上绘出潜水等水位线（图1-6），最好编制出高水位和低水位两份潜水等水位线图，可以反映潜水的动态。

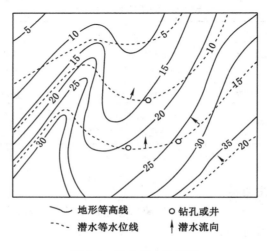

图 1-6　潜水等水位线图

4. 潜水等水位线图的用途

在潜水面上将高程相同的点即潜水位相同的点相连，即为潜水等水位线图。根据潜水等水位线图，可以解决下列问题：

（1）确定潜水的流向。潜水是沿着潜水面坡度最大的方向流动的，因此，垂直于潜水等水位线从高水位指向低水位的方向，就是潜水的流向。

（2）确定潜水面的坡度（潜水水力坡度）。在流向上任取两点的水位高差，除以两点之间的实际距离，即得潜水面的坡度。

（3）确定潜水的埋藏深度。将地形等高线和潜水等水位线绘制于一张图上时，则等水位线与地形等高线相交之点，两者高程之差即为该点的潜水埋藏深度。若所求地点的位置不在等水位线与地形等高线的交点处，则可用内插法求出该点地面与潜水面的高程，潜水的埋藏深度即可求得。

（4）确定潜水与地表水的相互补排关系。在邻近地表水的地段编制潜水等水位线图来确定，如图1-7所示。

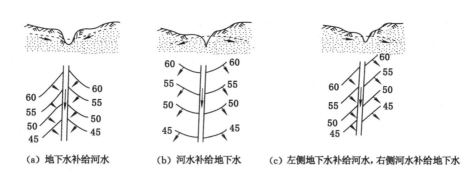

图 1-7　地下水与地表水的补给关系

（5）确定地下水取水工程位置，合理布设取水井和排水沟。为了最大限度地使潜水流入水井和排水沟，一般应沿等水位线布设水井和排水沟，如图 1-8 所示。显然，按 1、3 布设水井是合理的，而 1、2 是不合理的；按 5 布设排水沟是合理的，而 4 是不合理的。

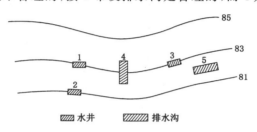

1、2、3—水井；4、5—排水沟。

图 1-8　水井与排水沟布设示意图

（三）承压水（层间水）

饱水带承压水（层间水）的特征如下（图 1-9）：

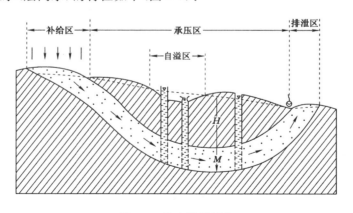

图 1-9　饱水带承压水

（1）充满于两个隔水层之间的重力水（未充满者称无压层间水），它有不透水的底板与顶板，主要来源为大气降水渗入、地表或潜水补给，亦有地质封存形式。

（2）分布区、补给区及承压区常不一致，主要以泉的形式排泄。

（3）具有承压性，有假想的承压水面。地形合适时，揭露含水层能自流（也称自流水）。如陕西省石泉县政府大院建在小山顶上，院内泉水自流，其水源来自远处高山上的溶隙水。又如，2001年曲沃县在太子滩自流盆地打深井（1 580 m），奥灰极热水（46 ℃）自流水量86.1 L/s，现已列入县重点经济发展规划。

（4）水位、水量、水温受气候影响小，季节变化不显著。

（5）不易受污染。

承压水是大型供水的主要水源，亦是矿井大规模突水的主要水害，可供医疗、热源及工业取有用原料使用。

承压水面的表示方法：等水位线图及主采煤层等水压线图，据此可判断地下水流向、水力坡度，确定顶底板突破的可能地段、需采取的预防措施，以避免突水事故发生。

三、孔隙水、裂隙水与岩溶水

（一）孔隙水

孔隙水主要赋存于松散沉积物中，是沉积物的组成部分。包括洪积物、冲积物、湖积物、黄土层中的孔隙水，一般构成具有统一水力联系、水量分布均匀的层状含水系统。我国新近（纪）系煤田主要是孔隙充水的煤田，多数露天矿为孔隙充水煤矿。孔隙水由于埋藏条件的不同，可形成潜水或自流水。孔隙水对采矿的影响，主要取决于含水层厚度、岩层颗粒大小，以及孔隙水与煤层的相互关系。一般来说，岩石颗粒大而均匀，厚度大，地下水运动快，水量大；而颗粒细又均匀的砂层，易形成流砂。

松散沉积物的形成
（孔隙水的赋存场所）

（二）裂隙水

裂隙水是指埋藏于岩石的风化裂隙、成岩裂隙和构造裂隙中的地下水。裂隙通常发育不均匀，裂隙性质和发育程度的不同，决定了裂隙水赋存和运动条件的差异。所以裂隙水的特征主要决定于裂隙的性质。受裂隙控制，裂隙水埋藏分布不均匀且有方向性。对矿井充水影响较大的主要是构造裂隙承压水。

（三）岩溶水

岩溶水是指赋存于石灰岩、白云岩等可溶性碳酸盐类岩层的裂隙、溶洞中的地下水。

岩溶水的富水性一般较强，但在空间分布上极不均匀，宏观上具有统一的水力联系，局部水力联系不好，有明显的水平与垂直分带规律。在水平方向上，强含水带常沿褶皱轴部、断层破碎带等呈脉状带状分布，具明显方向性。在垂直方向上，岩溶含水层的富水性有向深部逐渐减弱的规律，即浅部富水性强，为强含水带；深部含水性差，为弱含水带。

岩溶水可以是潜水，也可以是自流水，对矿山开采极为不利。特别是岩溶自流水往往具有高压的特点，致使我国许多煤田水文地质条件复杂化。一般煤层附近厚度超过5 m的石灰岩，均作为主要含水层考虑。厚度巨大的石灰岩层（如我国华北的奥陶纪石灰岩、华南的长兴组及茅口组石灰岩），多是造成矿井重大水患的水源。

任务实施

结合地下水运动模拟模型，了解地下水的埋藏与赋存，区别上层滞水、潜水与承压水，孔隙水、裂隙水与岩溶水，掌握各种不同类型地下水的运动及特点，以及它们之间的相互转化与联系。

 **思考与练习**

1. 什么是上层滞水、潜水与承压水？各有哪些特征？
2. 简述潜水面的表示方法。
3. 潜水等水位线图有哪些用途？
4. 孔隙水、裂隙水与岩溶水各有什么特征？

任务四 地下水的化学成分与性质

【知识要点】 地下水的物理性质；地下水的化学成分及表示方法；地下水按水化学特征分类。

【技能目标】 具备简要描述地下水性质的能力；具备简要分析地下水化学成分的能力；具备按照地下水化学特征进行分类的能力。

【素养目标】 培养学生实事求是、认真负责的职业素养。

 **任务导入**

地下水不是纯水，而是一种含有多种化学元素的复杂溶液，地下水溶液是地下水与周围环境（包括自然地理、地质背景以及人类活动）长期相互作用的产物。地下水在流动的过程中，与岩石之间会发生各种各样的反应，从而会改变地下水原来的成分。研究地下水的化学成分，可以帮助我们重溯水文地质历史。

 **任务分析**

对地下水成分的分析，可以了解地下水的起源。水是地壳中元素迁移、分散与富集的载体，在研究许多地质过程时，都会涉及地下水的化学作用，研究成矿过程中地下水的化学作用，对于阐明成矿机制，完善与丰富成矿理论，具有重要意义。要完成此任务，必须掌握以下相关知识：

地下水化学成分的形成作用

(1) 地下水的物理性质；
(2) 地下水的化学成分；
(3) 地下水化学成分的表示方法；
(4) 地下水按水化学特征分类。

 **相关知识**

一、地下水的物理性质

1. 温度

地下水的温度与埋藏深度有关，近地表的水可按温度分类（表 1-6）。在恒温带（距地表 15～20 m）以下的水温，则随深度的加大而逐渐升高，其变化的规律决定于地区的地热增温梯度，即地温梯度。正常地温区地温梯度小于或等于 3 ℃/100 m。

表 1-6　地下水按温度分类

类别	非常冷的水	极冷的水	冷水	温水	热水	极热水	沸腾水
温度/℃	<0	0～4	4～20	20～37	37～42	42～100	>100

2. 颜色

纯净的地下水一般是无色透明的,但当水中含有不同的离子、分子或固体悬浮物时,则呈现出不同的颜色(表 1-7)。

表 1-7　水中的物质及颜色

水中含有物质	硬水	低价铁	高价铁	硫化氢	硫细菌	锰	腐植酸
水的颜色	浅蓝	灰蓝	黄褐	翠绿	红色	暗红	暗黄、灰黄

3. 透明度

透明度取决于水中固体与胶体悬浮物的含量。地下水透明度的野外鉴别特征见表 1-8。

表 1-8　地下水透明度的野外鉴别特征

分级	鉴别特征
透明的	无悬浮物及胶体,60 cm 水深可见 3 mm 的粗线
微浊的	有少量的悬浮物,大于 30 cm 水深可见 3 mm 的粗线
混浊的	有较多的悬浮物,半透明状
极浊的	有大量的悬浮物或胶体,似乳状,水深很小也不能清楚看见 3 mm 的粗线

4. 气味

地下水是否具有臭味,主要取决于水中所含的气体成分和有机质。气味的强度等级见表 1-9。

表 1-9　气味的强度等级

等级	程度	说明
0	无	没有任何气味
I	极微弱	有经验分析者能察觉
II	弱	注意辨别时,一般人能察觉
III	显著	易于觉察,不加处理不能饮用
IV	强	气味引人注意,不适合饮用
V	极强	气味强烈扑鼻,不能饮用

5. 味道

水中存在的化学成分与味道的关系见表 1-10。

表 1-10　水中存在的化学成分与味道的关系

水中含有的物质	NaCl	Na_2SO_4	$MgCl_2$、$MgSO_4$	大量有机质	铁盐	腐植酸	H_2S 与碳酸气	CO_2、$Ca(HCO_3)_2$ 及 $Mg(HCO_3)_2$
水的味道	咸	涩	苦	甜	涩	腥臭	酸	可口

6. 相对密度、导电性及放射性

相对密度取决于地下水中所含盐分的多少,当溶解较多盐分时,可达 $1.2 \sim 1.3$。

导电性取决于其中所含电解质的数量与性质,这是因为各种盐类的水溶液一般都是良好的电解质。因此,即使是矿化度很低的淡水,也具有微弱的导电性。

放射性决定于水中所含放射性元素的数量。可以认为所有地下水都具有不同程度的放射性,但一般甚为微弱。埋藏于放射性矿床附近的地下水,通常具有较强的放射性。

二、地下水的化学成分分析

1. 分析内容

地下水中发现的化学元素有 62 种。其含量多少决定于不同元素在岩石中的含量及其物理、化学性质。其存在的形态有离子状态、分子(化合物)状态和游离的气体状态。其水质分析项目见表 1-11。

表 1-11　水质分析项目

分析方法	分析项目
简分析 (简单分析)	除测定物理性质(色、水温、气味、口味、浑浊度或透明度)外,还需分析 Na^+、K^+、Ca^{2+}、Mg^{2+}、HCO_3^-、Cl^-、SO_4^{2-}、游离 CO_2、pH 值、碱度、总硬度、总固形物等
全分析 (精确分析)	除测定物理性质(色、水温、气味、口味、浑浊度或透明度)外,还需分析 Na^+、K^+、Ca^{2+}、Mg^{2+}、Fe^{3+}、Fe^{2+}、NH_4^+、HCO_3^-、Cl^-、SO_4^{2-}、NO_2^-、游离 CO_2、可溶性 SiO_2、耗氧量、pH 值、碱度、酸度、总硬度、暂时硬度、永久硬度、负硬度、总固形物等
专门分析 (特殊分析)	根据具体任务要求而定。如饮用水,需分析水中有无 Cu、Pb、As、F、Hg 等有毒元素;研究对工程建筑有无影响时,应分析侵蚀性碳酸、硫酸等含量

2. 水质分析成果表示方法

(1) 离子毫克(或克)数表示法:指以 1 L 水中所含离子毫克数表示的方法,单位为 mg/L。当离子含量极少时,也可用 μg/L 和 ng/L 表示。

(2) 百分含量表示法:即以 1 000 g 水中含某离子毫克数表示的方法。当水的密度为 1 时,其值与每升离子毫克值相等。当离子含量极少时,也常用 μg/kg 和 ng/kg 表示。

(3) 离子毫克当量数表示法:指以 1 L 水中所含离子毫克当量数表示的方法,单位为 mEq/L。

$$离子毫克当量 = \frac{离子毫克数}{离子当量}$$

$$离子当量 = \frac{离子量}{离子价}$$

（4）离子毫克当量百分数表示法：指以 1 L 水中阴（或阳）离子的毫克当量总数各作为 100％，按下式计算：

$$某阴（或阳）离子毫克当量百分数 = \frac{该离子毫克当量数}{阴（或阳）离子毫克当量总数} \times 100\%$$

（5）库尔洛夫式表示法：将离子毫克当量百分数大于 10％的阴阳离子，按递减顺序分别进行排序，以一种分子式的形式表示水的化学成分。横线上、下分别为阴、阳离子毫克当量百分数，它们按递减顺序排列；横线前 M 表示矿化度、气体成分和特殊成分（微量元素）；横线后为水温 T（℃）、涌水量 Q（L/s）。

例如，某温泉的分析结果按库尔洛夫式表示：

$$F_{0.005} H_2SiO_{3_{0.032}} CO_{2_{0.019}} M_{2.5} \frac{HCO_{3_{65}} SO_{4_{21}}}{(K+Na)_{60} Ca_{27}} T_{49} Q_{1.5}$$

库尔洛夫式表示地下水化学成分简单明了，能反映地下水的基本特征。确定地下水的类型时，只考虑毫克当量百分数大于 10％的阴、阳离子的成分，如上式表示该温泉地下水类型属于 HCO_3-$Na \cdot Ca$ 型水。

（6）分析结果的审查：根据电离理论，水溶液中阴、阳离子总的毫克当量数应基本相等，误差应小于 2％。可溶性固体总量与分析测得的离子总和减去重碳酸根离子含量的一半，再减去铵离子含量，并加上二氧化硅的含量，结果应接近，一般误差不应超过 ±5％。Ca^{2+}（mEq/L）+Mg^{2+}（mEq/L）= 总硬度（mEq/L），其误差不应超过 2 毫克当量或 10 mg CaO。暂时硬度等于重碳酸根离子的含量。

三、地下水按水化学特征分类

（1）地下水按总矿化度分类见表 1-12。

（2）地下水按硬度分类见表 1-13。通常，饮用水硬度一般不超过 25 德国度。

表 1-12　地下水按总矿化度分类

类别	总矿化度/（g·L⁻¹）
淡水	<1
微咸水（弱矿化水）	1～3
咸水（中等矿化水）	3～10
盐水（强矿化水）	10～50
卤水	>50

表 1-13　地下水按硬度分类

名称	硬度	
	mEq/L	德国度
极软水	<1.5	<4.2
软水	1.5～3.0	4.2～8.4
弱硬水	3.0～6.0	8.4～16.8
硬水	6.0～9.0	16.8～25.2
极硬水	>9.0	>25.2

（3）地下水按酸碱度分类见表 1-14。

表 1-14　地下水按酸碱度分类

名称	pH 值	名称	pH 值
强酸性水	<5.0	弱酸性水	5.1～6.4
中性水	6.5～8.0	弱碱性水	8.1～10.0
强碱性水	>10		

（4）地下水按水垢系数（K_n）分类见表1-15。

（5）地下水按主要离子成分分类。按常见的 6 种离子 HCO_3^-、Cl^-、SO_4^{2-}、Ca^{2+}、Mg^{2+}、Na^+（包括 K^+）组合，阴离子在前，阳离子在后；含量大的在前，含量小的在后。

表 1-15　地下水按水垢系数（K_n）分类

名称	K_n 值	K_n 公式
软沉积物的水	<0.25	
中硬沉积物的水	$0.25\sim0.50$	$K_n = \dfrac{H_n}{H}$
硬沉积物的水	>5.0	

注：$H_n = SiO_2 + 20r[Mg^{2+}] + 68(r[Cl^-] + r[SO_4^{2-}] - r[Na^+] - r[K^+])$。

$H = S + C + 36r[Fe^{2+}] + 17r[Al^{3+}] + 20r[Mg^{2+}] + 59r[Ca^{2+}]$。

式中，H_n 为硬锅垢的含量（g/L）；H 为软锅垢的含量（g/L）；S 为悬浮物的含量（g/L）；C 为胶体物质（$SiO_2 + Al_2O_3 + Fe_2O_3$）的含量（g/L）；$r[Na^+]$、$r[Mg^{2+}]$……为各种离子的含量（mEq/L）。

任务实施

结合某一地区的水文资料，进行水化学成分分析，通过简单的计算，能够正确命名，并描述其性质。

思考与练习

1．简述地下水的物理性质与主要化学成分。

2．地下水的主要化学性质有哪些？

3．地下水化学成分的表示方法有哪几种？

4．如何用库尔洛夫式表示地下水的化学成分？

任务五　地下水运动的基本规律

【知识要点】　渗流与渗流场；渗透流速与实际流速；水头与流网；地下水运动状态的分类与判别；达西定律及其应用。

【技能目标】　具备正确理解有关渗流与地下水运动基本概念的能力；具备判别地下水运动状态类型的能力；具备正确理解达西定律的内容及运用达西定律进行相关计算的能力。

【素养目标】　培养学生理论联系实际，分析问题、解决问题的能力。

任务导入

地下水的运动与地表水的运动不同，它是在含水层介质中弯弯曲曲地运动。为了研究方便，引进了渗流的概念。

1856 年，法国水力学家达西通过大量实验得到线性渗透定律，即著名的达西定律，定量揭示了地下水缓慢流动时所遵循的规律。通过达西渗流实验，确定了均质砂的渗透系数，为分析岩石渗透性大小提供了依据，同时也为地下水定量计算奠定了基础。

任务分析

渗流是一种假想的水流,具有与实际水流相同的效果。学生要通过达西渗流实验,掌握达西定律的内容与地下水渗流的运动规律,必须掌握以下知识:

(1) 渗流的基本概念;

(2) 地下水运动状态的分类;

(3) 地下水运动状态的判别;

(4) 达西定律的内容;

(5) 达西定律的应用。

相关知识

一、渗流的基本概念

1. 渗流与渗透流速

地下水在岩石空隙中的运动称为渗流;发生渗流的区域称为渗流场。渗流是一种假想的水流。

单位过水断面的渗流量称为渗流速度或渗透流速。渗透流速并非真实的流速,是指渗流在过水断面上的平均流速,是假想的水流通过包括骨架与空隙在内的断面时所具有的一种虚拟流速。

2. 地下水水头

地下水水头为渗流场中任意一点的总水头,由于地下水的流速非常小,速度水头很小,可以忽略不计,所以地下水运动的总水头在数值上等于测压管水头。

3. 流网及其特征

在渗流场中,把水头值相等的点连成线或面就构成了等水头线或等水头面。流网是指在渗流场的某一典型剖面或切面上由一系列等水头线和流线所组成的网格。流线是渗流场中某一瞬时的一条线,线上各个水质点在此时刻的流向均与此线相切(图 1-10),流线垂直于过水断面,过水断面是平面或曲面(图 1-11)。

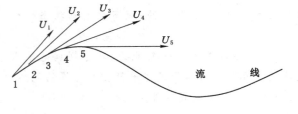

图 1-10　流线示意图

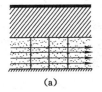

(a)　　　　(b)

图 1-11　流线及过水断面

流网直观地描述了渗流场的特征。它可以是正方形的、长方形的或曲边方形的(图 1-12)。流网的基本特征:① 在均质各向同性介质中,流线和等水头线处处正交;② 两等水头线间所夹的各流段的水头损失均相等;③ 相邻两条流线间的流量是常数;④ 由流线所组成的流面有隔水性质,由等水头线所组成的等水头面有透水性质;⑤ 根据流网可以确定水头、水力坡度、流向、流速和流量等运动要素。

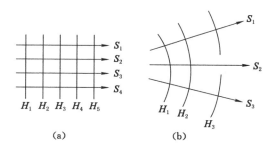

图 1-12 流网示意图

二、地下水运动状态的分类

1. 稳定流与非稳定流

在渗流场内,水流的所有运动要素(如压强 p、速度 v 等)都不随时间改变时,称作稳定流;运动要素中任一个或全部随时间变化的水流称作非稳定流。

2. 均匀流和非均匀流

均匀流是指运动要素沿流场不变的水流,即均匀流流程过水断面大小、形状和方向不变,同一流线上各点的流速不变,流线为直线且彼此互相平行,它属于稳定流;非均匀流是运动要素沿流程发生改变的水流。

非均匀流按照运动要素沿流程发生改变的程度不同又可分为缓变流和急变流。缓变流的水流运动要素沿流程改变很小,流线几乎平行且近于直线的水流。不具备缓变流条件的非均匀流称为急变流。

3. 一维流、二维流和三维流

按渗流流动方向与空间直角坐标的关系分为一维流、二维流和三维流。

在空间直角坐标系中,渗流速度只沿着一个坐标轴的方向具有分速度,为一维流。一维流任意点的水力坡度均相等[图 1-13(a)]。渗透速度沿两个坐标轴的方向具有分速度,为二维流。二维流中所有的流线都与某一固定平面平行。如果这个平面是铅直的面则称为剖面二维流[图 1-13(b)];如果这个平面是水平的则为平面二维流[图 1-13(c)]。渗透速度在 3 个坐标轴上均具有分速度时,为三维流。三维流中找不到任何一个固定平面能与所有流线平行,如在河转弯处的潜水运动[图 1-13(d)]。

三、地下水运动状态的判别

地下水的运动有层流和紊流两种状态。水流流束彼此不相混杂、呈近似平行的流动称为层流;水流流束相互混杂、运动迹线呈不规则的流动则称为紊流。

判别地下水流的方法很多,常用雷诺数(Re)来判别,计算公式为:

$$Re = vd/v$$

$$v = \frac{0.017\,75}{1 + 0.033\,7 + 0.000\,221t^2}$$

式中　v——地下水的渗流速度,cm/s;

　　　d——含水层颗粒的平均粒径,cm;

　　　v——地下水的运动黏度(黏滞系数),cm²/s;

　　　t——地下水的温度,℃。

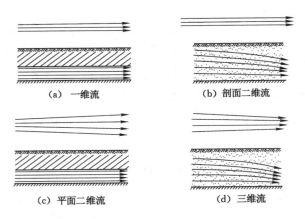

图 1-13　渗流按速度向量与空间直角坐标关系分类

如果求得的 Re 小于 $Re_{临界}$，则地下水处于层流状态；若大于 $Re_{临界}$ 则为紊流状态。一般情况下，$Re_{临界}=150\sim300$。

同时，雷诺数也是流体流动状态（层流和紊流）的判据，当其增大到某一临界数值（如流体在圆直管道中流动时为 2 300）时，流体的流动将从层流转变为紊流。

在自然条件下，地下水在含水层孔隙和裂隙中运动，多处于层流状态。只有在大孔隙及大裂隙、大溶洞中又缺少充填的情况下，当水力坡度很大时，才可能出现紊流状态。

四、达西定律的内容

达西实验是在装满砂土的圆柱状金属装置中进行的。如图 1-14 所示，水由注水箱向金属筒内注入，在砂土中渗流，渗流通过砂土的能量损失，可由与筒内壁连通的测压管测得。在注水箱内设有溢水口来保证供水水位不变，稳压溢流。通过调节器 2 改变注水箱高度进行多次实验，单位时间内由接水器皿量出水量获得流量，每次实验流出的水量不同时，测压管上反映出的水头差也不相同。分析实验结果得出直线关系式，即达西定律。

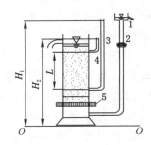

1—注水箱；2—调节器；3—测压管；
4—装砂土的金属筒；5—过滤层。

图 1-14　达西实验装置图

达西定律又称为直线渗透定律，其表达式为：

$$Q = K\omega \frac{h}{L} = K\omega I \tag{1-1}$$

式中　Q——渗透流量（出口处流量，即为通过砂柱各断面的流量）；

ω——过水断面（在实验中相当于砂柱横断面积）；

h——水头损失（即上下游过水断面的水头差）；

K——渗透系数。

由水力学知，通过某一断面的流量等于流速与过水断面的乘积，即 $Q=\omega v$。所以，达西定律的另一种表达形式为：

$$v = KI \tag{1-2}$$

式中　v——渗透流速；

　　L——渗透途径(上下游过水断面的距离);

　　I——水力梯度(水头差除以渗透途径)。

　　达西定律适用于雷诺数(Re)小于 1~10 之间的某一数值的层流运动,此时地下水作低速运动,黏滞力占优势。随着流速的增大,当惯性力占优势时,层流向紊流过渡,此时,达西定律不适用,当流速继续增大时,出现紊流运动。

五、达西定律的实际应用

　　应用达西定律可以研究解决地下水运动问题,如求各类水文地质参数,计算天然渗流场中某一过水断面的流量,计算人工渗流场中流入各类水平、垂直、倾斜及水井建筑物的涌水量,预测渗流场中某一点、某一时刻的水头大小,进行地下水资源评价等。

　　地下水运动分为稳定流和非稳定流运动,由达西定律产生的以裘布依公式为代表的稳定流理论和以泰斯公式为代表的非稳定流理论两大体系,是解析法预测矿井涌水量的基础。同时,也解决了许多实际问题。

 **任务实施**

　　结合达西渗流实验和雷诺实验,掌握地下水运动的规律以及对水流运动状态的判定。

 **思考与练习**

　　1. 名词解释:渗流与渗流场;水头与流网;渗透流速与实际流速。

　　2. 简述地下水运动状态的分类与判别。

　　3. 简述达西定律的内容与适用条件。

项目二　地下水系统与地下水动态

任务一　地下水系统组成与划分

【知识要点】　地下水系统及其分类;地下水系统的基本特征;地下水的循环特征。

【技能目标】　具备进行地下水系统分类与简要描述地下水系统基本特征的能力;具备分析区域地下水循环特征的能力。

【素养目标】　培养学生的分析能力;培养学生吃苦耐劳、精益求精的工作作风。

 **任务导入**

地下水系统是水文系统的组成部分,是一个开放的系统,是由含水系统和流动系统构成的统一体。地下水通过积极参与水循环,与外界交换着水量、能量、热量和盐量。补给、排泄与径流决定着地下水水量和水质的时空分布。

 **任务分析**

地下水系统是由不同级次的子系统组成的。要掌握地下水系统的组成、分类与特征,必须掌握以下相关知识:

(1) 地下水系统及其分类;

(2) 地下水系统的基本特征;

(3) 地下水的循环特征。

 **相关知识**

一、地下水系统及其分类

地下水系统是以系统的理论和方法,把地球水圈一定范围内的地下水体作为一个系统,运用系统理论分析、研究地下水的形成与运移的机理,并运用系统工程的方法解决地下水资源的勘查、评价、开发利用和管理问题。

地下水系统是地下水含水系统和地下水流动系统(图 2-1)的综合,是地下水介质场、流场、水化学场和温度场的空间统一体。地下水含水系统的概念类同于水文地质单元,是指由隔水或相对隔水岩层圈闭的,具有统一水力联系的含水岩系,亦即地下水赋存的介质场。一个含水系统往往由若干个含水层和相对隔水层(弱透水层)组成,其中的相对隔水层并不影响含水系统中的地下水呈现统一的水力联系。地下水流动系统是指由源到汇的流面群组成,具有统一时空演变过程的地下水体。

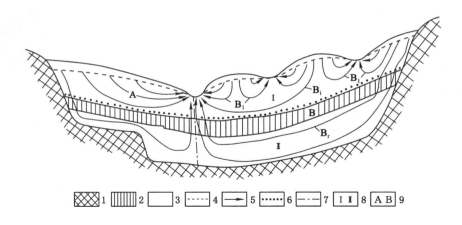

1—隔水基底；2—相对隔水层（弱透水层）；3—透水层；4—地下水位；5—流线；
6—子含水系统边界；7—流动系统边界；8—子含水系统代号；9—子流动系统代号。

图 2-1　地下水含水系统和流动系统

注：B_r、B_i、B_l 分别为流动系统的区域的、中间的与局部的子流动系统

二、地下水系统的基本特征

含水系统和流动系统是描述地下水系统特征的两个方面，都是用系统论观点考察、分析和处理地下水问题，因此都具有级次性和整体性。

级次性表现为任一含水系统或流动系统都可能包含不同级次的子系统。在同一空间中，含水系统与流动系统的边界可以是相互交叠的。流动系统发育于含水系统之中，同一含水系统可以发育多个流动系统，而同一流动系统不可能发育于相互没有水力联系的两个或多个含水系统中。

含水系统的整体性体现在它具有统一的水力联系，存在于同一含水系统中的水是一个统一的整体，在含水系统的任一部分加入或排出水量，其影响均将波及整个含水系统。流动系统的整体性体现于它具有统一的水流，沿着水流方向，盐量、热量与水量发生有规律的演变，呈现统一的时空有序结构。

三、地下水的循环特征

自然界中的地下水通过补给、径流和排泄等途径处于不断的运动之中，从而改变地下水的水量、盐量、能量和热量，这一过程通常称为地下水水循环。地下水的循环条件包括地下水的补给、径流和排泄条件。

（一）补给

地下水补给是指含水层或含水系统从外界获得水量的过程。地下水补给来源主要有大气降水、地表水、凝结水、相邻含水层之间的补给以及与人类活动有关的地下水补给等。

（二）排泄

地下水的排泄是指含水层或含水层系统失去水量的过程，包括泉、泄流、蒸发、径流及人工开采等。

泉是地下水的天然露头。根据含水层性质可分为上升泉和下降泉。上升泉受承压水补

给,地下水在静水压力作用下上升并溢出地表,其特点是水的动态稳定。上升泉按其出露原因,可分为侵蚀(上升)泉、断层泉和接触带泉。当河流、冲沟切穿承压含水层上部的隔水顶板时形成的泉称为侵蚀(上升)泉[图 2-2(a)];地下水沿断层出露地表所形成的泉称为断层泉[图 2-2(b)];地下水沿接触带冷凝收缩的裂隙上升形成的泉,则称为接触带泉[图 2-2(c)]。

泉的形成

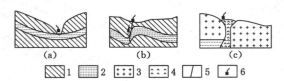

(a)　　　　(b)　　　　(c)

1—隔水层;2—含水层;3—基岩;4—岩脉;5—导水断层;6—泉。

图 2-2　承压水泉的类型及形成示意图

下降泉受无压水补给,主要是潜水或上层滞水补给形成的。地下水在重力作用下,自上而下自由流出地表。当泉受上层滞水补给时,泉的涌水量、化学成分及水温变化很大;当受潜水补给时,其水量比较稳定,但涌水量、水温和化学成分仍有明显的季节变化。下降泉按其出露原因可分为 3 种:侵蚀泉下降是沟谷等侵蚀作用切割含水层而形成的泉[图 2-3(a)];接触泉是由于地形切割沿含水层和隔水层接触处出露的泉[图 2-3(b)];溢流泉是当潜水流前方透水性急剧变弱或由于隔水底板隆起而使潜水流动受阻而溢出地表的泉[图 2-3(c)、(d)];此外还有悬挂泉(属于季节泉),是由上层滞水补给在当地侵蚀基准面以上出露的泉。

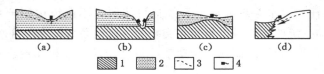

(a)　　　　(b)　　　　(c)　　　　(d)

1—隔水层;2—含水层;3—地下水水位;4—泉。

图 2-3　潜水泉的类型及形成示意图

(三)径流

地下水在进行水循环时,从补给到排泄的过程就是径流。可分为地表径流和地下径流。

水文学中常用流量、径流量、径流模数、径流深度和径流系数等特征值说明地表径流。

流量:指单位时间内通过河流某一断面的水量,单位为 m^3/s。流量等于过水断面面积与通过该断面的平均流速的乘积。

径流量:指汇集到流域内的全部水流量。按所经历时间不同,可分为年径流量或月径流量等,均以立方米(m^3)计。一个闭合流域的多年平均径流量,等于该流域相应时期水文降水量减去蒸发量及散发量后的剩余水量。

径流模数:亦称径流率,指某一流域内单位面积上的单位时间径流量。在排水工程中,又称排水模数或排水率。其值可由水文站上实测所得的流量资料(单位为 L/s)除以在该站以上的流域面积(单位为 km^2)而得。

径流深度:为河流给定断面上一定时段内的径流量除以该断面以上的流域面积之商。是该时段内全流域面积上产生的平均水深,以毫米(mm)为单位。

径流系数:指某地区一定时期内的径流深度与形成该时期径流的降水量的比值,介于 0 至 1 之间。在干旱地区,径流系数较小,有时几乎近于 0;在潮湿地区,径流系数则较大。

任务实施

在正确掌握地下水系统概念的基础上,从宏观角度理解地下水系统的组成与特征,注重对地下水循环的系统分析与整体研究。

思考与练习

1. 简述地下水系统、地下水含水系统、地下水流动系统的概念。
2. 简述地下水补给、排泄、径流的概念。
3. 简述泉的概念与分类。
4. 简述径流及其表征量。

任务二　地下水动态与均衡的监测

　　【知识要点】　地下水动态与均衡;地下水天然动态类型;地下水动态监测项目与地下水均衡监测项目。

　　【技能目标】　具备理解地下水动态与均衡关系的能力;具备地下水天然动态类型划分的能力;具备地下水动态监测与均衡监测及相关计算的能力。

　　【素养目标】　培养学生刻苦钻研、实事求是、精益求精的工作作风。

任务导入

地下水系统与外界环境时刻存在着一定的物质能量与信息的交换,各要素随时间发生变动。地下水动态反映了地下水要素随时间变化的状况,为了合理利用地下水或有效防范其危害,必须掌握地下水动态的变化规律。

任务分析

地下水动态是含水层水量、盐量、热量、能量收支不平衡的结果,是均衡的外在表现,具体表现为地下水水质、水温等发生相应的变化。要掌握地下水动态与均衡的这种关系,必须掌握以下相关知识:

　　(1)地下水动态与均衡;
　　(2)研究地下水动态与均衡的意义;
　　(3)地下水天然动态类型;
　　(4)地下水均衡方程。

相关知识

一、地下水动态与均衡概述

含水层(含水系统)经常与环境发生物质、能量和信息的交换,时刻处于变化中。在与环境相互作用下,含水层各要素(如水位、水量、水温、水化学成分等)随时间的变化,称为地下水动态。

当含水层补给量大于其排泄水量时,贮存量增加,地下水位上升;反之,当补给量小于排泄水量时,贮存量减少,水位下降。同时,盐量、热量与能量收支不平衡,会使地下水水质、水温或水位相应地发生变化。

地下水均衡,是指某一地区某一时间段内,地下水水量(盐量、热量、能量)的收支状况。均衡分为正均衡与负均衡,只有当补给量与排泄量相等时,地下水才会处于均衡状态。地下水要素之所以随时间发生变动,是含水层(含水系统)水量、盐量、热量、能量收支不平衡的结果。一个地区水均衡的研究,实质上就是利用质量守恒定律分析研究参与水循环各要素的数量变化关系。

地下水动态与均衡关系紧密,均衡是地下水动态变化的内在原因,动态是地下水均衡的外部表现。均衡的性质和数量决定了动态变化的方向和幅度,地下水动态反映了地下水要素随时间变化的状况。

研究地下水动态与均衡,对于认识区域水文地质条件、水量和水质评价,以及水资源的合理开发与管理,都具有非常重要的意义。出于任何目的、任何勘查阶段的水文地质调查,都必须重视地下水动态与均衡的研究工作。

二、地下水天然动态类型

影响地下水动态的因素主要有气象因素、水文因素、地质因素及人类活动的影响。地下水动态成因类型,是根据对影响地下水动态的主导因素进行分类命名的,而主导因素的判定主要是根据地下水的水位动态过程曲线的特点加以鉴别,对地下水动态特征进行分析。

地下水动态类型的划分主要依据地下水的补给、径流与排泄因素。动态变化取决于构造封闭条件,构造开启程度好则动态变化强烈,水质淡化。其类型主要有蒸发型、径流型、灌溉型、开采型等(表 2-1)。当开发利用地下水对动态的影响成为地下水动态变化的主要因素时,其动态类型就是开采型;沿江和两岸地下水位变化受到江河水位涨落影响的地段,就属于水文型;人类活动通过增加新的补给来源或新的排泄去路,而改变地下水的天然动态,可能出现开采型、灌溉型等。

表 2-1　地下水动态类型

类型	出现地区	动态特征
渗入-蒸发型	干旱、半干旱区,地形切割微弱的平原、盆地	径流微弱,年水位变化小,水质季节变化明显,盐化、土壤盐渍化
渗入-径流型	山区、山前,水位深埋区	年水位变化大而不均,水质季节变化不明显,水质趋于淡化
渗入-弱径流型	气候湿润的平原、盆地,地形切割弱的地区	年水位变幅小,各处接近,水质季节变化不明显,淡化
径流型	地下水径流条件比较好,补给面积辽阔,地下水埋藏较深或含水层上部有隔水层覆盖的地区	地下水位变化平缓,年变幅很小,水位峰值多滞后于降水峰值
水文型	沿江河两岸的条带地段	年水位变化随江河水位变化而变化,但幅度小于江河水位变化幅度
开采型	城市及集中开采区	水位变化受开采量影响

表 2-1(续)

类型	出现地区	动态特征
灌溉型	引入外来水源的灌区;包气带土层有一定的渗透性,地下水埋藏深度不十分大的地区	地下水位明显地随着灌溉期的到来上升,年内高水位期延续较长
越流型	分布在垂直方向上含水层与弱透水层相间的地区;开采条件下越流现象表现明显的地区	当开采含水层水位下降低于相邻含水层时,相邻含水层(非开采层)的地下水将越流补给开采含水层,水位动态亦随开采层变化,但变幅较小,变化平缓
冻结型	有多年冻土层的高纬度地区或高寒山区	冻结层上水位起伏明显,呈现与融冻期或雨期对应的两个峰值。冻结层下年内水位变化平缓,变幅不大,峰值稍滞后于降水峰值,或水位峰值不明显

由于人类活动的影响,地下水动态类型不是一成不变的。例如,灌溉可以导致地下水位上升,使地下水动态发生变化,多为渗入-蒸发型,当控制灌溉量、加强径流排泄时,由蒸发型转变为径流型。

三、地下水动态的监测项目

对大多数水文地质勘查任务来说,地下水动态监测的基本项目都应包括地下水水位、水温、水化学成分和井、泉流量等。与地下水有水力联系的地表水水位与流量,以及矿山井巷和其他地下工程的出水点、排水量及水位标高也应进行监测。

水质的监测,一般是以水质分析项目作为基本监测项目,再加上某些选择性监测项目。选择性监测项目是指那些在本地区地下水中已经出现或可能出现的特殊成分及污染物质,或被选定为水质模型模拟因子的化学指标。为掌握区内水文地球化学条件的基本趋势,可在每年或隔年对监测点的水质进行一次全分析。

地下水动态资料,常常随着观测资料系列的延长而具有更大的使用价值,故监测点位置确定后,一般不要轻易变动。

四、地下水均衡的监测项目

根据质量守恒定律,在任何地区、任一时间段内,地下水系统中地下水(或溶质或热)的流入量(或补充量)与流出量(或消耗量)之差,恒等于该系统中水贮存量的变化量。据此,可直接写出均衡区在某均衡期内的各类水均衡方程。

水均衡方程是表示水均衡在某一地区某一时段内的各种补给量、各消耗量和贮存量的变化量三者之间的动态平衡关系。

总水量均衡方程的一般形式为:

$$(X+Y_1+W_1+Z_1+R_1)-(Y_2+W_2+Z_2+R_2)=\mu\Delta h+\mu^*\Delta h_c+V+P$$

整理以后,得总的水均衡方程为:

$$\mu\Delta h+\mu^*\Delta h_c+V+P=X+(Y_1-Y_2)+(W_1-W_2)+(Z_1-Z_2)+(R_1-R_2)$$

式中　μ——潜水含水层的给水度或饱和差;

　　　Δh——均衡期内潜水水位变化值,上升为正,下降为负;

　　　μ^*——承压含水层的储水系数;

　　　Δh_c——均衡期内承压水水位变化值。

　　V、P——地表水体和包气带水贮存量的变化量；

　　X——大气降水量；

　　Y_1、Y_2——地表水流入量和流出量；

　　W_1、W_2——地下水流入量和流出量；

　　Z_1、Z_2——水汽凝结量和蒸发量；

　　R_1、R_2——人工引入和排出的水量。

潜水水量均衡方程的一般形式为：

$$\mu \Delta h = (X_f + Y_f + Z'_1 + R'_1 + W_1) - (W_s + Z'_2 + R'_2 + W_2)$$

式中　X_f——降水入渗补给量

　　　　Y_f——地表水对潜水的补给量；

　　　　W_s——泉的溢出量；

　　　　Z'_1、Z'_2——潜水的凝结补给量及蒸发量；

　　　　R'_1、R'_2——人工注入量和排出量；

　　　　其他符号意义同前。

承压水水量均衡方程式为：

$$\mu^* \Delta h = (W_1 + E_1) - (W_2 + R_{2k})$$

式中　E_1——越流补给量；

　　　　R_{2k}——承压水的开采量；

　　　　其他符号意义同前。

对于不同条件的均衡区及同一均衡区的不同时间段，均衡方程的组成项可能增加或减少。如对地下径流迟缓的平原区，W_1、W_2可忽略不计，当地下水位埋深很大时，Z_1、Z'_1常常忽略不计。又如，在封闭的北方岩溶泉域（均衡区），其雨季的水量均衡方程的一般形式为 $\mu \Delta h = (X_f + Y_f) - (W_s + R_2)$；而在旱季，地表水消失，一切取水活动停止，此时常将水量均衡方程简化为 $-\mu \Delta h = W_s$，即岩溶水的减少量等于岩溶泉的流出量。

另外，在人类活动影响下，地下水的收入项可能增加了灌溉入渗补给量、其他方式人工补给量，支出项包括排水沟渠排泄量、人工开采量、矿山排泄量等，对收入项与支出项组成需要重新考虑。

**任务实施**

结合某一区域地质条件，在合理确定地下水动态类型的基础上，进行地下水均衡的研究，分析水均衡项目，确定水均衡方程，为地下水资源评价与矿井水防治提供可靠的依据。

**思考与练习**

1. 简述地下水动态与均衡的概念。

2. 简述地下水动态与均衡的研究意义。

3. 分析地下水动态的主要影响因素。

4. 地下水天然动态类型有哪些？

5. 如何建立某一地区的地下水均衡方程？

项目三　矿井水文地质勘查

任务一　矿井水文地质调查

【知识要点】　勘探阶段水文地质资料;矿井水文地质补充调查;水文地质调查的主要工作程序;水文地质调查的主要成果。

【技能目标】　具备依照《矿区水文地质工程地质勘查规范》(GB/T 12719—2021)对矿区泉、井及地表水体,不明老窑、采空区、生产矿井及周边矿井等进行调查的能力;具备识读绘制相关的水文地质图件与编写水文地质调查报告的能力。

【素养目标】　培养学生的综合分析能力;培养学生吃苦耐劳、求真务实、精益求精的工作作风。

**任务导入**

矿井水文地质勘查工作是在勘探阶段水文地质工作的基础上进行的,贯穿于矿井建设及整个生产过程中,以井下生产实践为基础的一整套矿井水文地质工作方法正在逐步完善,如井巷调查、超前探水、长期观测等。矿井水文地质调查是勘探阶段水文地质工作的继续,只是对象更加具体,要求更加明确,工作更为深入细致。

《煤矿防治水细则》第八条规定:当矿井水文地质条件尚未查清时,应当进行水文地质补充勘探工作。在水害隐患情况未查明或者未消除之前,严禁进行采掘活动。

**任务分析**

依照《矿区水文地质工程地质勘查规范》(GB/T 12719—2021)进行矿井水文地质调查。首先根据建井实践来验证勘探阶段水文地质资料的可靠性,然后在矿井生产中发现新问题。在前期勘探阶段的基础上,选择性地进行水文地质补充调查,必须掌握以下知识:

(1)勘探阶段水文地质资料的应用;

(2)矿井水文地质补充调查的内容;

(3)矿井水文地质补充调查的要求;

(4)矿井水文地质调查的主要工作程序。

**相关知识**

矿井水文地质勘查工作,一方面对勘探阶段提供的水文地质资料,通过建井、生产实践来验证、考察资料的可靠性;另一方面根据建井、生产过程中发现的新问题,在勘探阶段的基

础上,有选择地进行水文地质补充勘探,解决矿井建设和生产过程中实际存在的水文地质问题,以便安全、经济、合理地回收煤炭资源。

一、勘探阶段水文地质资料的应用

在一个矿区或者矿井设计、建井和投产之前,必须进行一系列地质勘探工作,提供一整套必要的地质资料,其中水文地质资料一般应阐明以下几方面的问题:

(1) 勘探区内主要含水层的分布范围、埋藏条件,含水层的一般特征及补给和排泄条件,含水条件之间的水力联系,以及勘探区内井、泉调查资料和地表水体的分布情况。

(2) 井田范围内含水层岩性、埋藏深度、厚度及其变化规律,裂隙及溶洞的发育程度,以及含水层的水量大小、水位、水质和地下水动态资料。

(3) 矿区(井)有关地表水体的受水面积、最大洪水量和最高洪水位,以及洪水淹没矿区范围和持续时间。

(4) 地表水体(主要河流、沟渠、湖泊、水库等)对含水层及采空塌陷区、老空区的补给范围和渗漏量。

(5) 主要含水层对矿井的影响程度。

(6) 不同成因类型的断裂构造分布规律及其在地表水和地下水以及含水层之间发生水力联系上所起的作用,以确定最可能的导水和含水地段。

(7) 穿过含水层、采空区和含水断层的钻孔封闭情况。

(8) 预计矿井涌水量及其与季节、开采范围及深度变化的关系。

(9) 邻近矿井的开发情况,矿井涌水量、水质、水温、充水条件、地下水出露情况、突水现象及原因,涌水量与开采面积、深度、产量、降水量的关系等。

矿井水文地质勘查的首要工作就是收集和整理上述资料,并对其进行分析、对比、验证,在此基础上去伪存真,对即将建设的矿井和采区的涌水条件做出明确的结论,指出矿井涌水的水源、通路和水量,提出今后防治水的措施和方法,并对供水水源做出评价。

二、矿井水文地质补充调查

当矿区(井)现有水文地质资料不能满足生产建设的需要时,或矿区(井)未进行过水文地质调查或水文地质工作程度较低的,应当进行补充水文地质调查工作。

水文地质条件复杂的矿井,虽然在勘探阶段进行了大量的水文地质工作,但采掘工作经常受到水害威胁时,应针对存在的问题进行专项水文地质补充调查。其主要工作如下所述。

矿井水文地质
补充调查

1. 第四纪地质及物理地质现象的调查

对第四纪地层研究的主要内容是:

定出土石的名称(如砾石、砂、亚砂土、亚黏土和黏土等),描述颜色、组织结构,确定其成因和时代,并在图上画出第四纪地质界线(时代、成因及岩性的界线)。对基岩含水层根据地层岩性、地质时代、岩石的孔隙性,以及泉、井等地下水的露头情况,确定基岩地层的富水性,划分出含水层和隔水层(相对隔水层)。

对地质构造进行调查,主要是查明断裂构造的方向、规模、性质,破碎带的范围、充填或胶结情况,导水性以及有否泉水出露、水量大小等。在裂隙发育带要选择有代表性地段进行裂隙统计。

此外,应了解调查区的地貌单元,着重调查一些与地下水活动有关的自然地质现象,如滑坡、浅蚀、岩溶、沼泽、古河道等,并将其标在地形地质图上。

2. 泉、井及地表水体的调查

在原有资料的基础上,调查矿井排水形成的补给半径范围内外井、泉的水位,流量的年变化幅度以及它们断流、干涸的情况。具体来说,应调查井、泉的位置、标高、深度、出水层位、涌水量、水位、水质、水温、有无气体溢出、溢出类型、流量(浓度)及补给水源,并描绘泉水出露的地形地质平面图和剖面图。调查内容见表3-1~表3-3。

表3-1　泉调查记录

泉名		出露标高		泉水出露的地形条件
泉水流出状态		泉的类型		
补给泉的含水层年代和岩性、厚度		含水层的顶底板岩性		
涌水量/(L/s)		最近天气		
涌水量测量方法		气温/℃		泉水出露的地质条件
泉水沉淀物		水温/℃		
泉水的气体成分		色		
水样编号		嗅		
泉水季节变化		味		泉水出露的平面和剖面
泉水应用		透明度		
引水工程		备注		

调查人:　　　　　　　　　　　　　　　　　　调查日期:

表3-2　水井调查记录(一)

井号		位置		建井年代	
地面标高		井口标高		气温/℃	
井壁结构		井口形状及大小		水温/℃	
调查日期		天气		色	
地层年代及岩性		涌水量水位降深/m		底图编号	
埋藏深度/m		涌水量/(L/s)		静止水位深度/m	
覆盖岩层		单位涌水量		汲水设备	
下部岩层		涌水量测量方法		井的剖面	
厚度/m		水样标号		嗅	
水井变化		水井深度/m		味	
水井用途		其他		透明度	
环境卫生		受地表水或其他水井影响			

表 3-3　水井调查记录(二)

地表水性质类型			名称			所处的地形条件	
补给来源			排泄消耗				
边岸岩性			底床岩性				
宽度/m			底床坡度				
水位标高/m			水深/m				
流速/(m/s)			面积/km²			所处的地质年代	
流量/(m³/s)			体积/m³				
季节变化	最高	月	物理性质	水温/℃			
	最低	月		色		平面图	
水的用途				嗅			
				味			

调查人:　　　　　　　　　　　　　　　　　　调查日期:

　　对地表水体,每月进行一次调查或搜集矿区河流、水渠、湖泊、积水区、山塘和水库等地表水体的历年水位、流量、积水量、最大洪水淹没范围、含泥沙量、水质和地表水体与下伏含水层的水力关联等情况。对可能渗漏补给地下水的地段应当进行详细调查,并进行渗漏量检测。

　　如果地表水常年补给矿井,应设观测站,取得具体数据。一些矿区,河流改道就是在这种条件下提出来的。当矿区地表水体附近有塌陷坑时,地表水有可能涌入井下,此时更应对河流进行详细研究。

　　【案例 3-1】　某矿 1 号井的茹草溪河流、溪底渗透性好,开采后产生大量塌陷坑,溪水全部灌入井下,使矿井涌水量由 363 m³/h 增加到 578 m³/h。通过补充调查,提出了处理措施,解决了实际问题。

　　3. 小窑老空积水的调查

　　老空有现代生产矿井(包括已报废的矿井)的老空和小窑老空之分,前者可由采矿工程平面图和有关资料准确地确定其分布范围,后者则由于年代已久,缺乏可靠的资料,积水范围往往难于确定,常常会给矿井的建设和生产带来很多困难,甚至会造成矿井突水事故。

　　(1)积水特点

　　由于采掘条件的限制,古代小窑只能开采浅部煤层,因此小窑老空多分布于煤层标高较高的地方。由于排水能力的限制,古代小窑只能开采顶、底板为含水层的煤层时,小窑老空多数在含水层的水位标高以上。由于长期处于停滞状态,一般积水呈黄褐色,具有铁锈味、臭鸡蛋味或涩味,酸性较大。老空内经常积存有大量 CO_2、CH_4 和 H_2S 等有害气体,突水时会随水溢出。由于小窑老空多分布在井田的浅部及周围,其积水具有一定的静水压力。在采掘过程中,当工作面接近老空时由于静水压力的作用,在一定条件下往往会突然涌进巷道,造成事故。

　　(2)调查内容

　　小窑老空是矿区(井)潜在的危险,在水文地质调查时应详细调查小窑老空的位置,水文地质情况,开采、充水、排水的资料及老窑停采原因,小窑采空造成的地表塌陷深度、裂缝的分布情况、塌陷的范围大小等,察看地形圈出采空区并估算积水量。

通过上述调查,必须弄清小窑开采的煤层、开采范围以及小窑的积水量,水头压力和相互连通关系,作为确定老空边界和布置防治老空积水工程的依据。

小窑老空的调查方法,可采用"走出去、请进来"的方法,或登门拜访,进行现场调查。将收集到的资料加以分析整理,绘制成适当比例尺(1∶1 000、1∶2 000 或 1∶5 000)的平面图和剖面图。此外,还可以采用电测剖面结合钻探手段,对小窑老空进行探查。

4. 生产矿井及周边矿井的情况

调查研究矿区内生产矿井的充水因素、充水方式、突水层位、突水点的位置与突水量,矿井涌水量的动态变化与开采水平、开采面积的关系,以往发生水害的观测研究资料和防治水措施及效果。

调查周边矿井的位置、范围、开采层位、充水情况、地质构造、采煤方法、采出煤量、隔离煤柱以及与相邻矿井的空间关系,以往发生水害的观测研究资料,并收集系统完整的采掘工程平面图及有关资料。

5. 地面岩溶的情况

调查岩溶发育的形态、分布范围。详细调查对地下水运动有明显影响的补给和排泄通道,必要时可进行连通试验和暗河测绘工作。分析岩溶发育规律和地下水径流方向,圈定补给区,测定补给区内的渗漏情况,估算地下水径流量。对有岩溶塌陷区域,进行岩溶塌陷的测绘工作。

6. 收集和整理历年的水文气象资料

主要是从矿区或附近的水文、气象站收集降水量、蒸发量、气温、气压、相对湿度、风向、风速及历年月平均值和两极值等气象资料;收集调查区内以往勘查研究成果,如动态观测资料,勘探钻孔、供水井钻探及抽水试验资料等。然后分析整理成各种关系曲线图(如降水量与蒸发量曲线图等),以便了解和掌握矿区的水文、气象变化规律,为分析矿井充水条件,以及为矿井防排水提供依据。

上述工作结束之后,应将所获得的资料进行整理、分析和研究,结合矿区(井)的具体情况,写出简要的文字报告,并编制相应的图表。

三、水文地质调查的主要工作程序

1. 准备工作

要求:按设计要求进行各项准备。

主要步骤:(1)调查测绘比例尺按相应勘探阶段选择;(2)地形图底图按相应比例尺或大一级的比例尺选择;(3)收集工作区内有关资料;(4)确定测量、物探、钻探专业小组。

2. 野外调查一般内容填写

要求:项目齐全,字迹清晰。

主要步骤:(1)填写观测点位置及编号;(2)填写露头类型;(3)填写观测点性质(地质点、地貌点、构造点、界线点、水井、泉、浅井、河流测点);(4)填写天气情况、编录人员及日期。

3. 岩性描述

要求:正确定名,详细记录。

主要步骤:(1)基岩描述。(2)松散沉积物描述,包括:颜色(干、湿)、成分(黏土、亚黏土、亚砂土、砂、砾石)、结构(致密、松散)及构造(块状、大孔隙、垂直节理等);夹层或透镜体;

砂、砾石的成分、大小、形态及磨圆度分选性；胶结物（泥质、钙质）及胶结程度；层理及产状；成因类型及时代。

4. 构造观察描述

要求：精心测量，正确判定各类构造要素。

主要步骤：(1) 描述褶曲类型、褶曲轴及两翼产状、翼部性质；(2) 描述断裂（走向、倾向、倾角、结构面力学性质），磨面、擦痕、断层角砾岩，重复情况（单独阶状），断层胶结物和含水性，与侵蚀地层关系，裂隙率统计。

5. 地貌观察描述

要求：按成因类型及形态单元进行观察描述，尤其对微地貌进行观察描述。

主要步骤：观察描述地貌单元，地形形态，形态要素，构造与地形关系、岩性与地形关系，剥蚀堆积作用与地性关系，成因相关的松散堆积物，物理地质现象。

6. 岩溶观察描述

要求：岩溶形态测量及发育规律。

主要内容：(1) 成因；(2) 溶蚀程度划分。

7. 水文地质观察描述

要求：观察含水层特征及地下水的赋存规律。

主要步骤：(1) 调查含水层特征；(2) 确定地下水类型，地下水物理性质，补给、排泄、径流条件及水力联系；(3) 调查民井（孔）、泉所处的地貌单元或蓄水构造部位、出露状态，井壁结构、提水设备、使用状况及卫生条件；(4) 收集岩层剖面井结构资料等。

8. 沿途观测

要求：对沿途露头要详细记录。

主要步骤：(1) 记载路线方向及有关情况；(2) 简述地层、构造有无变化，跨越何种地貌单元；(3) 测量和访问民井。

9. 样品采集

主要采集：岩样、土样和水样。

四、水文地质调查的主要成果

水文地质调查的成果主要有水文地质图（包括具代表性的水文地质剖面图）、各种地下水点和地表水体的调查资料，以及水文地质调查工作报告（或图件说明书）。

1. 水文地质图

水文地质图与成果图比较，有以下不同：

(1) 水文地质图的内容，除反映各种地质界限外，经常还要反映必要的地貌单元界线，并标出具有代表性的地下水点，表示出各含水层的地下水类型、富水性、埋藏条件和地下水流场特点，以及水化学特征等。成果图可以是一张综合性的水文地质图，也可以由一系列地下水单项要素图件组成。

(2) 水文地质图不单纯是在野外实地测绘时一次性填绘出来的，而是在野外对各种地质、地貌、地下水露头及其他有关现象的观察测量资料所填绘的草图基础上，加上某些室内外试（实）验、分析和动态观测资料，通过室内整理研究后编制出来的。

2. 水文地质调查报告

区域性水文地质调查报告的主要内容包括：序言、区域自然地理及经济概况、生产矿井及周边矿井、老空水情况、区域地质条件、区域水文地质条件、区内地下水的开发利用与结论部分。

**任务实施**

结合某矿井的实际勘探资料,分析矿井水文地质需要补充调查的内容与具体要求,并在相应的水文地质图件上进行标注。

**思考与练习**

1. 一般来讲,勘探阶段水文地质资料应该阐明的问题有哪些?
2. 在什么情况下,需要进行矿井水文地质补充调查?
3. 简述矿井水文地质补充调查的内容与要求。
4. 水文地质图一般包括哪些内容?
5. 简述水文地质调查报告的组成。
6. 简述水文地质调查的主要工作程序。

任务二 矿井水文地质勘探

【知识要点】 矿井水文地质勘探;水文地质勘探方法与资料整理;矿井水文地质补充勘探;水文地质勘探的主要工作程序。

【技能目标】 具备开展矿井水文地质勘探及补充勘探工作的能力;具备进行水文地质勘探及补充勘探资料整理的能力;具备识读绘制相关水文地质图件的能力。

【素养目标】 培养学生爱岗敬业、忠于职守的职业精神;培养学生吃苦耐劳、精益求精的工作作风。

**任务导入**

矿井建设生产阶段所进行的水文地质勘探,为矿产资源勘探阶段水文地质工作的继续与深入,多带有补充勘探的性质。其目的是为矿产工业的规划布局和建设、正常安全生产提供水文地质依据,并为水文地质研究积累资料,为矿井防治水工作提供水文地质依据。

**任务分析**

矿井水文地质勘探一般应分阶段循序进行,是在矿井建设和生产过程中进行的,它既可以验证和深化对矿井水文地质条件的认识,又可以辅助解决矿井建设生产过程中遇到的水文地质问题。

矿井水文地质补充勘探是在矿山基建过程中或已经投产的情况下,为了解决某一项或若干项水文地质问题而进行的专门性水文地质勘探。其基本任务是为矿井建设、采掘、开拓延深、改扩建提供所需的水文地质资料,并为水灾地质研究积累资料。

本任务要求掌握以下知识:

（1）矿井水文地质勘探的范围与要求；

（2）矿井水文地质勘探工程的布置原则；

（3）水文地质勘探常用的方法；

（4）水文地质勘探资料整理；

（5）矿井水文地质补充勘探及资料整理；

（6）水文地质钻探主要工作程序；

（7）抽水试验主要工作程序。

矿井水文
地质勘探

 相关知识

一、水文地质勘探的范围与要求

（1）矿井有下列情形之一的，应当在井下进行水文地质勘探：

① 采用地面水文勘探难以查清问题，必须在井下进行放水试验或者连通（示踪）试验的。

② 煤层顶、底板有含水（流）砂层或者岩溶含水层，需进行疏水开采试验的。

③ 受地表水体和地形限制或者受开采塌陷影响，地面没有施工条件的。

④ 孔深或者地下水位埋深过大，地面无法进行水文地质试验的。

（2）水文地质勘探应当符合的要求有：

① 钻孔的各项技术要求、安全措施等钻孔施工设计，经矿井总工程师批准后方可实施。

② 施工并加固钻机硐室，保证正常的工作条件。

③ 钻机安装牢固。钻机首先下好孔口管，并进行耐压试验。在正式施工前，安装孔口安全闸阀，以保证控制放水。安全闸阀的抗压能力大于最大水压。在揭露含水层前，安装好孔口防喷装置。

④ 按照设计进行施工，并严格执行施工安全措施。

⑤ 进行连通试验，不得选用污染水源的示踪剂。

⑥ 对于停用或者报废的钻孔，及时封堵，并提交封孔报告。

二、水文地质勘探工程的布置原则

（1）矿井水文地质勘探工作应结合矿区的具体水文地质条件，针对矿井主要水文地质问题及水害类型，做到有的放矢。从区域着眼，立足矿区，把矿区水文地质条件和区域水文地质条件有机地结合起来进行统一、系统的勘探研究，确保区域控制、矿区查明。牢记动态勘探、动态监测和动态分析的矿井水文地质勘探理念。

（2）在水文地质条件勘探方法的选择上，应坚持重点突出、综合配套的原则。在勘探工程的布置上，应立足于井上下相结合，采区和工作面应以井下勘探为主，配合适量的地面勘探。对区域地下水系统，应以地面勘探为主，配合适量的井下勘探。

（3）无论是地面勘探还是井下勘探，都应把勘探工程的短期试验研究和长期动态监测研究有机地结合起来，达到从整体空间和长期时间两方面控制勘探工程的目的。应重视水文地质测绘和井上下简易水文地质观测与编录等基础工作，把矿井地质工作与水文地质工作有效地结合起来。

（4）地球物理勘探应着重于对地下水系统和构造的宏观控制，钻探应对重点区域进行定量分析并为专门水文地质试验和防治水工程设计提供条件和基础信息，专门水文地质试

验(包括抽放水试验、化学检测与示踪试验、岩石力学性质试验、突水因素检测试验及其相关的计算分析)是定量研究和分析矿井水文地质条件的重要方法。

（5）水文地质勘探工程的布置,应尽量构成对勘探区地质与水文地质有效控制的剖面,既要控制地下水天然流场的补给、径流、排泄条件,又要控制开采后地下水系统与流场可能发生的变化,特别是导水通道的形式与演化。

（6）进行抽放水试验时,主要放水孔宜布置在主要充水含水层的富水段或强径流带,必须有足够的观测孔(点)。观测孔布置必须建立在系统整理、研究各勘探资料的基础上,根据试验目的、水文地质分区情况、矿井涌水量计算方案等要求确定。应尽可能利用地质勘探钻孔或人工露头作为观测孔(点)。

三、水文地质勘探方法与资料整理

（一）物探、化探、监测监试

物探、化探、监测监试部分内容见本教材项目四任务五。

（二）水文地质钻探

水文地质钻孔的类型包括地质及水文地质结合孔、抽水试验孔、水文地质观测孔、探采结合孔、探放水孔。每个钻孔都应当按照勘探设计要求进行单孔设计,包括钻孔结构、孔斜、岩芯采取率、封孔止水要求、终孔直径、终孔层位、简易水文观测、抽水试验、地球物理测井及采样测试、封孔质量、孔口装置和测量标志要求等。

水文地质物探

钻孔施工主要技术指标,应当符合下列要求:

（1）以煤层底板水害为主的矿井,其水文地质补充勘探钻孔的终孔深度,以揭露下伏主要含水层段为原则。

水文地质钻探

（2）所在勘探钻孔均进行水文测井工作。对有条件的,可以进行流量测井、超声成像、钻孔电视探测等,配合钻探取芯划分含(隔)水层,为取得有关参数提供依据。

（3）主要含水层或试验段(观测段)采用清水钻进。遇特殊情况需改用泥浆钻进时,经钻孔施工单位地质部门同意后,可以采用低固相优质泥浆,并采取有效的洗孔措施。

（4）钻孔孔径视钻孔目的确定。抽水试验孔试验段孔径,以满足设计的抽水量和安装抽水设备为原则;水位观测孔观测段孔径,应当满足止水和水位观测的要求。

（5）抽水试验钻孔的孔斜,满足选用抽水设备和水位观测仪器的工艺要求。

（6）钻孔取芯钻进,并进行岩芯描述。岩芯采取率:岩石大于70%;破碎带大于50%;黏土大于70%;砂和砾层大于30%。当采用水文物探测井,能够正确划分地层和含(隔)水层位置及厚度时,可以适当减少取芯。

（7）在钻孔分层(段)隔离止水时,通过提水、注水和水文测井等不同方法,检查止水效果,并做正式记录;不合格的,重新止水。

（8）除长期动态观测钻孔外,其余钻孔都使用高标号水泥浆封孔,并取样检查封孔质量。

（9）观测孔竣工后,进行抽水洗孔,以确保观测层(段)不被淤塞。

水文地质钻孔应当做好简易水文地质观测,其技术要求参照有关规程、规范进行。对没有简易水文地质观测资料的钻孔,应当降低其质量等级或者不予验收。

水文地质观测孔,应当安装孔口装置和长期观测测量标志,并采取有效措施予以保护,保证坚固耐用、观测方便;遇有损坏或堵塞时,应当及时进行处理。

水文地质钻探新技术简介:作为煤炭地质保障系统的重要组成部分,煤矿坑道智能化钻探在矿井灾害防治、智能开采透明工作面构建等方面将发挥关键作用。坑道智能化钻探与常规钻探方法的重要区别在于智能钻具的研发与应用和钻探数据的获取与分析。

目前,我国煤矿坑道智能化钻探还处于初级研究阶段,煤矿坑道智能化钻探技术现状:

(1)由于煤矿巷道条件的复杂性,钻机无法实现对巷道环境的精准感知和自主定位导航,钻机行走、姿态调整等功能实现仍需人为辅助。

(2)由于缺乏可靠的孔内监测仪器,对孔内钻进工况的感知主要依赖钻机液压系统,存在明显的滞后性,导致无法实现从数据监测、数据分析到智能决策的无人化自主钻进施工。

(3)由于无法实现对煤岩界面的精确识别,采用回转钻进技术施工钻孔因自然造斜规律易触顶或触底,导致钻孔轨迹不可控、钻孔深度有限。

(4)钻场内钻机、孔口装置、装卸杆装置等设备间的关联程度弱,无法实现集成控制。

当前,煤矿坑道智能化钻探仍处于从机械化向自动化转型的阶段,未来应围绕精准导向系统、数据测量系统、数据传输系统、智能决策系统和自动控制系统,打造从孔底到孔口、从井下到地面的一体化坑道智能化钻探平台。

(三)水文地质试验

水文地质试验是对地下水进行定量研究的重要手段。试验种类有抽水试验、钻孔注水试验、坑道疏干放水试验、疏水降压开采试验和连通试验等。

水文地质试验

1. 抽水试验

抽水试验可以获得含水层的水文地质参数,评价含水层的富水性,确定影响半径和了解地表水与地下水以及不同含水层之间的水力联系。这些资料是查明水文地质条件、评价地下水资源、预测矿坑涌水量和确定疏干排水方案的重要依据。

按照抽水试验井孔数量的不同,可划分为单孔抽水试验、多孔抽水试验和干扰井群抽水试验;按所依据的井流理论的不同,可分为稳定流抽水和非稳定流抽水试验;根据试验阶段所包含的含水层数目的不同,可分为分层抽水试验、分段抽水试验和混合抽水试验。

抽水试验质量,应当达到有关国家标准、行业标准的规定;抽水试验钻孔的孔斜,应满足选用抽水设备和水位观测仪器的工艺要求;抽水试验的水位降深,应根据设备能力达到最大降深,降深次数不少于 3 次,降距合理分布。当受开采影响导致钻孔水位较深时,可以仅做 1 次最大降深抽水试验。在降深过程的观测中,应当考虑非稳定流计算的要求,并适当延长时间。

对水文地质复杂或者极复杂型的矿井,如果采用小口径抽水试验不能查明水文地质、工程地质(地面岩溶塌陷)条件,可以进行井下放水试验;如果井下条件不具备,应当进行大口径、大流量群孔抽水试验。采取群孔抽水试验,应当单独编制设计,经煤炭企业总工程师组织审查同意后实施。

大口径群孔抽水试验的延续时间,应当根据水位流量过程曲线稳定趋势而确定,一般不少于10日;当受开采疏水干扰,导致水位无法稳定时,应当根据具体情况研究确定。

为查明受采掘破坏影响的含水层与其他含水层或者地表水体等之间有无水力联系,可以结合抽(放)水进行连通(示踪)试验。

抽水前,应当对试验孔、观测孔及井上、井下有关的水文地质点,进行水位(压)、流量观测。必要时,可以另外施工专门钻孔测定大口径群孔的中心水位。

2. 钻孔注水试验

矿山生产中注水试验的主要目的在于测定矿层顶、底板岩层及构造破碎带的透水性及变化,为矿山注浆堵水、帷幕截流及划分含水层与隔水层提供依据。

按止水塞堵塞钻孔的情况,注水试验分为分段注水和综合注水两类。

(1)分段注水:自上而下分段注水,随着钻孔的钻进分段进行;钻孔结束后自下而上分段止水。

(2)综合注水:在钻孔中进行统一注水,试验结果为全孔综合值。

对于因矿井防渗漏研究岩石渗透性,或者因含水层水位很深而致使无法进行抽水试验的,可以进行注水试验。

注水试验应当编制试验设计。试验设计包括试验层段的起、止深度;孔径及套管下入层位、深度及止水方法;采用的注水设备、注水试验方法,以及注水试验质量要求等内容。

注水试验施工的主要技术指标,应当符合下列要求:

(1)根据岩层的岩性和孔隙、裂隙发育深度,确定试验孔段,并严格做好止水工作。

(2)注水试验前,彻底洗孔,以保证疏通含水层,并测定钻孔水温和注入水的温度。

(3)注水试验正式注水前及正式注水结束后,进行静止水位和恢复水位的观测。

物探工作布置、参数确定、检查点数量和重复测量误差、资料处理等,应当符合有关国家标准、行业标准的规定。

进行物探作业前,应当根据勘探区的水文地质条件、被探测地质体的地球物理特征和不同的工作目的等因素确定勘探方案。进行物探作业时,可以采用多种物探方法进行综合探测。

物探工作结束后,应当提交相应的综合成果图件。物探成果应当与其他勘探成果相结合,经相互验证后,可以作为矿井采掘设计的依据。

3. 坑道疏干放水试验

(1)水文地质勘探:已进行过水文地质勘探的矿井,在基建过程中发现新的问题,需要进行补充勘探。此时,水泵房建成,可以把工程布置在坑内,以坑道放水试验代替地面水文地质勘探,计算矿坑涌水量。

(2)生产疏干:以地下水疏干为主要防治水方法。水文地质条件比较复杂时,在疏干工程正式投产前,选择先期开采地段或具有代表性的地段进行放水试验,了解疏干时间、疏干效果,核实矿坑涌水量。

4. 疏水降压开采试验

对于受水害威胁的矿井,采用常规的水文地质勘探方法难以进行开采评价时,可以根据条件采用穿层石门或者专门凿井进行疏水降压开采试验。

进行疏水降压开采试验时,应当符合下列规定:

(1) 有专门的施工设计,其设计由煤炭企业总工程师组织审查批准。

(2) 预计最大涌水量。

(3) 建立能保证排出最大涌水量的排水系统。

(4) 选择适当位置建筑防水闸门。

(5) 做好钻孔超前探水和防水降压工作及井上下水位、水压、涌水量的观测工作。

矿井可以根据本单位的实际,采用直流电法(电阻率法)、音频电穿透法、瞬变电磁法、电磁频率测探法、无线电波透视法、地质雷达法、浅层地震勘探、瑞利波勘探、槽波地震勘探等物探方法,并结合钻探方法对资料进行验证。

5. 连通试验

(1) 连通试验的目的

连通试验的目的如下:

① 查明断层带的阻水性。

② 查明断层带的导水性,证实断层两盘含水层有无水力联系,证实断层同一盘的不同含水层之间有无水力联系。

③ 查明地表可疑的井、泉、地表水体及地面潜蚀带等同地下水或矿坑出水点有无水力联系。

④ 查明河床中的明流转暗流的去向及与矿坑出水点有无水力联系。

⑤ 检查注浆堵水效果并研究岩溶地下水系的下述问题:补给范围、地下分水岭、补给速度、补给量与相邻地下水系的关系;径流特征,实测地下水流速、流向、流量;与地表水的转化、补给等关系;配合抽水试验等确定水文地质参数,为合理布置供水井提供设计根据;查明渗漏途径、渗漏量及洞穴规模、延伸方向以及为截流成库、排洪引水等工程提供依据。

⑥ 查明煤层露头带冲积层中的含水层、煤层顶底板方向不同层位的含水层同井下突水点有无水力联系,或不同含水层之间有无水力联系。

⑦ 检查注浆堵水效果。

⑧ 监视水体下采煤后的冒裂带高度是否会直接或间接接触水体。

(2) 试验段(点)的选择原则

试验段(点)的选择原则如下:

① 断层两侧含水层对接相距最近的部位。

② 根据水文地质调查或勘探资料分析,可能有连通性的地段(点)。

③ 针对专门的需要进行水力连通试验的地段(点)。

④ 能达到施工目的,施工与观测又很方便的地段(点)。

(四) 矿区水文地质勘探资料整理

矿区水文地质勘探工作结束后,需对勘探中获得的水文地质资料进行整理、分析和总结,提交勘探成果。勘探成果的形式有两类,即水文地质图件和相应的文字说明,二者统称为水文地质报告。通常情况下,水文地质报告作为地质报告的一个重要组成部分,不单独编写。只有在矿区水文地质条件复杂,且又投入了较多的专门水文地质工作量或为了某个专门目的单独处理原始资料时,才单独编制矿区水文地质报告。

四、矿井水文地质补充勘探

《煤矿防治水细则》第二十条规定,矿井有下列情形之一的,应当开展水文地质补充勘探工作:

矿井水文地质
补充勘探

（1）矿井主要勘探目的层未开展过水文地质勘探工作的;

（2）矿井原勘探工作量不足,水文地质条件尚未查清的;

（3）矿井经采掘揭露煤岩层后,水文地质条件比原勘探报告复杂的;

（4）矿井水文地质条件发生较大变化,原有勘探成果资料难以满足生产建设需要的;

（5）矿井开拓延深、开采新煤系（组）或者扩大井田范围设计需要的;

（6）矿井采掘工程处于特殊地质条件部位,强富水松散含水层下提高煤层开采上限或者强富水含水层上带压开采,专门防治水工程设计、施工需要的;

（7）矿井井巷工程穿过强含水层或者地质构造异常带,防治水工程设计、施工需要的。

《煤矿防治水细则》第二十一条规定:矿井水文地质补充勘探应当针对具体问题合理选择勘查技术、方法,井田外区域以遥感水文地质测绘等为主,井田内以水文地质物探、钻探、试验、实验及长期动态观（监）测等为主,进行综合勘查。

《煤矿防治水细则》第二十二条规定:矿井水文地质补充勘探应当根据相关规范编制补充勘探设计,经煤炭企业总工程师组织审批后实施。补充勘探工作完成后,应当及时提交矿井水文地质补充勘探报告和相关成果,由煤炭企业总工程师组织评审。

矿井进行水文地质补充勘探时,应当对包括勘探区在内的区域地下水系统进行整体分析研究;在矿井井田以外区域,应当以水文地质测绘调查为主;在矿井井田以内区域,应当以水文地质物探、钻探和抽（放）水试验等为主。

矿井水文地质补充勘探工作应当根据矿井水文地质类型和具体条件,综合运用水文地质补充调查、地球物理勘探、水文地质勘探、抽（放）水试验、水化学和同位素分析、地下水动态观测、采样测试等各种勘查技术手段,积极采用新技术、新方法。

矿井水文地质补充勘探应当编制补充勘探设计,经煤炭企业总工程师组织审查后实施。补充勘探设计应当依据充分、目的明确、工程布置针对性强,并充分利用矿井现有条件,做到井上、井下相结合。

1. 水文地质补充勘探的任务

水文地质补充勘探,是在水文地质勘探的基础上,进一步查明矿区（井）水文地质条件的重要手段,其任务主要是通过水文地质钻探和水文地质试验解决以下5个方面的问题:

（1）研究地质和水文地质剖图,确定含水层的层位、厚度、岩性、产状、孔隙性,并测定各个含水层的水位。

（2）确定含水层在垂直和水平方向上的透水性和含水性的变化。

（3）确定断层的导水性,查明各个含水层之间、地下水和地表水之间以及断层与井下的水力联系。

（4）求出钻孔涌水量和含水层的渗透系数等水文地质参数。

（5）对不同深度的含水层取水样,分析研究地下水的物理性质和化学成分,对某些岩层采取岩样,测定其物理力学性质。

2. 水文地质补充勘探钻孔的布置原则

为了能高质量地完成上述任务,除了根据具体的地质和水文地质条件,正确地选择钻进方法、钻孔结构、组织观测、取样、编录等工作以外,首要的问题就是正确地布置勘探钻孔。

水文地质补充勘探钻孔的布置,应在水文地质补充调查的基础上,结合建设、生产和设计部门提出的任务和要求综合考虑。具体布置钻孔时,一般应遵循下列原则:

(1) 布置在含水层的赋存条件、分布规律、岩性、厚度、含水性、富水性以及其他水文地质条件和参数等不清楚或不够清楚的地段。

(2) 布置在断层的位置、性质、破碎情况、充填情况及其导水性不清楚或不够清楚的地段。

(3) 布置在隔水层的赋存条件、厚度变化、隔水性能没有掌握或掌握不够的地段。

(4) 布置在煤层顶、底板岩层的裂隙,岩溶情况不清楚或不够清楚的地段。

(5) 布置在先期开发地段。

(6) 根据建设和生产中某项工程的需要布置,如井下放水钻孔、注浆堵水钻孔、导水裂隙带观测孔、动态观测孔、检查孔等。

(7) 尽可能做到一孔多用,井上、下相结合。

3. 水文地质补充勘探钻孔的布置要求

补充勘探钻孔的数目,要根据具体情况而定。为能达到不同的目的,钻孔的布置有不同的要求。

(1) 假如是为了确定主要含水层的性质,往往要布置多个钻孔,这时要将钻孔布置在水文地质条件不同的地段,以便有效地控制含水层的性质。例如,对于单斜岩层,应顺倾向布置钻孔,因为在这个方向上含水层埋藏由浅而深,透水性、富水性随深度变化最显著,地下水的化学成分、化学类型以及水位的变化也以此方向为最大。同样,对于向斜构造,钻孔应垂直向斜轴在其轴部及两翼布置,如图 3-1 所示。

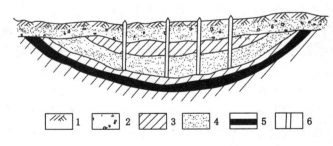

1—地表;2—砂砾层;3—隔水层;4—砂岩含水层;5—煤层;6—钻孔。
图 3-1　主要含水层为向斜构造时钻孔的布置示意图

(2) 为确定断层破碎带的导水性而布置的钻孔,应当通过断层破碎带,最好能通过上、下盘的同一个含水层(图 3-2)或不同含水层,这样在一个钻孔中既能了解到断层带的资料,又可以了解到更多的含水层资料,并且还便于确定含水层之间有无水力联系。当断层两侧的含水层有水力联系时,则断层上、下盘含水层中的水位、水温、水质都应当相似。

为了可靠地判定断层两盘含水层的水力联系(这实际上就是断层是否导水的问题),可以在断层一侧的含水层中布置观测孔,而在另一侧的含水层中抽水。如果在抽水过程

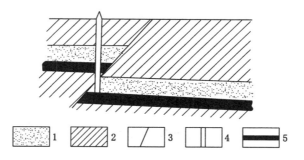

1—含水层；2—隔水层；3—断层；4—钻孔；5—煤层。

图 3-2　断层破碎带钻孔布置示意图

中，观测孔的水位下降，就证明二者之间有联系，并证明断层是导水的。显然，如果断层两盘含水层的水位、水温、水质都有显著的差别，则说明断层是不导水的，至少是导水性很差。

（3）假如各个含水层发生水力联系的不是断层，而是由于含水层的底板变薄、尖灭或者透水性变好，那么，为查明含水层间的水力联系而布置的钻孔与上述相同，钻孔要通过可能有联系的那些含水层，并观测其水位、水温、水质变化。必要时，也可以在一层中抽水，在另一层中布置观测孔进行观测。

（4）为查明地表水与地下水之间的水力联系，就要在距地表水远近不同的地段，布置几个孔，然后逐一抽水，抽水时的降深要尽可能大。一般地表水都是低矿化度的重碳酸型水，水温与地下水也不相同，因而可借助于抽水过程中水温、水质和水量的变化，判定是否有地表水流入。但要可靠地确定地表水与地下水的水力联系，则应进行长期观测。

（5）为确定地下水与井下的水力联系，最好将钻孔布置在井下出水点附近的含水层中，然后做连通试验，从钻孔中投入试剂（如食盐、荧光试剂、氯化铵、放射性同位素等），在井下出水点取样测定是否有试剂反应，根据有无试剂反应来确定水力联系情况。

（6）用于查明岩层岩溶化程度的钻孔，要布置在能够控制其变化规律的地段。例如，有些地区离河流越近，岩溶越发育，那么，应垂直河流布置钻孔，并且距河流越近，钻孔应布置得越密。

矿井进行水文地质钻探时，每个钻孔都应当按照勘探设计要求进行单孔设计，包括钻孔结构、孔斜、岩芯采取率、封孔止水要求、终孔直径、终孔层位、简易水文观测、抽水试验、地球物理测井及采样测试、封孔质量、孔口装置和测量标志要求等。

4．水文地质补充勘探资料的整理

矿区（井）水文地质补充勘探工作结束之后，必须将所搜集到的资料进行整理、分析和研究。在此基础上，修改原地质报告中的水文部分，同时修改或补充矿井水文地质图及其他图件。如果经过补充水文地质勘探之后，发现资料与原地地质报告出入很大，在这种情况下，就必须重新编制矿区（井）水文地质报告书及相应的水文地质图件。报告书的内容和要求以及所提出的图件资料与勘探阶段相同，应尽可能地结合矿区（井）建设和生产的特点，满足建设和生产的要求。

五、水文地质勘探的主要工作程序

（一）水文地质钻探的主要工作程序

1．施工前地质工作

技术要求：熟悉钻孔设计，明确要求。

主要步骤：(1)编制单孔设计；(2)布置孔位；(3)检查钻机安装；(4)下达开钻通知书。

2．钻孔施工

技术要求：满足设计要求。

主要步骤：(1)选择钻头；(2)控制回次进尺或取样深度；(3)控制孔斜、孔深；(4)简易水文地质观测；(5)取芯。

3．水文地质钻探编录前检查工作

技术要求：按水文地质钻探要求或合同要求。

主要步骤：(1)检查岩芯编号与摆放是否满足从上到下、从左到右的要求；(2)检查岩芯票数据与班表是否一致；(3)检查简易水文地质观测记录，注意特殊水文地质现象的记录；(4)检查校正孔深数据。

4．水文地质钻探地质编录

技术要求：严格执行钻孔设计要求。

主要步骤：(1)记录开孔编号、位置、开(终)孔日期；(2)统计回次及班进尺；(3)观察岩芯，正确定义及划分地层，准确测量岩芯长，计算岩芯采取率，并计算含水层及非含水层岩芯采取率；(4)确定含水层位置及厚度，检查记录简易水文地质观测内容及特殊水文地质现象；(5)记录校正孔深数据；(6)按设计要求进行采集、编号、装箱，写明孔号，送到规定地点保存。

5．终孔水文地质工作

技术要求：满足设计及合同要求即可终孔。

主要步骤：(1)下达终孔通知书；(2)下达测井通知书；(3)未达到设计目的，下达钻孔变更通知书；(4)校正终孔孔深；(5)全面检查钻孔质量。

6．下管填砾止水成井

技术要求：洗井完毕1 h后无沉淀出现。

主要步骤：(1)通孔；(2)排管、下管；(3)填砾(止水)；(4)洗井。

7．钻孔资料信息整理

技术要求：钻孔资料齐全完善，认真执行资料检查制度。

主要步骤：(1)编制钻孔综合图表，除水质分析成果后补外，其余资料应反映在综合图表上；(2)编写钻孔施工技术报告；(3)各项原始记录全部归档备查。

8．钻孔工程质量验收

技术要求：满足和达到设计指标要求。

主要步骤：填写钻孔工程质量表，规定岩芯采取率、钻孔及成井、止水、换浆及洗井、抽水试验、取样、孔深及孔斜测定、封孔等核验项目。

（二）抽水试验的主要工作程序

1．资料准备

技术要求：了解试验地段的水文地质基本情况。

主要步骤：(1)了解试验层的埋藏、分布、补给条件、边界条件、地下水的流向；(2)了解试验层与其他含水层或地表水体的水力联系。

2.试验设计

技术要求:按要求进行抽水试验设计。

主要步骤:(1)确定抽水孔和观测孔的位置、距离、结构、孔深、止水方式和过滤器的安置;(2)确定各个孔连线方向的水文地质剖面。

3.抽水试验前物品检查工作

技术要求:按抽水试验要求进行检查。

主要步骤:(1)检查抽水设备、动力装置、井中和场地上其他设备的质量和安装情况;(2)对测水用具进行检查、调试和校核;(3)检查各种用具、记录册等是否齐全、可用。

4.构筑排水设施

技术要求:严格执行抽水试验设计。

主要步骤:(1)安置、构筑排水设施;(2)检查排水设施。

5.试验抽水并洗孔

技术要求:全面检查试验的各项准备工作。

主要步骤:(1)通过试抽的观测资料预测抽水时的最大降深(S_{max})和相应的涌水量,以分配各次降深值;(2)对非稳定流抽水试验可用试抽资料推测正式抽水时可能获得的曲线类型,以及确定正式抽水时的涌水量。

6.现场观测和记录

技术要求:准确记录数据。

主要步骤:(1)测量抽水试验前后的孔深;(2)观测天然水位、动水位及恢复水位;(3)观测流量;(4)取水样。

7.资料整理

稳定流抽水试验资料整理:① 绘制 Q-t、s-t(Q 为流量,s 为水位降深,t 为时间)曲线图;② 绘制 Q-s、q-s(q 为单位涌水量)曲线图。

非稳定流抽水试验资料整理:① 绘制 s-$\lg t$ 曲线图;② 绘制 s-$\lg r$(r 为观测孔与抽水孔之间距离)曲线图;③ 绘制 s'-$\lg(1+t_p/t_r)$(其中 s' 为水位剩余下降值,t_p 为抽水开始至停止时间,t_r 为抽水停止算起的恢复水位时间)曲线图。

 **任务实施**

结合某一矿区的地质条件,在进行勘探划分的基础上,了解勘探的任务,明确主要的勘探方法与工作量,补充勘探的内容,熟悉各类勘探资料的室内整理。

 **思考与练习**

1.简述水文地质勘探常用的方法。

2.水文地质试验包括哪些类型?各有什么用途?

3.简述抽水试验的目的与分类。

4.连通试验的目的是什么?

5.简述矿井水文地质补充勘探的任务与要求。

6.简述水文地质钻探的主要工作程序。

7. 简述抽水试验的主要工作程序。

任务三   矿井水文地质观测

【知识要点】 地面水文地质观测;井下水文地质观测;观测资料的整理分析。
【技能目标】 具备开展矿井水文地质观测工作的能力;具备进行水文地质观测资料整理分析的能力;具备识读绘制相关水文地质图件的能力。
【素养目标】 培养学生爱岗敬业、忠于职守的职业精神;培养学生求真务实、精益求精的工作作风。

 **任务导入**

矿井水文地质观测,是一项经常性的、十分重要的长期工作,是矿井水文地质工作的主要项目,是长期提供矿井水文地质资料的重要手段.水文地质观测所获得的资料,有助于了解地下水的动态与大气降水的关系、各含水层之间的水力联系、各含水层与矿井涌水的关系,分析矿井涌水水源,预计矿井涌水量,为防治矿井水提供依据,对矿井水文地质条件进行综合性评价。

《煤矿防治水细则》第九条规定 矿井应当建立地下水动态监测系统,对井田范围内主要充水含水层的水位、水温、水质等进行长期动态观测,对矿井涌水量进行动态监测。

 **任务分析**

矿井水文地质观测是矿井地质勘测工作的主要内容,进行矿井水文地质观测时,首先在了解矿井生产基本概况的同时,要明确矿井水文地质观测的主要项目;再结合收集的相关观测资料,做出矿井主要的水文地质图件。要掌握矿井水文地质观测的内容和要点,必须掌握以下知识:

矿井水文
地质观测

(1) 地面水文地质观测;
(2) 井下水文地质观测;
(3) 观测资料的整理分析。

 **相关知识**

矿井水文地质条件,不仅受自然因素的影响,同时也受采矿活动的影响。在矿井建设和生产过程中,为了及时掌握地下水的动态,保证工作安全,就必须经常了解水文地质条件的变化情况。因此,矿井水文地质观测是矿井水文地质工作必不可少的项目。

矿区(井)建设和生产过程中的水文地质观测工作,一般包括两部分内容,即地面水文地质观测和地下水文地质观测。现分别介绍如下。

一、地面水文地质观测

地面水文地质观测包括气象观测、地表水观测、地下水动态观测,以及采矿后形成的垮落带和导水裂隙带发育高度的观测。

1. 气象观测

气象观测主要是降水量的观测。一般情况下可以搜集矿区附近气象站的观测资料。但有些矿区（井）与气象站相距较远，当其资料不能说明矿区（井）的气象特征时，应设立矿区（井）气象站。观测内容除降水量外，还应包括蒸发量、气温、相对湿度等。观测时间和要求应与气象站一致。

气象观测资料，应整理成气象要素变化图，以说明矿区（井）范围内气象要素变化情况。此外，还应当把气象要素变化同矿井建设和生产的实践结合起来分析研究，如绘制降水量与矿井涌水量变化关系曲线图，以帮助分析矿井涌水条件。

2. 地表水观测

地表水主要是指河流、溪流、大水沟、湖泊、水库、大塌陷坑积水等。对分布于矿区（井）范围内的地表水，都应该对其进行定期观测。

对于通过矿区（井）的河流、溪流、大水沟，一般在其出入矿区（井）或采区、含水层露头区、地表塌陷区及支流汇入的上下端设立观测站，定期地测定其流量（雨季最大流量）、水位（雨季最高洪水位），通过矿区（井）、地表塌陷区、含水层露头及构造断裂带等地段的流失量，河流泛滥时洪水淹没区的范围和时间。

对分布在矿区（井）范围内的湖泊、水库、大塌陷坑积水区，也必须设立观测站进行定期观测。观测的内容主要是积水范围、水深、水量及水位标高等。

上述观测内容，在正常情况下，一般每月观测一次，但如果采掘工作面接近或通过地表水体之下，或者通过与地表水有可能发生水力联系的断裂构造带，观测次数则应根据具体情况适当增加。

通过上述观测所获得的资料，应整理成曲线图，以便研究其流量（水量）、水位的变化规律，找出其变化原因，并预测地表水对矿井涌水的影响。此外，还应将河水漏失地段，洪水淹没范围等标在相应的图纸上。

3. 地下水动态观测

地下水动态观测是研究地下水动态的重要手段。观测内容包括水位、水温和水质等。对泉水的观测，还应当观测其流量。

在矿区进行地下水位（压）动态观测，是为了掌握地下水的动态特征，从而判断其与大气降水、地表水体之间以及含水层之间的水力联系，判断突水水源、预测水害，分析地下水的疏干状况以及同矿井开采面积、深度的关系等，为防治水害和利用地下水资源服务。

（1）具体案例

【案例 3-2】 利用水位观测预报井下透水事故的发生。

河北开滦唐山煤矿，其含煤地层被百余米厚的冲积层所覆盖。在冲积层下部分布着较厚的卵石层，含水极为丰富（图 3-3）。为了开采冲积层下面的急倾斜煤层，避免冲积层中的地下水突然涌入矿井而造成事故，于是在采煤工作面上方打了观测孔，由专人观测地下水位的变化。一天，观测人员发现观测孔内水位突然下降了 1 m，这是井下突水的明显预兆，随后采取了紧急措施，将采煤工作面的人员立即撤出，次日果然有

图 3-3 唐山煤矿水位观测孔示意图

了大量地下水携带泥砂涌入井下。通过钻孔对潜水位观测,准确预报了井下透水事故发生,对于保证职工人身安全起了重要作用。

【案例 3-3】 利用水位观测了解突水水源。

淄博某煤矿,在开采"行头炭"这一煤层时,采煤工作面底板突然透水(图 3-4)。涌水量达 $300\ \mathrm{m^3/h}$,部分巷道被淹没。突水后,则发现打在本溪组徐家庄灰岩中的 CK_1 钻孔水位明显下降,而打在奥陶系石灰岩的 CK_2 观测孔,水位没有变化。因此说明这次底板突水的水源主要是徐家庄灰岩水,而与奥灰水并无直接关系。

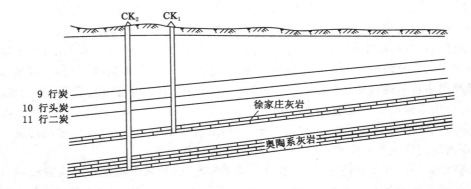

图 3-4　淄博某煤矿剖面示意图

【案例 3-4】 利用水位观测检查断层的导水性。

焦作某煤矿在巷道掘进时发现许多小断裂,在断裂带附近都有涌水现象,有些小断层被巷道揭露后涌水仍然较多,如果巷道继续掘进,前方将遇到一落差为 23 m 的较大断层。为使巷道能安全通过,必须查明该断层的导水性,于是在断层两盘分别布置了观测孔,观测断层两盘同一含水层的水位变化(图 3-5)。经过对两个钻孔水位的观测,发现水位差别很大,说明断层两盘没有直接的水力联系,当前不会导水。于是巷道继续掘进,当巷道穿越此断层时果然无水。

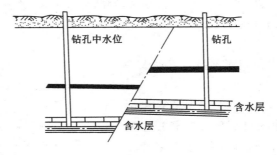

图 3-5　焦作某煤矿剖面示意图

【案例 3-5】 利用水位观测了解地下水和地表水的补给关系。

如西南某煤矿,在掘进底板(茅口灰岩)运输大巷时,发生了突水事故,最大涌水量达 $8\ 000\ \mathrm{m^3/h}$,最初有人推测水源是来自附近的河流水,为了证实这一推断,在河流的岸边打了 CK_1、CK_2 两个钻孔(图 3-6)。

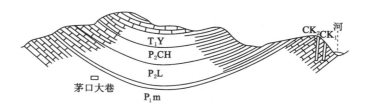

T_1Y—玉龙山灰岩;P_2CH—长尖灰岩;P_2L—乐平煤系;P_1m—茅口灰岩。

图 3-6　西南某煤矿剖面示意图

经过对两个钻孔中水位的观测,发现 CK_1 中水位高于河流水面,CK_2 中水位又高于 CK_1。因为地下水是由水位高势向低势位流动的,所以此处为地下水补给河流水,井下突水与河水无关。后经详细调查,终于查明这次突水主要是因为巷道遇到了地下暗流,从而为今后制定防水措施提供了依据。

(2) 观测方法

在矿区(井)建设和生产过程中,应该选择一些具有代表性的泉、井、钻孔、被淹矿井以及勘探巷道等作为观测点,进行地下水的动态观测。如果已有的观测点不能满足观测要求,则需要根据矿区(井)的水文地质特征和建设及生产要求,增加新的观测点,与已有的观测点组成观测线或观测网。

观测点的布置,一般应当布置在下列地段和层位:

① 对矿井生产建设有影响的主要含水层。

② 影响矿井充水的地下水强径流带(构造破碎带)。

③ 可能与地表水有水力联系的含水层。

④ 矿井先期开采地段。

⑤ 在开采过程中水文地质条件可能发生变化的地段。

⑥ 人为因素可能对矿井充水有影响的地段。

⑦ 井下主要突水点附近,或者具有突水威胁的地段。

⑧ 疏干边界或隔水边界处。

例如,华东某矿东翼的先期试验采区,为了解井下开采所引起的水文地质条件变化以及泥灰岩、流砂层水对井下开采的影响程度,并为未来整个东翼的开发确定合理、安全的回采上限标高,在试采区的上方地表布置了 21 个观测孔,如图 3-7 所示。

此外,观测孔应尽可能做到一孔多用,井上与井下、矿区与矿区、矿井与矿井之间密切配合,先急后缓,短期使用与长期使用相结合。同时,应尽量少占农田,不影响农业生产。在布孔建网时,必须有专门、详细的设计,在设计中对每一个观测孔都应该提出明确的目的和要求,如观测项目与层位、钻孔结构与深度、施工要求等。在施工过程中,设计人员必须深入现场,与施工人员紧密配合,发现问题及时处理。

观测要求:

① 观测点要统一编号,设置固定观测标志,测定坐标和标高,并标绘在综合水文地质图上。观测点的标高应当每年复测 1 次,如有变动,应当随时补测。对于孔深,一般要求每半年到 1 年检查 1 次,如果发现有淤塞现象,应及时处理。

② 观测流量或水位时,同时观测水温。在观测水温时,温度计沉入水中的时间,一般应

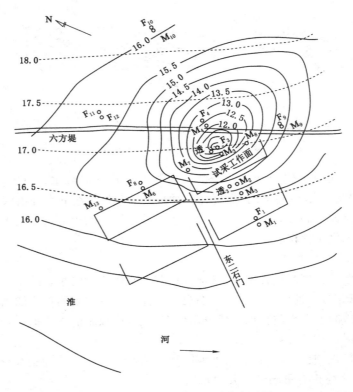

图 3-7　某矿区试采区观测孔布置图

不少于 10 min。

③ 观测时间间隔。矿井应当在开采前 1 个水文年内进行观测工作。在采掘过程中,应当坚持日常观测工作;在未掌握地下水的动态规律前,一般每 5～10 日观测 1 次,随后每月观测 1～3 次;在雨季或者遇有异常情况时,应当适当增加观测次数。水质监测每年不少于 2 次,丰、枯水期各 1 次。

④ 为了减少误差,安排固定人员,按固定时间和顺序在最短时间内观测完毕,并使用同一测量工具,在观测前要进行检查校正。每次水位观测至少有 3 个读数,其误差不超过 2 cm,水温误差不超过 0.2 ℃,如果发现有异常情况,要立即分析,必要时进行重测。

（3）观测资料的整理

进行地下水动态观测的目的在于通过日常观测,了解一个矿区(井)水文地质条件随时间的延续所发生的变化规律。为此,对地下水的观测资料,应及时进行整理和分析。对每一个观测点的资料,编制成水位变化曲线图、流量变化曲线图等(图 3-8、图 3-9),以便掌握该点地下水的动态。对整个观测系统的资料,定期整理,编制成综合图件,如等水位线图(等水压线图)、水化学剖面图等,以掌握整个矿区(井)范围内某一时期的水文地质条件变化,以便分析矿井的涌水条件及其变化。

【案例 3-6】　华东某煤矿东翼先期试验采区,1972 年 8 月(回采前)根据各观测点在同一时间内测得的流砂层水位,作出了流砂层等水位线图(图 3-7 中的断线)。8 个月之后,试采区第一阶段回采完毕,地表下沉,地面出现了塌陷坑,采区涌水量由采前的 3 m³/h 增加

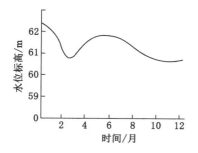

图 3-8   钻孔水位历时变化曲线

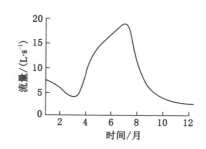

图 3-9   泉水流量历时变化曲线

到 28.5 m³/h,于 1973 年 4 月,又同时观测了流砂层各观测孔的水位,作出等水位线图(图 3-7 中的实线)。

通过上述对同一地段内同一含水层不同时期所作的等水位线图的对比,发现流砂层水的流动方向在局部地段发生了变化,而该地段又正是由于井下开采,地表出现塌陷的地段。由此可知,流砂层水通过塌陷区下部的导水裂隙向井下渗漏。所以利用这种图件,可帮助人们分析矿井涌水水源,同时还可以进行流砂层水渗漏量的大致计算(采用辐射水流法计算)。

对钻孔水位和泉水流量作历时观测后,作出的变化曲线如图 3-8 和图 3-9 所示,可了解水位和流量随时间的变化规律,选择在曲线低值期探放水为宜。

4. 垮落带、导水裂隙带发育高度的观测

垮落带、导水裂隙带发育高度主要指观测煤层采空后,其上覆岩层失去支撑而发生变形、移动以至垮落、开裂所形成的垮落带和导水裂隙带的高度。

煤层开采后,采空区顶板岩层失去支撑,发生变形、移动而后垮落,充填采空区。在垮落带上方岩层中发育大量导水裂隙,其发育高度对矿井涌水量的影响极大,如果导水断裂带将各含水层贯通,地下水将源源不断地流入矿井,当导水断裂带发育高度达到地表,沟通地表水体时,将地表水引入矿井,成为矿井充水水源,因此对垮落带、导水断裂带观测非常必要。通常在地面利用钻孔钻进过程中观测岩芯破碎程度及冲洗液消耗量来确定垮落带及导水断裂带的高度。当钻进到导水断裂带时,岩芯破碎,冲洗液大量消耗;当钻进到垮落带时,岩芯非常破碎,冲洗液完全消耗,水位消失。

观测孔的具体布设方法如下:

(1) 开采缓倾斜煤层时,在采区或 1 个采煤工作面的上部地表,沿煤层走向、倾向各布置 1 条观测线,每条观测线上都布置 3 个观测钻孔,以了解钻孔下方煤层采空后,不同时间岩层垮落带与断裂带的高度。观测孔的施工时间,应安排在回采后 2~3 个月内进行。如果煤层顶板比较坚硬,采区或工作面上部的垮落带、断裂带的高度,要比工作面中部和下部高,因此可省略沿倾斜方向的钻孔,只布置一条沿煤层走向的观测线。

(2) 开采急倾斜煤层的地区,观测孔一般布置在采区或采面中部一条沿倾斜的剖面上,由 3~5 个钻孔组成,如图 3-10 所示,由于影响急倾斜煤层围岩破坏的因素较多,也可在观测线两侧各补 1 个钻孔,以便控制和了解顶板岩层的破坏形态,求出铅直方向的岩层导水断裂带高度,在煤层内的 1、4、5 号钻孔,用以观测煤层向上可能出现的滑落高度,从而预测煤层滑落是否破坏地表水体。

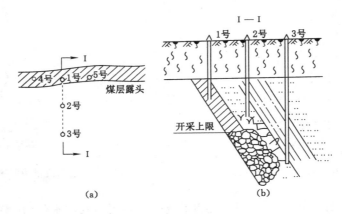

图 3-10 急倾斜煤层围岩破坏情况及观测孔的布置

目前部分矿区采用的是在井下工作面周边向采空区上方的导水断裂带内施工仰斜钻孔,分段注水观测采后"三带"发育高度。采用一种称为"双端封堵测漏装置"的观测系统,该观测系统由孔内双端封堵器、连接管路和孔外控制台 3 部分构成,孔外控制台主要包括流量表、压力表和相应的阀门,用以控制封孔压力和注水压力及测量注水量大小;孔外仪表与孔内封堵器之间通过耐压管路连接。

采用双端封堵器观测导水断裂带高度,与传统的地面打钻采用钻孔冲洗液消耗量观测法相比,工程量小、成本低、精度高、简单易行。

二、地下水文地质观测

1. 巷道充水性观测

（1）含水层观测

当井巷穿过含水层时,应当详细描述其产状、厚度、岩性、构造、裂隙或者岩溶的发育与充填情况,揭露点的位置及标高、出水形式、涌水量和水温等,并采集水样进行水质分析。

（2）岩层裂隙发育调查及观测

对于巷道遇含水层裂隙时,应进行裂隙发育情况调查,测定其产状、长度、宽度、数量、形状、成因类型、张开的或是闭合的、尖灭情况、充填程度及充填物等,观察地下水活动的痕迹,绘制裂隙玫瑰图,并选择有代表性的地段测定岩石的裂隙率。需要测定的面积:较密集裂隙,可取 $1 \sim 2 \ \text{m}^2$;稀疏裂隙,可取 $0 \sim 4 \ \text{m}^2$。裂隙率的测定,一般是在选定的块段内,用小钢尺逐条测量裂隙的长度、宽度,然后按下式计算裂隙率:

$$K_{\text{T}} = \frac{\sum ab}{F} \times 100\% \tag{3-1}$$

$$\sum ab = a_1 b_1 + a_2 b_2 + \cdots + a_n b_n$$

式中 K_{T}——裂隙率;

$\sum ab$ ——裂隙面积,m^2;

F——测量块段的面积,m^2。

（3）断裂构造观测

断裂构造往往是地下水活动的主要通道。因此,遇到断裂构造时,应当测定其断距、产状、断层带宽度,观测断裂带充填物成分、胶结程度及导水性等。遇褶曲时,应当观测其形态、产状及破碎情况等。

遇陷落柱时,应当观测陷落柱内外地层岩性与产状、裂隙与岩溶发育程度及涌水等情况,判定陷落柱发育高度,并编制卡片,附平面图、剖面图和素描图。遇岩溶时,应当观测其形态、发育情况、分布状况、有无充填物和充填物成分及充水状况等,并绘制岩溶素描图。当巷道揭露断层时,首先应确定断层的性质,同时测量断层的产状要素、落差、断层带的宽度、充填物质及其透水情况等,并作出详细的记录。

(4)出水点观测

随着矿井巷道掘进或采煤工作面的推进,如果发现有出水现象,水文地质工作人员应及时到现场进行观测。对于围岩及巷道的破坏变形情况等,找出出水原因,分析水源。有必要时,应取水样进行化学分析。上述内容也必须作出详细的记录,编制出水点记录卡片(表3-4),并绘制出水点素描图或剖面图(图3-11、图3-12)及出水点水量变化曲线图(图3-13)。

表3-4 出水点记录卡片

出水时间	出水地点	出水层位	出水形式	出水标高/m	水压 /(kg·cm^{-2})	出水量 /(m^3·min^{-1})	水质分析	出水原因	水源分析	对生产的影响	备注

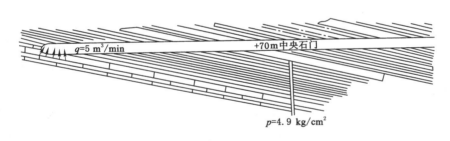

图3-11 某煤矿中央石门灰岩突水点剖面图

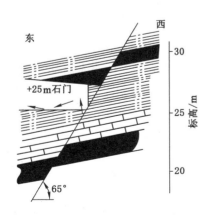

图3-12 某煤矿+25 m石门出水点剖面图

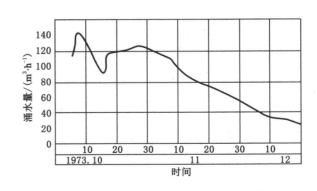

图3-13 某矿+25 m石门出水点水量变化曲线

（5）出水征兆的观测

随着井下巷道的开拓、采煤工作面的推进，水文地质工作人员要经常深入现场，观测巷道工作面是否潮湿、滴水、淋水以及顶、底板和支柱的变形情况，如底鼓、顶板陷落、片帮、支柱折断、围岩膨胀、巷道断面缩小等。这些现象都是可能出水的征兆，在观测时，都要作出详细的记录。

此外，煤层或岩石在透水之前，一般还会有些征兆：煤壁挂红；煤壁挂汗；空气变冷，煤壁发凉，煤层发潮发暗；采掘工作面出现雾气；工作面煤岩壁发出水叫声；工作面淋水加大，底板鼓起或产生裂隙，出现压力水流；工作面有害气体增加。当出现这些征兆时，矿井有可能发生突水事故。熟悉掌握这些征兆，对可能即将发生的突水事故及时采取对策措施，保证采矿作业人员安全撤离有着重要意义。

2. 矿井涌水量观测

矿井涌水量观测是井下观测的重要项目，其观测要求有：

① 观测涌水量，应根据井下的出水点及排水系统的分布情况，选择有代表性的地点布置观测站。一般观测站多布置在各巷道排水沟的出口处、主要巷道排水沟流入水仓处、石门采区排水沟的出口处、井下出水点附近。此外对一些临时性出水点，可选择有代表性的地点，设置临时观测站。

② 如果发生突然涌水，在涌水规律未掌握之前应每隔 1～2 h 测定 1 次，以后再逐步地每班、每天、每周、每旬测定 1 次，同时应对井下其他涌水地点或观测钻孔进行同样的观测。观测涌水量时，应同时测定水温、水压（水位），必要时，采水样化验。

③ 当井下巷道通过地面河流、大水沟、蓄水池及富含水层之下，穿过切割地面河流、大水沟、蓄水池及富含水层的构造断裂带，或巷道接近老空积水区时，应每天或每班测定涌水量。

④ 井下的疏干钻孔及老窑放水钻孔，每隔 3～5 d 测定 1 次涌水量和水位（水压），并根据观测结果，绘制出降压曲线及水位与涌水量关系曲线图，以观测其疏干效果。竖井一般每延深 10 m（垂直），斜井每延深斜长 20 m，应测量 1 次涌水量。掘进至含水层时，虽不到规定距离，也应在含水层的顶、底板各测定 1 次。

矿井涌水量观测，应注重观测的连续性和精度，测量工具仪器要定期校验，以减少人为误差。矿井涌水量观测方法，常用的有以下几种：

（1）容积法

用一定容积的量水桶（圆的或者方形的），放在出水点附近，然后将出水点流出的水导入桶内，用秒表记下流满桶所需要的时间，为了减少测量误差，计量容器的充水时间不应小于20 s。按下式计算其涌水量：

$$Q = \frac{V}{t} \qquad\qquad (3\text{-}2)$$

式中　Q——涌水量，m^3/h；

　　　　V——量水桶的容积，m^3；

　　　　t——流满水桶所需的时间，h。

在井筒开凿时，常常利用迎头的水窝，来测量涌水量。其方法是用水泵将井底水窝内的水位降低一部分，然后停泵，测量水头升高到一定位置所需的时间，按下式计算其涌水量：

$$Q = \frac{FH}{t} \tag{3-3}$$

式中　F——水窝断面积，m^2；

　　　t——测量水头升高到一定位置所需的时间，h；

　　　H——水位上升高度，m。

测量巷道顶板滴水和淋水的水量时，也可用容积法测定。一般是采用一块长约 2 m，宽与巷道的宽度大致相等的铁皮或塑料布，将水聚集起来，然后导入量水桶中，用前述公式计算其涌水量。

容积法测定涌水量一般比较准确，但有局限性，当涌水量过大时，这种方法不宜使用。

（2）巷道容积法

在矿井发生突水时，水流淹没倾斜巷道，利用巷道与自由水面相交断面面积（$F = ab$）和单位时间内水位上涨高度（H）来计算水量：

$$Q = \frac{a \times b \times H}{t} \tag{3-4}$$

式中　Q——涌（突）水量，m^3/h；

　　　H——t 时间内水位上涨高度，m；

　　　t——水位上涨高度为 H 时的时间，h；

　　　a——巷道内自由水面的平均宽度，m；

　　　b——巷道内自由水面的平均长度，m。

（3）浮标法

这种方法是在规则的水沟上、下游选定两个断面，并分别测定这两个断面的过水面积 F_1 和 F_2，取其平均值 F，再量出这两个断面之间的距离 L，然后用一个轻的浮标（如木片、树皮、厚纸片、乒乓球之类），从水沟上游的断面投入水中，同时记下时间，等浮标到达下游断面时，再记下时间，两个时间的差值，即浮标从上游断面到下游断面，流经 L 长的距离所需的时间 t，然后按下式计算其涌水量 Q：

$$Q = \frac{L}{t}F \tag{3-5}$$

这种方法简单易行，特别是涌水量大时更适用，但精度不太高，一般还需乘以一个经验系数。经验系数的确定，需考虑到水沟断面的粗糙程度、巷道风流方向及大小等，一般取 0.85。

（4）堰测法

这种方法的实质，就是使排水沟的水通过一固定形状的堰口。测量堰口上游（一般在 2 h 的地点）的水头高度，就可以算出流量。这种测定方法对水质无特殊要求，但测量精度较低。堰口的形状不同，计算公式也不一样，常用的有三角堰、梯形堰和矩形堰。

三角堰如图 3-14 所示，适合于 1～70 L/s 的流量。采用底角为 90°的等腰三角形缺口堰板，使其分角线恰好在垂线上。堰上水头不宜超过 0.3 m，最小不宜小于 0.05 m。

其计算公式为

$$Q = 0.014 h^2 \sqrt{h} \tag{3-6}$$

式中　Q——流量，L/s；

h——堰口上游 2 倍 h 处的水头高度,cm。

梯形堰如图 3-15 所示,适合于 $10\sim300$ L/s 的流量。采用坡度 $1:0.25$ 的梯形缺口堰板。堰口应严格保持水平,缺口底宽应大于 3 倍堰上水头,一般应在 $0.25\sim1.5$ m 范围内。

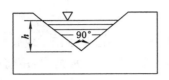

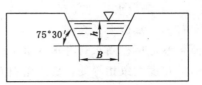

图 3-14 三角堰   图 3-15 梯形堰

其计算公式为

$$Q = 0.186Bh\sqrt{h} \tag{3-7}$$

式中 B——堰口宽度,cm。

矩形堰如图 3-16 所示,适用于大于 50 L/s 的流量。矩形堰堰板顶应严格保持水平,顶宽一般为 $2\sim5$ 倍最大堰上水头,最小不少于 0.25 m,最大不宜大于 2 m。

当有缩流时(即堰口宽度小于水沟宽度),计算公式为

$$Q = 0.018\,38(B - 0.2h)\sqrt{h} \tag{3-8}$$

无缩流时(即堰口宽度等于水沟宽度),计算公式为

$$Q = 0.018\,38Bh\sqrt{h} \tag{3-9}$$

使用堰测法时,必须注意堰口的上下游一定要形成水头差(跌水),如图 3-17 所示,否则,测量的结果是不准确的。

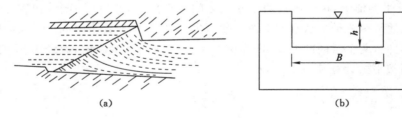

(a)   (b)

图 3-16 矩形堰

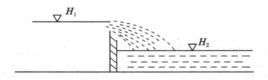

图 3-17 堰口跌水示意图

为了计算方便,可根据上述各堰形的公式编制成水量换算表,在观测水量时,只要测出水头高度即可从表中查出水量的数字。

(5)流速仪观测法

流速仪主要由感应部分(包括旋杯、旋轴、顶针)、传讯盒部分(包括偏心筒、齿轮、接触

丝、传到机构)及尾翼等部分组成。测量时将仪器放入水沟中,当液体流到仪器的感应元件——旋杯时,由于左右两边的杯子具有凹凸形状的差异,因此压力不等,其压力差即形成了一转动力矩,并促使旋杯旋转。水流的速度越快旋杯的转速也越快,它们之间存在着一定的函数关系,此关系是通过检定水槽的实验而确定的。每架仪器检定的结果均附有检定公式,其公式为:

$$v = Kn + C \tag{3-10}$$

$$n = \frac{N}{T}$$

式中　v——流速,m/s;

　　　n——旋杯转速;

　　　N——旋转总转数;

　　　T——测速历时;

　　　K——仪器的倍常数;

　　　C——仪器的摩阻系数。

常数 K 和 C 是表征仪器性能的系数,与旋杯的大小、形状,施轴的轴向间隙,顶针与顶窝的圆弧、光洁度,接触丝的松紧度等因素有关。因此,对该部分的配合关系必须严格地遵照技术要求进行检查和调整。

水流速度的测定,实际上就是测量在预定时间内旋杯被水流冲出时所产生的转数。旋杯的转数借助于仪器的接触机构转换为电脉冲信号,经由电线传递以水面部分的电信设备来测得。旋杯每转 5 转,接触机构接通电路 1 次,电信设备即发出 1 次信号(铃响或灯亮)。测量者统计此信号数(乘以 5 即为旋杯的总转数"N")和相应的测速历时"T",即可按上式计算水流速度。

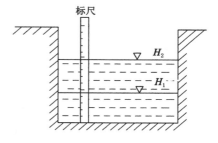

图 3-18　水仓内测定水位示意图

(6) 水仓水位观测法

在生产矿井中,常用水仓水位上升值来计算涌水量(图 3-18)。在水仓内设置标尺,开动水泵排水,停泵时立即读出水仓内标尺水位 H_1,经过时间 t 后水仓水位上升,再读出此时的标尺水位 H_2,涌水量可用下式计算:

$$Q = \frac{H_1 - H_2}{t} F \tag{3-11}$$

式中　Q——涌水量,m³/min;

　　　H_1——停泵时水仓水位,m;

　　　H_2——停泵时间 t 时的水仓水位,m;

　　　F——水仓底面积,m²;

　　　t——水仓水位从 H_1 上升到 H_2 所需的时间,min。

(7) 电子测量仪观测法

电子测量仪适合于井下钻孔疏放水的测量,使用时要注意选择合适的精度。

(8) 水泵有效功率法

这种方法是利用水泵的铭牌上的排水量和它的实际效率来换算涌水量。

$$Q = 水泵铭牌排水量 \times 实际效率 \times 开动时间 \times 台数$$

式中　Q——涌水量，m^3/d。

【案例 3-7】 某一矿井，井下泵房装有 3 台大泵，3 台大泵的排水能力都是一样的（240 m^3/h），但其实际效率只有铭牌的 95%。每个班只需开动其中一台工作 4 h，即可将井下的水排完，则该矿井每天（24 h）的涌水量为 $240 \times 0.95 \times 4 \times 3 = 2\,736\ m^3$，则每分钟为 $1.9\ m^3$。

三、观测资料的整理分析

地面和井下水文地质资料，只有经过系统的、科学的分析之后，才具有使用价值。这个过程一般通过建立台账、绘制图件来完成。

（一）矿井水文地质台账

矿井水文地质台账一般包括气象资料台账、钻孔水位动态观测成果台账、井泉动态观测成果台账、矿井涌水量观测成果台账、抽（放）水试验成果台账、矿井突水点台账、井田地质钻孔综合成果台账、井下水文钻孔台账、水质分析成果台账、水源井（孔）资料台账、封闭不良钻孔台账、井下突水点台账和水源井台账等。

依据《煤矿防治水细则》第十五条规定，矿井应当根据实际情况建立防治水基础台账，并至少每半年整理完善 1 次。

（二）矿井水文地质图件

矿井水文地质图件主要包括：煤层充水性图，比例尺为 1：2 000 或 1：5 000；地形地质及水文地质图，比例尺为 1：2 000 或 1：10 000；水文地质剖面图，比例尺为 1：1 000 或 1：5 000；综合水文地质柱状图，比例尺为 1：500；主要含水层等水位线图，比例尺为 1：2 000 或 1：10 000；矿井涌水量与降雨量、蒸发量、水位动态曲线图；矿井排水系统示意图。

（三）主要水文地质图件的编制要点

1. 矿井充水性图

目前，常用的矿井水文地质图纸是矿井充水性图。在矿井充水性图上，一般应反映出下列内容：揭露含水层地点、标高及面积；井下涌水地点及涌水量、水温、水质和涌水特征；预防及疏干措施，如放水钻孔、水闸门及防水煤柱等的位置；老空及本矿井旧巷道积水的地点、范围及水量；矿井排水设施的分布情况、数量及排水能力；矿井水的流动路线；有出水征兆的地点、井巷变形及岩石崩塌情况；井下涌水量观测站的位置及观测成果（一般是填写最近一次的成果）；曾经发生突出的地点，突出的日期、水量、水位（水压）及水温情况；充水的断裂构造、陷落柱位置和水文特征；出现矿区工程地质现象，如巷道冒顶、底鼓、变形的地点，井下涌水量观测站（点）的位置；井下探水线、警戒线位置。

矿井充水性图随采掘工程的进展要定期填绘，通常在水文地质条件复杂的矿井，每季度或半年填绘 1 次；一般矿井，每年填绘 1 次；水文地质条件十分简单、不存在水害威胁的矿井，可视具体情况而定。

2. 矿井地形地质及水文地质图

矿井地形地质及水文地质图是一张全面反映矿井水文地质条件的综合性图纸，是分析矿井充水性因素、研究矿井防治水工作的主要依据，比例尺为 1：2 000～1：5 000。该图主要反映以下内容：

（1）矿井边界、各井筒位置及三度坐标，水文地质钻孔及其抽水试验成果。

（2）井田范围内的地表水体——河（沟）、水池、塌陷积水区、河沟（含季节性的）渗漏段、集中渗漏段等，水文观测站。

（3）与矿井地下水赋存条件有密切联系的背向斜褶曲构造及对矿井充水起控制作用的导水断层和有重大威胁的陷落柱范围。

（4）井田内的井、泉、动态观测孔的位置及有关水文地质参数。

（5）基岩含水层的露头（包括岩溶、掩覆区为曲线）、冲积层底部含水层（流砂、砂砾、砂礓层等）的平面分布状况等水位线及地下水的运行方向。

（6）地表滑坡、塌陷位置。

（7）地下水分水岭，控制水文地质单元的阻水断层。

（8）地形等高线、地质界线、地层产状、探煤孔及水文孔、勘探线剖面位置，井下主干巷道、回采范围及井下突水点资料。

矿井地形地质及水文地质图一般 2～3 年修改 1 次。

3．矿井涌水量与各种相关因素动态曲线图

该图是综合反映矿井充水变化规律、预测矿井涌水趋势的图件。应当根据具体情况，选择不同的相关因素绘制下列关系曲线图：

（1）矿井涌水量与降水量、地下水位关系曲线图。

（2）矿井涌水量与单位走向开拓长度、单位采空面积关系曲线图。

（3）矿井涌水量与地表水补给量或水位关系曲线图。

（4）矿井涌水量随开采深度变化的曲线图。

4．矿井综合水文地质柱状图

矿井综合水文地质柱状图是反映含水层、隔水层及煤层之间的组合关系和含水层层数、厚度及富水性的图纸，一般采用相应比例尺随同矿井综合水文地质图一同编制。主要内容有：

（1）含水层年代地层的名称、厚度、岩性、岩溶发育情况。

（2）各含水层水文地质试验参数。

（3）含水层的不同类型。

5．矿井水文地质剖面图

矿井水文地质剖面图主要是反映含水层、隔水层、褶曲、断裂构造等和煤层之间的空间关系。主要内容有：

（1）含水层的岩性、厚度、埋藏深度、岩溶裂隙发育深度。

（2）水文地质孔、观测孔及其试验参数和观测资料。

矿井水文地质剖面图一般以走向、倾向有代表性的地质剖面为基础。

6．矿井含水层等水位（压）线图

等水位（压）线图主要反映地下水的流场特征。水文地质复杂型和极复杂型的矿井，对主要含水层（组）应当坚持定期绘制等水位（压）线图，以对照分析矿井疏干动态。比例尺为 1∶2 000～1∶5 000。主要内容有：

（1）含水层、煤层露头线，主要断层线。

（2）水文地质孔、观测孔、井、泉的地面标高，孔（井、泉）口标高和地下水位（压）标高。

（3）河、渠、山塘、水库、塌陷积水区等地表水体观测站的位置，地面标高和同期水面标高。

（4）矿井井口位置、开拓范围和公路、铁路交通干线。

（5）地下水等水位（压）线和地下水流向。

（6）可采煤层底板下隔水层的厚度（当受开采影响的主要含水层在可采煤层底板下时）。

（7）井下涌水、突水点位置及涌水量。

 任务实施

结合某矿井地质条件，在合理确定矿井水文地质观测内容的基础上，建立矿井水文地质台账，编制出主要的矿井水文地质图件。

 思考与练习

1. 简述矿井地面观测的内容。

2. 简述矿井井下观测的内容。

3. 矿井涌水量观测的要求有哪些？

4. 简述矿井涌水量的观测方法。

5. 矿井水文地质台账包括哪些内容？

6. 矿井水文地质图件包括哪些内容？编制要点是什么？

项目四　矿井水害分析与探测

任务一　矿井充水条件分析

【知识要点】　矿井充水概述;矿井充水水源类型;主要矿井充水通道;矿井充水强度影响因素。

【技能目标】　具备分析矿井充水水源与主要矿井充水通道的能力;具备分析矿井充水强度影响因素的能力。

【素养目标】　培养学生专业探索的能力;培养学生辩证思维的能力。

**任务导入**

在矿山采掘时,水源和通道构成了矿井充水的基本条件,其他各种因素则是通过对水源和通道产生作用而影响矿坑涌水量,通常把矿井充水水源、充水通道及充水强度影响因素,统称为矿井充水条件。矿井充水条件取决于矿井水文地质条件的复杂性。正确认识矿井充水条件,对计算矿井涌水量、预测突水及有效开展防治水工作等都有重要意义,是进行矿井水文地质工作的基础。

**任务分析**

矿井充水条件分析是进行矿井水文地质工作的基础内容,贯穿于矿产勘查和开采的全过程。学习该内容,须掌握以下相关知识:

（1）矿井充水的概念;

（2）矿井充水水源类型;

（3）主要矿井充水通道;

（4）矿井充水强度。

矿井充水
条件分析

**相关知识**

一、矿井充水概述

矿井水是指在矿井建设和生产过程中,流入井筒、巷道及采煤工作面的水。矿井采掘时流入井巷的水称为矿井涌水;瞬时突发性的大量涌水称为矿井突水。

矿井水的存在,给煤矿的采掘工作带来一定的影响,但在适当的条件下,又可利用矿井水来作为水力采煤和生产及生活上的用水。我国多数矿井往往被地表水、含水层水、老窑积水、断层水等4种形式的水体所包围,有的是直接充水水源,有的是间接充水水源,有的水直接流入井下,而有的水体不产生影响。要了解哪些水体对矿井有影响,就必须搞清楚矿井水的水文地质特征,以便选择合理的采煤方法和措施,防止地下水突然涌入矿井。

二、矿井充水水源类型

在形成矿井涌水的过程中,必须有某种水源的补给,矿井充水水源主要包括大气降水、地表水、地下水和老空水等。

(一)大气降水水源

直接受大气降水渗入补给的矿床或露天矿区,多属于包气带、埋藏较浅、充水层裸露、位于分水岭地段,其充(涌)水主要特征有:

(1)矿井涌水动态与当地降水动态相一致,具有明显的季节性和多年周期性变化规律。

(2)随采深增加多数矿床的矿井涌水量逐渐减少,其涌水高峰值出现滞后的时间加长。在开滦赵各庄矿,大气降水为主要充水水源,其最大涌水量约出现在降雨后 4 天。

(3)矿井涌水量的大小还与降水性质、强度、连续时间和入渗条件有密切关系。通常长时间连续中等强度降雨对入渗有利。

在进行矿井水文地质调查时,需要对矿井涌水和降水的动态、降水特征和入渗条件等做全面研究,寻找其规律性以指导采矿工作。

(二)地表水水源

这类矿床赋存在山区河谷和平原区河流、湖泊和海洋等地表水附近或其下面。地表水可通过导水通道溃入井巷造成灾害性突水。其涌水规律主要有:

(1)矿井涌水动态随地表水的丰枯呈现季节性变化,且其涌水强度与地表水的类型、性质和规模有关。受季节流量变化大的河流补给的矿床,其涌水强度亦呈季节性周期变化;有常年性大水体补给时,可造成定水头补给稳定的大量涌水难于疏干;有汇水面积大的地表水补给时,涌水量大且衰减过程长。

(2)矿井涌水强度还与井巷到地表水体间的距离、岩性和构造条件有关。一般情况下,其间距越小涌水强度越大;其间岩层的渗透性越强涌水强度越大。当地表水体间分布有厚度大而完整的隔水层时,则涌水甚微或无影响。地表水体间地层受构造破坏严重,井巷涌水强度亦越大。

(3)受采矿方法的影响。根据矿床水文地质条件选用正确的采矿方法开采近地表水体的矿床时,其涌水强度虽会增加但不会过于影响生产;如选用的方法不当则可造成崩落裂隙与地表水体相通或形成塌陷,发生突水和泥沙冲溃。因此,只要掌握了地表水充水的特征,采取正确的采矿方法和防治水措施,多数受地表水威胁的矿床是可以安全开采的。

(三)地下水水源

能造成井巷涌水的含水层称矿床充水层。有些含水层虽接近矿井,但在天然和开采时该含水层的水并不能进入井巷者则不属于矿床充水层;而采矿破坏其隔水条件时亦可转化为充水层。当地下水成为主要涌水水源时有如下规律:

(1)矿井涌水强度与充水层的空隙性及其富水程度有关。一般而言,裂隙水的充水强度小、孔隙水中等、岩溶水最大。井巷位于富水地段者涌水量大,处于弱含水地段者涌水量小。矿体和围岩含饱水流砂时可造成流砂冲溃。

(2)矿井涌水强度与充水层厚度和分布面积有关。充水层巨厚、分布面积大者,矿井涌水量亦大;反之亦小。

（3）矿井涌水强度及其变化还与充水层水量组成有关。当涌入水以贮存量为主时，揭露初期涌水量大，亦突水，后逐渐减少且多易疏干；当涌水以补给量为主时则涌水量由小到大，后趋于相对稳定，多不易疏干。

（四）老空水水源

在我国许多老矿区的浅部，老采空区（包括被淹没井巷）星罗棋布且其中充满大量积水，它们大多积水范围不明、连通复杂、水量大、酸性强、水压高，当生产井巷接近或崩落带到达它们时便会造成突水。此种突水方式在我国发生的数量和引起的死亡人数最多，仅在2000～2006 年发生的 61 起特大水害事故中，老空突水就达 48 起，死亡 929 人，分别占总事故数和总死亡人数的 78.7％和 77.7％。

需要指出的是，某个矿井的突（涌）水，常以某一种水源为主而由多种水源综合补给。勘查中不仅要找出主要水源，还要分析采前（自然）水源，以便提出合理的防治水措施。

三、矿井充水通道

充水通道是矿井充水的重要因素，充水通道既有天然的也有人为的，前者是后者的基础，后者往往增强了前者的导水性。天然通道主要包括构造断裂带、岩溶陷落柱、"天窗"，人为通道主要包括采空区上方垮落带、隔水底板和突水通道、地面岩溶疏干塌陷带和封孔不佳钻孔等。

（一）构造断裂带

对于不同类型的充水矿床，断裂带的充水意义各不相同。裂隙充水矿床，因其富水性弱，断裂带中的地下水有时是矿坑的主要充水来源。岩溶充水矿床断裂带本身是否富水意义并不大，重要的是其充水作用。断层的充水作用因其在矿区的分布位置而异。

构造断裂对矿井涌水的影响，一方面表现在它本身的富水性；另一方面又往往是各种水源进入采掘工作面的天然途径。断层突水是我国煤矿底板突水的主要类型，但是并非所有断层都是导水的，有的则构成充水岩层的天然隔水边界。在研究断裂带的导水性时，首先考虑断裂面受力性质和两盘岩性的前提下，综合考虑各种因素的影响。

根据断裂带的导水性能，可将其划分为如下几种类型，如表 4-1 所列。

表 4-1　断裂带的导水类型

断裂带类型	导水性能	
隔水的断裂带	天然隔水	开采后仍然是隔水
	天然隔水	开采后变为透水
透水的断裂带	与其他水源无联系	断层本身导水
		本身及两侧皆导水
	与其他水源有联系	有垂直水力联系
		有水平水力联系
		有垂直和水平水力联系

① 隔水断裂

自然条件下断裂本身不含水，又隔断了断层两侧含水层间水平水力联系，多分布于较软的塑性岩层中，或因断层构造岩或充填物被压密或胶结所致。井巷通过时多处于干燥状态，对区分疏干或防治水有利。在垂直方向上,可为阻水的,也可为导水的,即可在一侧或两侧被破碎带中发生上下含水层间的水力联系,成为涌水通道。煤层开采后,这类断裂有可能转变为水平透水或垂直导水的断裂带。

② 导水断裂

导水断裂多数是张性和张扭性断裂。自然条件下断裂面内及两侧破碎带汇水并充满水,既可产生水平的又可产生垂直的水力联系。这类通道如与其他水源相连通,则可造成稳定的涌水甚至突水;与其他水源无联系时,则为孤立的含水带,涌水时,虽水压高,但涌水量一般不大,易于疏干。

需要指出的是,对于同一条断层尤其是规模较大(如走向很长)的断层,沿走向不同地段的落差,宽度和两盘岩性接触关系不同,导水性存在一定的差异;在断层倾向的不同深度上,导水性也可能变化不大。所以在矿井水文地质工作中,要根据断层的实际条件进行具体分析,充分掌握断裂导水性沿走向和倾向的变化规律,以便作出正确的导水性判断,尤其是不同部位的导水性或隔水性的判断和评价。

另外,在采动作用影响下,采场断层会发生重新活动,即"断层的活化"。断层的重新活动使断层带及其附近的岩体中的裂隙发生扩展作用,甚至导致裂隙张开,致使其渗透性发生改变,原来的非导水断层可能转变为导水断层而引发突水。

(二)岩溶塌陷和"天窗"

1. 基本概念和充水特征

岩溶塌陷,是指覆盖于充水(或空气)空间之上的土层,因外力(抽、放水、暴雨)作用发生瞬间塌落。它是岩溶动力地质作用的结果,与非可溶岩中产生的塌陷不同。其形成过程如下:首先是洞隙上覆土层在地下水变动带内遭浅蚀崩解脱落,然后土层物质受地下水流动影响形成大洞并逐渐扩大而使土洞顶板变薄,最后在自然和人为作用下洞顶向下陷落。岩溶塌陷是岩溶充水矿床严重的水文地质问题。它不仅可造成突发性矿坑溃水,同时也可破坏地面多种设施,甚至导致河水断流而破坏水资源。我国岩溶塌陷多集中发生在南方溶洞充水矿床,北方溶隙充水矿床仅占 1.8%。

"天窗",是指岩溶充水含水层与上覆冲积层之间的未胶结、半胶结地层,因沉积相变成河谷下切而变薄甚至消失,导致充水含水层与上覆第四系含水层直接接触,从而形成导水"天窗"。天然状态下,"天窗"是充水含水层地下水的排泄通道,也是岩溶塌陷的有利部位。

2. 成因和分布规律

控制岩溶塌陷形成的主要因素有:可溶岩浅部岩溶发育,上覆盖层薄而松散,水动力场急剧变化。岩溶塌陷的分布位置是:地下水降落漏斗范围内,构造断裂和裂隙密集带,河床及沿岸,地面低洼常年积水或岩溶水排泄带,可溶岩与非可溶岩接触带,岩溶水位在覆盖层附近的地段等。

3. 预测方法

研究岩溶塌陷最有效的方法,是利用抽、排水和暴雨过程观测岩溶塌陷的分布规律和形成发展过程及其与抽、排水和暴雨流场的变化关系,并根据塌陷形成三要素建立预测模型以预测发展趋势。

(三)岩溶陷落柱

岩溶陷落柱是指石炭二叠系煤系地层下伏地层奥陶系碳酸盐岩中的古洞和塌陷的柱

体。主要分布在煤层顶底板厚层灰岩古剥蚀面附近。多数岩溶陷落柱无水,只有少数因塌落物疏松或在地震影响下充填物与围岩产生相对位移而成为导水通道,突水时水量大、来势凶、酿成灾害严重。如河北开滦范各庄煤矿井深 400 m,遇一高 280 m、直径 60 m 的巨大陷落柱,最大突水量 2 053 m³/min,含水层水位下降 51.44 m,影响范围超过 20 km,突水后产生塌陷 17 处,周围供水井全部失去供水能力。

(四)采空区上方冒裂带

1. 形成过程

矿层开采后,采空区上方的岩层因其下部被采空而失去平衡,产生塌陷裂隙,岩层的破坏程度向下逐步减弱。在缓倾斜煤层的矿井,根据采空区上方岩层变形和破坏的情况不同,可划分为"三带"(图 4-1)。

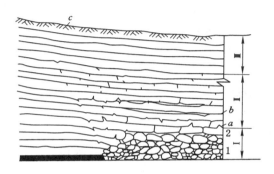

Ⅰ—冒落带;Ⅱ—裂隙带;Ⅲ—弯曲带;

a—垂向裂隙;b—高层裂隙;c—地表裂隙;1—不规则冒落带;2—规则冒落带。

图 4-1　覆岩破坏分带示意图

从矿井水害的角度来看,采空区上方"三带"的分布,决定了矿井充水条件,其中第Ⅰ带(冒落带)和第Ⅱ带(裂隙带)与地表水和地下水源沟通时,都能成为涌水的通道。第Ⅰ带透水性好,它与水源直接接触时,往往造成突水事故;第Ⅱ带接触水源时,能引起突然充水,使涌水量激增;第Ⅲ带(弯曲带)则保持原有性能,如果这一带是黏土岩,沉降弯曲后仍为良好的隔水层,如果是厚度不大的脆性砂岩层,沉降弯曲后则有轻微的透水现象。可见,确定第Ⅰ带和第Ⅱ带高度 H_1、H_2,对分析矿井充水条件具有重要意义。

2. 预测分析

一般,将冒落带和裂隙带统称为导水裂隙带,其最大高度的计算,由于影响因素十分复杂且不确定,故至今尚无理论公式。根据厚煤层分层开采研究成果,缓倾斜煤层导水裂隙带 h 的最大高度可选择煤炭科学研究总院给定的经验公式:

对于坚硬顶板,有:

$$h = \frac{100M}{1.2M+2} \pm 8.9 \tag{4-1a}$$

对于中硬顶板,有:

$$h = \frac{100M}{1.6M+3.6} \pm 5.6 \tag{4-1b}$$

对于软弱顶板,有:

$$h = \frac{100M}{3.1M + 5} \pm 4.0 \qquad (4\text{-}1c)$$

对于极软弱顶板,有:

$$h = \frac{100M}{5.0M + 8} \pm 3.0 \qquad (4\text{-}1d)$$

式中 M——累计采厚,m;单层 $1\sim3$ m,累计不超过 15 m。

以上为依据累计采厚计算"导水裂缝带"的经验公式,其他的经验公式可参见《建筑物、水体、铁路及主要井巷煤柱留设与压煤开采规程》。

（五）隔水底板和突水通道

当采空区位于高压富水的岩溶含水层上方时,在矿山压力和底板承压水压力水头的作用下,岩溶水会突破采空区底板隔水层的薄弱地段而涌入矿坑。因此,隔水层的薄弱地段可视作不同于其他导水通道的另类通道。

1. 隔水底板和突水通道的形成条件

（1）有富水性强的充水含水层,大突水点均分布在岩溶发育的强径流带上;

（2）矿坑底板长期处于高水头压力下;

（3）隔水底板厚度变薄或裂隙发育的地段是突水高发的薄弱地段,据统计 50%～90% 及以上的突水点与断裂有关;

（4）矿山压力是诱发底板突水的外力,其作用有一过程,少则数天、多则数月乃至多年。

2. 预测方法

底板突水对我国石炭二叠系煤田威胁极大。底板突水预测难度很大,至今仍无理想方法,勘查阶段均用半经验公式——突水系数法进行计算:

$$T = \frac{p}{M} \qquad (4\text{-}2)$$

式中 T——突水系数,MPa/m;

p——底板隔水层承受的水压,MPa;

M——底板隔水层厚度,m。

考虑到隔水层岩性和强度因素,计算时 M 应采用等效厚度,即以砂岩每米所能承受的水压力为标准,计算时将不同岩性隔水层换算成同等的等效隔水层厚度。根据全国统计资料,底板受构造破坏块段临界突水系数一般不大于 0.06 MPa/m,正常块段不大于 0.15 MPa/m。勘查阶段主要是采用临界突水系数的经验值作为充水因素分析的依据。

（六）地面岩溶疏干塌陷带

随着我国岩溶充水矿床大规模抽放水试验和疏干实践,矿区及其周围地区的地表岩溶塌陷随处可见,地表水和大气降水通过塌陷坑充入矿井。有时随着塌陷面积的增大,大量砂砾石和泥沙与水一起溃入矿坑。

（七）封闭不良钻孔

若对各种完工的钻孔处置不当,也可成为沟通各水源涌入矿坑的直接通道,国内外均有钻孔突水淹矿记录。因此,要求对每口已完工的钻孔进行严格封孔止水,一是为保护矿体免遭氧化破坏,二是防止地下水或其他水源直接渗入矿坑。

导水通道在充水过程中具有突发性、复杂性、灾害性,三种特性相互依存,在大水矿床开采中得到充分体现。我国大水矿床的主要突水通道各异,北方以底板突水为主,南方以地面塌陷为主,但均与断裂有关。

【**案例 4-1**】　开滦东风煤矿 7 号、8 号、9 号、10 号煤层,第四灰岩是 8 号煤层的直接顶板,石灰岩平均厚度 4 m,裂隙发育,透水性强。如图 4-2 所示。

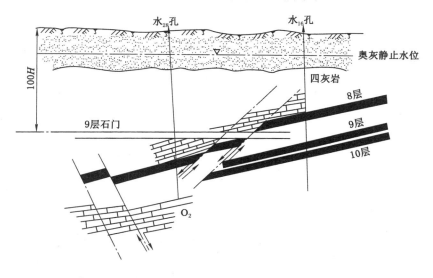

图 4-2　东风煤矿贯穿石门涌水点示意图

该煤矿自 1960 年 10 月在南石门打通四灰岩以后,井下涌水量骤然增加,虽然采取超前钻探放水,开凿疏水巷道等措施,但全矿总涌水量仍达 855 m^3/h,其中四灰岩水量达 788 m^3/h,占全矿总涌水量的 92%。排水 5 年多,水仍没有疏干。该层灰岩水为何这么大?动储量是从哪里来的?

通过分析,认为与旧钻孔有关。为此启封了水$_{28}$号钻孔,井下涌水量立刻减少 309 m^3/h。接着又启封水$_{16}$号钻孔,井下涌水量又减少 86 m^3/h。前后共启封 18 个旧钻孔之后,全矿总涌水量减少了 84%。事实证明四灰水的补给来源主要是因为封闭质量不好的旧钻孔把煤层底板(本溪组徐家庄灰岩 C_2x 和奥陶系灰岩 O)水引了进来。通过对旧钻孔的处理,该煤矿不仅恢复了原来的设计生产能力,而且也解放了 8 号、9 号、10 号三层可采煤层。

四、矿井充水强度

确定充水强度较精确的办法,是用该矿开采时的矿井涌水量衡量或比拟已开采相似矿井的涌水量。充水强度除直接与充水水源和充水通道的性质和特征有关外,还受下述因素影响。

1. 矿井的边界条件

矿井和充水岩层的边界条件对未来矿井涌水量大小起主要控制作用,要求在水文地质勘查阶段必须予以查明。

① 矿井的侧向边界　当矿井和直接充水含水系统之间有强透水边界时,则开采时外系统地下水或地表水会迅速而大量地流入矿井,供水充足的边界越长其涌水量越多、越稳定。若矿体或直接充水层被隔水边界封闭,则矿井涌水量较小或由大变小甚至干涸。如果因开

采而导致原非充水层或新水源进入矿井时,则将形成新的充水系统,矿井涌水量必将增大,原边界将转变成新的边界条件。

② 矿井的顶、底部边界　矿井及其顶部的隔水条件和透水条件对矿井涌水强度亦起控制作用,因此如能保持它们的隔水性能或减弱其渗透强度,即可达到保持或减弱矿井涌水量的目的。

2. 地质构造条件

地质构造的类型、规模和分布对矿井总涌水量的形成起制约作用。若矿井位于褶皱或断裂构造,则其对矿床和充水层的空间分布、地下水的补径排条件会有较大影响,充水强度也必然受影响。处在同一类型构造中的矿床,随构造规模和矿井所处构造部位的不同矿井涌水量大小亦各异。

3. 充水岩层接受补给的条件

当充水层及矿体的出露程度越高、盖层透水性越强、与补给水体接触面积越大时,矿井涌水强度越大。

 案例分析

【案例 4-2】　20 世纪 80 年代,湖南煤炭坝五亩冲煤矿运输大巷布置在已疏干的茅口灰岩强含水层中。一天大巷遇到一条宽 1.5 cm 的裂缝,内充填有干红泥,认为是阻水带而继续掘进。水压与矿压使干泥产生裂缝,地下水随之渗入裂缝。3 个月后大巷所见干红泥变软而具弹性,再过一星期之后,具弹性红泥的抗压强度低于水压面变成稀泥涌入具有自由面的大巷,所幸未造成人员伤亡,仅使工期延长 5 个月,造成部分经济损失。这是滞后突泥的典型事例。

【案例 4-3】　因射流作用的滞后突水。霍州矿区曹村煤矿奥灰水静止水位为 517～519 m。该矿把 500 m 水平大巷布置在奥灰岩中,大巷带水压大于 1 MPa。20 世纪 80 年代初,暗斜井落底后送巷 50 余米时,揭露了一条宽 1.5 cm 左右的开口裂隙,无水。曹村煤矿位于距奥灰水补给区仅 3 km 的径流区,有限的水流沿该煤矿主径流带向郭庄泉排泄。该裂隙距主径流带约 0.8 km,因射流作用无水而充气。大巷掘进两个多月后,因矿井为负压通风,局部通风机回风流不断将该裂隙中的气体缓慢带出,其气压小于射流带的水压,在水压、矿压和爆破震动的诱发下,奥灰水终于从该裂隙中涌出。由于所掘临时水窝容积小,临时水泵排量小,大巷及部分暗斜井被淹,调泵强排水月余。临汾市不少煤矿缺水,为寻找供水水源而打深井揭露奥灰岩百余米,有的在 200 m 以上,但无水或涌水甚微,这是因为这些矿井距地下分水岭不远,不在径流带上,有限的奥灰水沿地下水主径流带流动,形成射流。水源井如果布置在奥灰水径流带上的话,将会取得较好的效果。

【案例 4-4】　山东肥城杨庄煤矿的断层滞后重大突水事故。1985 年 5 月 27 日 9 时左右,该煤矿在已经停止掘进达 4 个月之久的 9101 回风巷发生突水,标高 -32 m。初期涌水量为 600 m³/h 左右,17 时增至 4 000 m³/h,最大时达到 5 237 m³/h,最后稳定在 4 409 m³/h。

该煤矿把排水能力从 1 680 m³/h 努力提到 2 360 m³/h,因抵不住涌水量,到当月 28 日 4 时 35 分淹没了矿井,停产半年,无人员伤亡,设备全部被淹,损失达 2 001.5 万元。该突水点位于地堑内,东南部有两条正断层,走向 NE,倾向 NW,倾角 68°,落差分别为 18 m 和 8 m;西北有两条正断层,走向 NE,倾向 SE,倾角 70°,落差分别为 7 m 和 15 m。其落差

均为地堑内侧小于外侧。突水点在东南侧落差 8 m 断层的中部巷道揭露处。该工作面开采 9 号煤层，煤厚 1.2 m 左右，下距本溪组徐家庄灰岩(C_2x)21 m。徐家庄灰岩厚 13.5 m，徐家庄灰岩下距奥陶系灰岩 12 m 左右，奥陶系灰岩厚 800 m 左右。这两层灰岩含水极为丰富，两者水力联系密切，其水位动态及水质特征基本一致。

此次突水的主要原因是对所揭露的断层点未采取加固（砌碹、筑防水墙、注浆等）防水措施，使其长期裸露，断层带被水浸泡，断层泥（岩块）变软，强度降低，而发生了滞后突水。

【案例点评】　上述事例告诫我们：井下遇到有滞后突水危险的断层、张节理时，一定要立即采取防范措施，以绝后患。

 **任务实施**

结合某矿井采区条件，在确定矿井充水水源类型的基础上，进行矿井充水条件的分析，分析主要的充水通道及影响矿井充水强度的因素。

 **思考与练习**

1. 什么是矿井充水条件？矿井充水水源类型有哪些？
2. 矿井主要充水通道有哪些？
3. 简述以大气降雨为充水水源的矿井充水特征。
4. 简述以地表水为充水水源的矿井充水特征。

任务二　矿井水文地质类型划分

【知识要点】　矿井水文地质勘探类型；矿井水文地质类型；不同水文地质类型矿井的充水特征及其防治水措施。

【技能目标】　具备矿井水文地质勘探类型划分能力；具备矿井水文地质类型划分能力；具备区分各种不同充水矿井特征的能力；具备初步制定不同水文地质类型矿井的防治水措施的能力。

【素养目标】　培养学生善于思考、勤于思考的学习工作习惯；培养学生理论联系实际、学以致用的能力。

 **任务导入**

矿井水文地质工作是在勘探阶段地质工作的基础上进行的，可分为 3 个阶段：勘探阶段、矿井建设阶段和矿井生产阶段，是贯穿整个矿井地质工作的始终。

按水文地质条件划分的矿井类型，称为矿井水文地质类型。矿井水文地质类型的划分是在系统整理、综合分析矿床普查勘探和矿井建设各阶段所获得的水文地质资料和经验教训的基础上，对矿井充水条件的高度概括与归纳。其目的在于指导矿井水文地质勘探、矿井防治水和矿区地下水的开发利用。

任务分析

矿井水文地质分类是矿井水文地质工作中的主要基础理论之一。矿井水文地质类型的划分,通常是建立在矿井勘探类型划分基础上的,此外,还需考虑到开采受水害的影响程度与防治水工作的难易程度。学习该内容,主要为指导矿井水防治工作,必须掌握以下相关知识:

(1)矿井水文地质类型及勘探类型划分;

(2)不同类型充水矿井的充水特征;

(3)不同水文地质类型矿井的防治水措施。

相关知识

一、矿井水文地质类型及勘探类型

矿井水文地质是矿井建设中和生产过程中所做的水文地质工作,它是矿井地质工作的重要组成部分。矿井水文地质分类是矿井水文地质工作中的主要理论基础之一。划分原则上除应突出矿井的水文地质特征和影响开采的主要水文地质问题外,还应力求界限清楚、形式简单、便于应用。国内外有不少学者进行研究,提出了很多分类方案。目前应用较多的是建立在矿井水文地质勘探类型划分基础上的分类。

(一)矿井水文地质勘探类型的划分

根据矿井主要充水含水层的含水空间特征,将充水矿井分为以下3类:

1. 孔隙充水矿井

孔隙充水矿井指以孔隙含水层充水为主的矿井,主要分布于山间盆地、山前平原和河流冲积平原。涌水量大小主要取决于岩层孔隙大小、岩层厚度、分布范围以及自然地理条件。

2. 裂隙充水矿井

裂隙充水矿井指以裂隙含水层充水为主的矿井,多分布于山区和丘陵区。涌水量大小主要取决于岩体结构,裂隙发育程度及其力学性质,裂隙发育宽度和深度及其充填情况、构造复合情况等自然地理条件。

3. 岩溶充水矿井

岩溶充水矿井指以岩溶含水层充水为主的矿井,该类矿井分布较广。涌水量大小主要取决于溶洞发育情况、充填情况、地质构造、古地理和自然地理条件。

按水文地质、工程地质条件复杂程度划分,将各类充水矿井又可分为水文地质工程地质条件简单型、中等型、复杂型的矿井等3种类型。

(二)矿井水文地质类型的划分

《煤矿防治水细则》第十二条规定,根据井田内受采掘破坏或者影响的含水层及水体、井田及周边老空(火烧区,下同)水分布状况、矿井涌水量、突水量、开采受水害影响程度和防治水工作难易程度,将矿井水文地质类型划分为简单、中等、复杂和极复杂4种类型(表4-2)。

矿井水文地质
类型划分

表 4-2 矿井水文地质类型

分类依据		类别			
		简单	中等	复杂	极复杂
井田内受采掘破坏或影响的含水层及水体	含水层（水体）性质及补给条件	为孔隙、裂隙、岩溶含水层，补给条件差，补给来源少或极少	为孔隙、裂隙、岩溶含水层，补给条件一般，有一定的补给水源	为岩溶含水层、厚层砂砾石含水层、老空水、地表水，其补给条件好，补给水源充沛	为岩溶含水层、老空水、地表水，其补给条件很好，补给来源极其充沛，地表泄水条件差
	单位涌水量 q /[L·(s·m)$^{-1}$]	$q \leqslant 0.1$	$0.1 < q \leqslant 1.0$	$1.0 < q \leqslant 5.0$	$q > 5.0$
井田及周边老空水分布状况		无老空积水	位置、范围、积水量清楚	位置、范围、积水量不清楚	位置、范围、积水量不清楚
矿井涌水量 /(m³·h^{-1})	正常 Q_1	$Q_1 \leqslant 180$	$180 < Q_1 \leqslant 600$	$600 < Q_1 \leqslant 2\,100$	$Q_1 > 2\,100$
	最大 Q_2	$Q_2 \leqslant 300$	$300 < Q_2 \leqslant 1\,200$	$1\,200 < Q_2 \leqslant 3\,000$	$Q_2 > 3\,000$
突水量 Q_3/(m³·h^{-1})		$Q_3 \leqslant 60$	$60 < Q_3 \leqslant 600$	$600 < Q_3 \leqslant 1\,800$	$Q_3 > 1\,800$
开采受水害影响程度		采掘工程不受水害影响	矿井偶有突水，采掘工程受水害影响，但不威胁矿井安全	矿井时有突水，采掘工程、矿井安全受水害威胁	矿井突水频繁，采掘工程、矿井安全受水害严重威胁
防治水工作难易程度		防治水工作简单	防治水工作简单或易于进行	防治水工作难度较高，工程量较大	防治水工作难度较高，工程量较大

注：1. 单位涌水量 q 以井田主要充水含水层中有代表性的最大值为分类依据。

2. 矿井涌水量 Q_1、Q_2 和矿井突水量 Q_3 以近 3 年最大值并结合地质报告中预测涌水量作为分类依据。含水层富水性及突水点等级划分标准见附录一。

3. 同一井田煤层较多，且水文地质条件变化较大时，应当分煤层进行矿井水文地质类型划分。

4. 按分类依据就高不就低的原则，确定矿井水文地质类型。

【案例 4-5】 赵固二矿为新建大型矿井，经过多年地质勘探报告提交推荐矿井涌水量，即初期采区－800 m 水平为 1 644.69 m³/h，中期开采地段－950 m 水平为 1 764.22 m³/h。根据焦作矿区多年观测统计，雨季矿井最大与正常涌水量的比值为 1.2～1.5。本井田位于深部，二煤层底板水量受季节变动影响程度较弱，因此采用 1.35 的比值计算矿井最大涌水量。－800 m 水平为 2 220.33 m³/h，－950 m 水平为 2 381.70 m³/h。该矿水文地质类型为复杂型。

（三）矿井水文地质类型划分报告

《煤矿防治水细则》第十三条规定，矿井应当收集水文地质类型划分各项指标的相关资料，分析矿井水文地质条件，编制矿井水文地质类型报告，由煤炭企业总工程师组织审批。

矿井水文地质类型报告，应当包括下列主要内容：

（1）矿井所在位置、范围及四邻关系，自然地理，防排水系统等情况；

（2）以往地质和水文地质工作评述；

（3）井田地质、水文地质条件；

（4）矿井充水因素分析，井田及周边老空水分布状况；

（5）矿井涌水量的构成分析，主要突水点位置、突水量及处理情况；

（6）矿井未来 3 年采掘和防治水规划，开采受水害影响程度和防治水工作难易程度评价；

（7）矿井水文地质类型划分结果及防治水工作建议。

《煤矿防治水细则》第十四条规定，矿井水文地质类型应当每 3 年修订 1 次。当发生较大以上水害事故或者因突水造成采掘区域或矿井被淹的，应当在恢复生产前重新确定矿井水文地质类型。

二、各类充水矿井的特征及其防治水措施

（一）孔隙充水矿井

1. 水文地质条件简单的矿井

这种矿井主要含水层为半胶结或松散的细砂层，含水层厚度小或透镜体分布，补给条件差。含水层与地表水之间无水力联系，涌水量一般小于 1 m³/min（60 m³/h），个别出现涌砂，甚至较严重。

2. 水文地质条件中等的矿井

这种矿井主要充水岩层为半胶结或松散的中-粗粒砂、卵砾石层。含水层厚度较大，与煤层之间的隔水层较薄，或含水层与古河床、地表水之间有一定联系。涌水量一般小于 10 m³/min（600 m³/h）。

3. 水文地质条件复杂的矿井

这种矿井有地表水和含水丰富的冲积层直接覆盖于煤层之上，其间隙水层薄，分布稳定，与地表之间有密切联系，涌水量大于 10 m³/min（600 m³/h）。

（二）裂隙充水矿井

1. 水文地质条件简单的矿井

这种矿井位于侵蚀基准面以上，但远离地表水体，区域降水量小，补给条件差。主要充水岩层为细砂层，裂隙不发育，构造简单，涌水量小于 5 m³/min（300 m³/h），一般为 1～2 m³/min（60～120 m³/h）。

2. 水文地质条件中等的矿井

这种矿井位于侵蚀基准面以下，主要含水层为粗砂层、砂砾石，裂隙较发育，含水层裸露于地表，降水影响大，或受煤系基底承压裂隙水的补给，动储量较充沛，涌水量为 5～10 m³/min（300～600 m³/h）。

3. 水文地质条件复杂的矿井

这种矿井位于侵蚀基准以下，煤系上有较厚的砂砾冲积层，并与地表水体有水力联系，涌水量可达 10 m³/min（600 m³/h）及以上。

（三）溶隙充水矿井

1. 水文地质条件简单的矿井

这类矿井是指位于干旱、半干旱区，侵蚀基准面以上，以溶隙为主含水层充水的矿井，或者位于侵蚀基准面以下，构造简单，与地表水无水力联系，厚度不大的以溶隙为主含水层充水的矿井，涌水量小于 10 m³/min（<600 m³/h）。

2. 水文地质条件中等的矿井

水文地质条件中等矿井的特征如下：

（1）降水丰沛区，溶隙充水层裸露地表，或有厚层砂、砾石层覆盖的矿井。

（2）主要充水层以溶隙为主的含水层，但厚度不大，与地表水无水力联系的矿井。

（3）主要充水层以溶隙为主的含水层，裂隙构造发育，与地表水有水力联系的矿井，涌水量为 $10\sim20$ m³/min（$600\sim1\,200$ m³/h）。

3. 水文地质条件复杂的矿井

水文地质条件复杂矿井的特征如下：

（1）处于降水充沛区，岩溶发育的充水岩层裸露地表，地形低洼，有利于地表水汇集的矿井。

（2）处于地表水体下，或临近地表水体岩溶发育的矿井。

（3）处于地下暗河或岩溶集中径流带附近的矿井。

（4）顶、底板有高压强岩溶化含水层，隔水层薄或虽厚但断层裂隙发育，经常与强岩溶化含水层对接的矿井。

（5）与第四系等强烈充水含水层有密切水力联系的岩溶充水矿井。

（6）涌水量大于 $1\,200$ m³/h（20 m³/min）。

（四）不同水文地质类型的矿井

不同水文地质类型矿井的防治水措施，见表 4-3。

表 4-3　不同矿井类型的防治措施

类别	水文地质条件简单	水文地质条件中等	水文地质条件复杂
孔隙型充水矿井	正常排水；留设一定厚度的防水煤柱；穿过流砂时，采用特殊施工方法，或设置挡砂墙等	适当加强排水能力；留设足够的防水煤柱，防止垮落带贯通含水层；采取地表防治水措施，减少矿井涌水量	防治措施与水文地质条件中等类型相同
裂隙型充水矿井	正常排水	以足够的排水能力进行疏干；采取预防地表水涌入的措施，以减少涌水量；对井下裂隙发育的出水点适当进行堵水	强排疏干；留设防水煤柱，预防煤柱塌陷、裂隙贯通地表水体
溶隙型充水矿井	准备足够的排水能力，正常排水；适当采用堵水措施	地面加强防洪排涝；井下加强排水、疏水降压；井下大突水点注浆堵水；设置防水闸门；留设防水煤柱	增强排水能力，留有充分余地；留设防水煤柱；设置密闭式泵房、建筑防水闸门，分区隔离

此外，对岩溶复杂型矿井，还应对地表河流采取防渗、改道等措施；查明集中径流带、暗河通道进行堵塞，灌注防水帷幕截流；堵塞地表塌陷裂缝和井下突水点；加强对断层和强含水层的探放水；带压开采或疏水降压。

（五）水文地质条件复杂、极复杂的矿井

《煤矿安全规程》规定：水文地质条件复杂、极复杂的煤矿，应当设立专门的防治水机构。水文地质条件复杂、极复杂矿井应当每月至少开展 1 次水害隐患排查，其他矿井应当每季度至少开展 1 次。

水文地质条件复杂、极复杂或者有突水淹井危险的矿井,应当在井底车场周围设置防水闸门或者在正常排水系统基础上另外安设由地面直接供电控制,且排水能力不小于最大涌水量的潜水泵。在其他有突水危险的采掘区域,应当在其附近设置防水闸门;不具备设置防水闸门条件的,应当制定防突(透)水措施,报企业主要负责人审批。

防水闸门应设置在有突水危险的采掘区域,防水闸门一般由混凝土垛、门扇、放水管、放气管、压力表等组成。门扇视运输需要而定,一般宽 0.9～1 m,高 1.8～2.0 m,有单扇和双扇,矩形门和圆形门等。一般采用平面形,当压力超过 2.5～3.0 MPa 时可采用球面形。

1. 防水闸门设置要求

防水闸门应当符合下列要求:

(1) 防水闸门必须采用定型设计。

(2) 防水闸门的施工及其质量,必须符合设计。闸门和闸门硐室不得漏水。

(3) 防水闸门硐室前、后两端,应当分别砌筑不小于 5 m 的混凝土护碹,碹后用混凝土填实,不得空帮、空顶。防水闸门硐室和护碹必须采用高标号水泥进行注浆加固,注浆压力应当符合设计。

(4) 防水闸门来水一侧 15～25 m 处,应当加设 1 道挡物算子门。防水闸门与算子门之间,不得停放车辆或者堆放杂物。来水时先关算子门,后关防水闸门。如果采用双向防水闸门,应当在两侧各设 1 道算子门。

(5) 通过防水闸门的轨道、电机车架空线、带式输送机等必须灵活易拆;通过防水闸门墙体的各种管路和安设在闸门外侧的闸阀的耐压能力,都必须与防水闸门设计压力相一致;电缆、管道通过防水闸门墙体时,必须用堵头和阀门封堵严密,不得漏水。

(6) 防水闸门必须安设观测水压的装置,并有放水管和放水闸阀。

(7) 防水闸门竣工后,必须按设计要求进行验收;对新掘进巷道内建筑的防水闸门,必须进行注水耐压试验,防水闸门内巷道的长度不得大于 15 m,试验的压力不得低于设计水压,其稳压时间应当在 24 h 以上,试压时应当有专门安全措施。

(8) 防水闸门必须灵活可靠,并每年进行 2 次关闭试验,其中 1 次应当在雨季前进行。关闭闸门所用的工具和零配件必须专人保管,专地点存放,不得挪用丢失。

井下防水闸墙的设置应当根据矿井水文地质条件确定,防水闸墙的设计经煤炭企业技术负责人批准后方可施工,投入使用前应当由煤炭企业技术负责人组织竣工验收。

2. 防水闸门位置的选择

防水闸门位置选择得适当与否,是防水闸门能否起到作用的关键问题。一般应注意以下几点:

(1) 防水闸门应设置在对水害具有控制性的部位和井下重要设施部位(如井底车场的出入口处、受水害威胁地段与其他无水害威胁地段的通道处),能使水害控制在尽可能小的范围内,并考虑水害发生后有恢复生产及绕过事故地点开拓新区的可能。

(2) 防水闸门的位置应考虑到不受临近部位采掘的影响,不破坏防水闸门的结构和修筑地点围岩的稳定性及隔水性。

(3) 修筑防水闸门的围岩稳定性和隔水性要好,应尽量避免在软弱岩层或煤层内砌筑。如果在煤层内砌筑必须掏槽使闸身的混凝土结构和基岩结合在一起。

(4) 闸门应尽量修筑在单轨巷道内,以减少掘进量和减小防水闸门的规模。

（5）防水闸门必须易于维修和管理，使其经常处于临战状态。

任务实施

结合某矿区的地质条件，在确定矿井水文地质勘探类型的基础上，进行矿井水文地质类型的划分，明确不同矿井水文地质类型的充水特征。

思考与练习

1. 矿井水文地质勘探类型是如何划分的？
2. 简述矿井水文地质类型的划分。
3. 简述不同矿井水文地质类型的矿井充水特征及其防治水措施。
4. 防水闸门的设置有哪些具体要求？
5. 防水闸门的位置选择，应该注意哪些问题？
6. 简述我国煤矿水文地质类型。

任务三　矿井涌水量预测

【知识要点】 矿井涌水量预测的内容、方法与步骤；水文地质比拟法；解析法；水均衡法；数值法。

【技能目标】 具备简要描述矿井涌水量预测内容、方法与步骤的能力；具备运用各种不同预测方法进行矿井涌水量预测的能力。

【素养目标】 激发学生善于思考、勤于思考的学习工作能力；培养学生不断探索、精益求精的工作作风。

任务导入

矿井涌水量大小是评价矿井充水条件复杂程度的主要标志。在已采矿井或采区可以通过实测获得，但对未采矿井或采区涌水量大小须根据不同条件进行预测。矿井涌水量预测是一项重要而复杂的工作，作为矿井水害分析的重要组成部分，不仅是确定矿井水文地质条件复杂程度、划分矿井水文地质类型的重要指标之一，同时也是矿山企业进行防治水方案制订的主要依据。所以做好矿井涌水量的预测工作，对于煤炭资源安全开采有着重要意义。

任务分析

正确地预测矿井涌水量，是矿井水文地质工作的一项重要任务。它不仅对矿井的技术经济评价有很大影响，而且也是开采设计部门选择采掘方案、确定排水设备和制定相配套的防治水工程设计、防水安全技术措施的主要依据。学习该内容，要掌握以下相关知识：

（1）矿井涌水量预测的内容；
（2）矿井涌水量预测的方法与步骤；
（3）水文地质比拟法的原理与方法；

（4）解析法与水均衡法的原理与相关计算；

（5）数值法的原理。

 **相关知识**

一、矿井涌水量预测的内容

矿井涌水量是指从矿井开拓到回采过程中单位时间内涌入矿井（包括井、巷和巷道系统）的水量。由于预测矿井涌水量是矿井水文地质调查的核心任务，也是一项复杂工作，所以在各调查阶段都要求按相应精度认真、正确地预测出未来各种开采条件下的涌水量。其预测内容包括有：

矿井涌水量
预计概述

（1）矿井正常涌水量　指开采系统达到某一标高（水平或阶段）时，正常状态下保持相对稳定时的总涌水量，通常是指平水年的涌水量。

（2）矿井最大涌水量　指正常状态下开采系统在丰水年雨季时的最大涌水量。对某些受暴雨强度直接控制的裸露型、暗河型岩溶充水矿井，还应根据当地气象周期特征，据历史最大暴雨强度，预测数十年一遇的特大暴雨时可能出现的特大矿井涌水量值，作为制定各种应变措施的依据。

（3）井巷工程涌水量　指开拓各种井巷过程中的涌水量。

（4）预测疏干工程排水量　指在设计疏干时间内，将一定范围的水位降至某一规定标高时的疏干排水量。

在各地质调查阶段，均以预测矿井正常和最大涌水量为主，由矿井水文地质人员担任；开拓井巷涌水量预测和疏干工程排水量计算，则多由矿山基建或生产部门负责，但水文地质人员亦应参与工作。

二、矿井涌水量预测的方法与步骤

1. 预测方法

根据当前矿井水文地质计算中常用的各种数学模型的地质背景特征及其对水文地质模型概化的要求，可作如下类型的划分。

$$
数学模型分类
\begin{cases}
非确定性统计模型
\begin{cases}
Q\text{-}S\ 曲线方程 \\
回归方程
\end{cases} \\
确定模型
\begin{cases}
解析解——井流方程
\begin{cases}
稳定井流公式 \\
非稳定井流公式
\end{cases} \\
数值解
\begin{cases}
有限元法 \\
有限差法
\end{cases} \\
水均衡法
\end{cases} \\
混合型模型
\end{cases}
$$

2. 预测步骤

矿井涌水量预测是随着矿井地质勘探程度的深入和对矿床水文地质条件认识的深化而逐渐完成的，可分为 3 个步骤。

第一步是建立水文地质（概化）模型。其要求是：① 概化已知状态下矿区水文地质条件；② 给出未来开采井巷的内部边界条件；③ 预测未来开采条件下的外部边界。

对于条件复杂的大水矿井，建立一个可靠的概化模型，大致需经历以下 3 个阶段，即通过初勘资料的收集、整理,提出模型的"雏形",并作为下步勘探设计的依据;据进一步勘探提供的各种信息资料,特别是大型抽(放)水资料,调整"雏形"模型,建立"校正型"模型;在第一、二阶段的基础上,结合开采方案,预测出排水后内、外边界的变化,建立起"预测型"的水文地质概化模型。

随调查阶段的深入,虽然某些矿区根据"雏形""校正型"和"预测型"概化模型皆可进行矿井涌水量预测,但其结果的精度则大不相同。

第二步是选择计算方法,建立相应的数学模型。据当前矿井涌水量预测中所常用的数学模型种类,可将其划分为不同类型,计算时可依据当地条件和已有资料进行选择。

第三步是求解数学模型,评价预测结果。对数学模型的解,不能仅看作是单纯的数学运算,还应看作是对水文地质模型和数学模型的全面识别与验证过程,是对矿区各种条件从定性到定量的深化认识过程。

三、比拟法

在矿井涌水量预测中,水文地质比拟法和 $Q\text{-}S$ 曲线法是两种常用的方法。它们都以研究涌水量与影响因素之间的数学规律为基础,建立某种可以表达这种规律的函数关系,并据此关系来外推未来设计疏干条件下的矿井涌水量。所不同的是,前者通常出于经验,且多用于计算巷道系统的水量;后者则是对试验成果通过数理统计方法建立的数学模型,常用于井筒涌水量预测。

(一)水文地质比拟法

1.原理和应用条件

水文地质比拟法,是在水文地质条件相似的情况下,从已知涌水量推测未知涌水量。为此,借助老矿区收集和整理的矿井涌水量实际资料,根据对新矿井的地质和水文地质条件的了解,将获得的资料,依据经验列出数学表示式,反映出它们之间关系,达到预计新矿井的涌水量的目的。

矿井涌水量
预计方法

水文地质比拟法的应用条件,最主要的是新、老矿井的水文地质条件要基本相似;老矿井要有长期详尽的矿井水观测资料。此方法也可用于根据矿区勘探阶段的抽水试验资料来预测未来矿井的涌水量。

2.常用方法

(1)单位涌水量法

一般矿井开采面积 F 和水位降深 S 对矿井涌水量 Q 的影响较大。多数情况下,Q 和 F、S 均呈直线关系,则矿井单位涌水量 q 可按下式计算:

$$q = \frac{Q}{FS} \tag{4-3}$$

上式表明,单位涌水量为单位开采面积和单位水位降深的矿井平均实际涌水量。

由于新矿井与老矿井地质、水文地质条件相似,因此,可以视其单位平均实际涌水量相同。那么,新矿井的预计矿井涌水量 Q_0,可按下式计算:

$$Q_0 = q S_0 F_0$$

式中　q——老矿井单位涌水量,$\mathrm{m^3/h}$;

　　　S_0——新矿井设计水位降深,m;

　　　F_0——新矿井设计开采面积,$\mathrm{m^2}$。

（2）疏干边界水位降低比拟法

由于勘探阶段抽水试验的水位降深一般不大，应用其比拟矿井涌水量，严格来讲，不能超出试验降深值推断范围，否则会造成过大的误差。为了提高矿井涌水量预计的精度并尽可能利用抽水试验资料来建立适合矿井未来疏干条件下的计算公式，疏干边界水位降深比拟法值得作一介绍。它是在查明矿区水文地质条件的基础上进行矿井涌水量预计的。

如某矿用下式计算矿井涌水量，即

$$Q = Q_0 \sqrt[m]{\frac{S_{设}}{S_{边}}} \qquad (4\text{-}4)$$

式中　Q——预计的矿井涌水量，m^3/h；

　　　Q_0——抽水试验涌水量，m^3/h；

　　　$S_{边}$——与 Q_0 相应的，位于矿井疏干边界的水位降深，m；

　　　$S_{设}$——矿井设计水平疏干边界处的水位降深，m；

　　　m——待定指数。

生产实践证明，m 值不是一个常数，它与水位降深呈非线性的关系，一般为幂函数关系，即

$$m = aS^b$$

对上式加以变换使之直线化，用最小二乘法求出 a、b 值，便可建立预计各开采水平的 m 值公式。即

$$\lg m = \lg a + b \lg S$$

式中　m——矿井设计水平的指数预计值；

　　　S——矿井设计水平的水位降深。

这样，预计矿井某水平的涌水量时，应用该水平的 m 值，其结果比较符合实际情况。

应当指出，涌水量水文地质比拟法建立的方程式，一般是根据对矿区水文地质条件充分了解并结合实践经验提出的。只有对条件了解清楚，比拟合理，才可以收到较好的结果。

（二）$Q\text{-}S$ 曲线比拟法

由于 $Q\text{-}S$ 曲线不仅反映含水层的水力特征，而且也表明含水层补给条件和导水性的好坏。因此，依据地面抽水试验或井下放水试验所获取的实际资料，作出涌水量与水位降深的关系曲线图，即 $Q\text{-}S$ 曲线，用数学方法配出 $Q\text{-}S$ 曲线方程。然后，根据 $Q\text{-}S$ 曲线的数学表达式来预计矿井设计水平的涌水量，一般分 3 个步骤：判断 $Q\text{-}S$ 曲线及列出涌水量方程式；确定曲线方程的参数；预计涌水量计算工作。

1. $Q\text{-}S$ 曲线类型判断及涌水量曲线方程的建立

目前，稳定流涌水量方程式有以下几种类型。

对于无压水，在层流条件下，试验资料的 $Q\text{-}S$ 曲线为抛物线，表示式为：

$$Q = Q_1 \frac{(2H-S)S}{(2H-S_1)S_1}$$

式中　H——潜水含水层天然水位；

　　　S,Q——矿井设计水位降深值与相应的涌水量；

　　　S_1,Q_1——同一抽（放）水试验的水位降深与相应的涌水量。

这类曲线的特点是，随着水位降深 S 的增大，涌水量 Q 也不断增加，但 Q 增量愈来愈

小。由于无压水,只有一种涌水量曲线方程,可直接应用来预计设计水平的涌水量。为了保证预计涌水量的精度,比拟计算时,要求设计的水位降深值 S,不得大于抽(放)水试验最大降深(S_{max})的 1.5 倍,也不得大于含水层厚度的一半。

对于承压水,由抽(放)水试验所绘的实际 Q-S 曲线图,怎样配出涌水量方程式呢?

首先,要看 $Q=f(S)$ 是直线还是曲线,若 $Q=f(S)$ 是直线,则涌水量方程式为:

$$Q=Q_1 \frac{S}{S_1}=qS$$

上式表明,抽(放)水试验降深为 S 时,地下水呈层流运动,涌水量与水位降深为正比例关系。根据裘布依公式,有:

$$Q=\frac{2\pi KMS}{\ln \frac{R}{r}}$$

式中 K——渗透系数;

M——承压水含水层的厚度;

R——抽水时补给半径;

r——抽水井半径。

只有当 K、M 为常数时,才表现出这种情况。

自然界含水层多非均质,厚度总是变化的。因此,抽(放)水试验取得的 $Q=f(S)$ 多为非直线。此时,则要判读曲线类型。先是在方格纸上或单对数纸上或双对数纸上作一些变换,使 Q-S 曲线图变为直线,一般有以下 3 种情况:

① 抛物线型:变换后,当 $S_0=f(Q)$ 为直线时,其涌水量方程式为:

$$S=aQ+bQ^2$$

$$Q=\frac{\sqrt{a^2+4bS}-a}{2b}$$

式中 a——层流运动部分的阻力系数;

b——紊流运动部分的阻力系数。

上式抛物线方程表明,抽(放)水试验降深为 S 时,抽水孔中及其附近地下水流呈紊流状态,除此之外的范围为层流状态。

② 幂函数曲线:其特点是曲线上有明显的下垂现象,即当水位降深小时,涌水量随水位降深大幅度增加,当水位降深到一定深度后,出水量随水位降深增加很小。它表明含水层补给条件差,导水性强。变换后当 $\lg Q=f(\lg S)$ 为直线时,其涌水量方程为:

$$Q=a\sqrt[b]{S}$$

上式为幂函数方程式,它表明抽(放)水试验降深为 S 时,地下水流呈混合流状态。

③ 对数曲线:其特点是,一般要靠近 S 轴,钻孔抽水量随水位降深增加很少。表明含水层补给条件差,水文地质条件比较简单,变换后,当 $Q=f(\lg S)$ 是直线关系时,其涌水量方程为:

$$Q=a+b\lg S$$

上式为对数方程式,它表明抽(放)水过程中,由于水位降深较大,地下水呈不稳定流动,贮存量不断被消耗。

上述通过判读曲线类型后,建立的涌水量曲线方程,都有参数 a 和 b。

2. 涌水量曲线方程参数的确定

实际工作中,常用图解法和最小二乘法,来确定曲线方程中的参数。

(1) 图解法

将抽(放)水试验的实测数据,作必要整理变换,而后绘入选定的坐标图上,根据实际资料在图上的分布情况,作一直线,让它通过的实际资料点数目最多,没有通过的实际资料点均匀分布在它的两侧。这样,即可选取该直线上的任意一点来计算参数。

对于抛物线方程式,a 等于直线与 S_0 轴的交点,b 等于直线的斜率。

对于幂函数方程式,$\lg a$ 值等于直线与纵坐标 $\lg Q$ 的交点,$1/b$ 为直线的斜率。

对于半对数方程式,a 等于直线与 Q 轴的交点,b 等于直线的斜率。

(2) 最小二乘法

采用该方法求得各参数的计算公式如下:

直线方程:

$$q = \frac{\sum QS}{\sum S^2}$$

抛物线方程:

$$\begin{cases} a = \dfrac{\sum S - b \sum Q}{N} \\ b = \dfrac{N \sum S - \sum S \sum Q}{N \sum Q^2 - \left(\sum Q^2\right)} \end{cases}$$

幂函数曲线方程:

$$\begin{cases} \lg a = \dfrac{\sum \lg Q - b \sum \lg S}{N} \\ b = \dfrac{N \sum \lg Q \lg S - \sum \lg Q \sum \lg S}{N \sum (\lg S)^2 - \left(\sum \lg S\right)^2} \end{cases}$$

对数曲线方程:

$$\begin{cases} a = \dfrac{\sum Q - b \sum \lg S}{N} \\ b = \dfrac{N \sum (Q \lg S) - \sum \lg Q \sum \lg S}{N \sum (\lg S)^2 - \left(\sum \lg S\right)^2} \end{cases}$$

式中,N 为数据个数。

上述方法中,图解法简便易行,只要作图仔细,精度一般能满足要求。最小二乘法,精度要高一些,但工作量较大。

3. 预计矿井涌水量

用曲线比拟法预计矿井涌水量,必须把抽水钻孔涌水量换算为矿井涌水量。如果抽水试验是在井筒检查孔中进行的,则钻孔涌水量按下式换算成井筒涌水量。

地下水呈层流时:

$$Q_{井} = Q_{钻} \frac{\lg R_{钻} - \lg r_{钻}}{\lg R_{井} - \lg r_{井}} \tag{4-6}$$

地下水呈紊流时：

$$Q_{井} = Q_{钻} \sqrt{\frac{r_{井}}{r_{钻}}} \qquad (4-7)$$

式中　$Q_{井}$,$Q_{钻}$——井筒、钻孔的涌水量,m^3/d；

　　　$r_{井}$,$r_{钻}$——井筒、钻孔的半径,m；

　　　$R_{井}$,$R_{钻}$——井筒、钻孔的影响半径,m。

如果井下放水试验是以钻孔组进行的,且钻孔组的布置轮廓与矿井(采区或工作面)轮廓相当,则不需换算；如果不相当,则仍需换算,换算公式与井筒涌水量换算公式相同。

四、解析法

解析法又称地下水动力学法,是预测矿井涌水量的常用方法之一,是运用地下水动力学原理,对一定边界条件和初始条件下的地下水运动建立解析公式,然后应用这些公式来预测矿井涌水量。可以用于预测各类井巷、巷道系统和疏干设施的涌水量,也可用来预测疏干水位、疏干范围和疏干时间。由于数值法的普及,解析法更常用于确定子区水文地质参数,为数值法反求水文地质参数提供初始值或限制条件。

该方法适应能力强、快速、简单、经济,是目前应用最广的一种方法。在使用时结合矿区的边界条件、开采条件、含水层条件,应用地下水动力学中的基本公式推导出适合实际条件的涌水量计算公式。

1. 确定边界条件

多数矿井由于构造条件复杂,加上水文网切割等,而使井田边界形成不规则的形状。为了能利用解析公式进行求解,需要对边界作概化。

边界可分为两类,即隔水边界和补给边界。首先,应通过勘查确定各边界段的性质,特别要分析确定边界在开采条件下的变化。其次,将不规则的边界形态简化为一些理想的几何图形,如半无限直线边界、直交边界、斜交边界、平行边界等,以便选择相应的地下水动力学公式。内边界可根据矿床开采情况确定。

2. 确定计算参数

参数的选用直接影响到矿井涌水量预测的精度。为此,必须根据公式的要求,结合矿井的水文地质条件及开拓、开采方案,合理地确定计算时所用到的各项参数。

（1）渗透系数

地下水动力学中的公式都是在假设含水层均质、各向同性的条件下推导出的,即渗透系数是不变的,但实际的地质体很难满足上述条件。我国矿床多产于非均质的裂隙和岩溶含水层充水地区,一般当非均质程度尚不太大时,可用求平均渗透系数（K_{cp}）的方法（相差程度较大者,则应分区计算）,常用的方法有加权平均值法和流场分析法。

① 加权平均值法

加权平均值法又可分为厚度平均法、面积平均法、方向平均法等。如是厚度平均法,其计算公式为：

$$K_{cp} = \frac{\sum\limits_{i=1}^{n} M_i(H_i)K_i}{\sum\limits_{i=1}^{n} M_i(H_i)} \qquad (4-8)$$

式中　K_i——相应分段的渗透系数,m/d;

　　　　$M_i(H_i)$——承压(潜水)含水层各垂向分段厚度,m。

② 流场分析法

有等水位线图时,可采用闭合等值线法:

$$K_{cp} = -\frac{2Q\Delta r}{M_{cp}(L_1+L_2)\Delta h} \tag{4-9}$$

或据流场特征采用分区法:

$$K_{cp} = \frac{Q}{\sum_{i=1}^{n}\left[\frac{b_1-b_2}{\ln b_1-\ln b_2}\cdot\frac{h_1^2-h_2^2}{2L}\right]} \tag{4-10}$$

式中　L_1,L_2——任意两条(上、下游)闭合等水位线的长度,m;

　　　　Δr——两条闭合等水位线的平均距离,m;

　　　　Δh——两条闭合等水位线间水位差,m;

　　　　M_{cp}——含水层的平均厚度,m;

　　　　Q——涌水量,m/s;

　　　　b_1,b_2——辐射状水流上、下游断面上的宽度,m;

　　　　h_1,h_2——b_1 和 b_2 断面隔水底板以上的水头高度,m;

　　　　L——b_1 和 b_2 断面之间的距离,m。

(2) 疏干"大井"半径(r_0)值

井巷系统的形状较供水井复杂得多,且分布极不规则,范围广阔,又处于经常变化之中,构成了复杂的内边界。解析法要求将它理想化,故常将此形状复杂的井巷系统看成是一个"大井",把井巷系统圈定的或者以降水漏斗距井巷最近的封闭等水位线圈定的面积(F)看成相当该"大井"的面积。此时,整个井巷系统的涌水量,就相当于"大井"的涌水量,可使用各种井巷公式计算矿井涌水量,称为大井法。近圆形"大井"的引用半径 r_0 的计算公式为:

$$r_0 = \frac{F}{\pi} = 0.565\sqrt{F} \tag{4-11}$$

(3) 疏干井巷(系统)排水影响半径(R)或影响带宽度(L)

用大井法预测矿井涌水量时,其降落漏斗的影响范围半径(R_0)应从"大井"中心算起,等于"大井"的引用半径(r_0)加上排水影响半径(R),即

$$R_0 = R + r_0 \tag{4-12}$$

由于疏干漏斗形状不规则,在解析法中以 R_{cp} 值代表 R_0 较为合理。计算狭长水平巷道涌水量时,也常用引用宽度(L_{cp})。其确定方法有:

① 用经验、半经验公式进行确定,如库萨金公式、奚哈脱公式等。实践证明,这类公式计算结果一般精度不高。

② 用塞罗瓦特科公式确定。复杂井巷系统的影响半径可根据井巷边缘轮廓线与天然水文地质边界线之间距离的加权平均值求得,即

$$R_{cp} = r_0 + \frac{\sum b_{cp}L}{\sum L} \tag{4-13}$$

式中　r_0——"大井"的引用半径;

b_{cp}——井巷轮廓线与各不同类型水文地质边界间的平均距离;

L——各类型水文地质边界线的宽度。

由于矿井疏干水位降深(S)较大,影响范围常达含水层的补给或隔水边界,因而计算时多取井巷系统中心至边界距离为影响范围。

当井巷系统处在近圆形补给边界时,R 可取圆形半径的平均值 b_{cp};当其处在直线补给边界时,R 则取 $\sum b_{cp}L / \sum L$。

(4)最大疏干水位降深(S_{max})值

在矿井涌水量预测中,通常不考虑供水中对 S 的要求,而以地下水位降至巷道底板为目的。对直接充水层来说,有两种情况,如图 4-3 所示。据观测,在长期疏干条件下大面积井巷系统外缘从坑道底板起的 h 值一般不超过 $1 \sim 2$ m,约相当于图 4-3(a)的 $\Delta h + h_0$,图 4-3(b)的 $h = \Delta h$。因此,矿井涌水量预测时常取 $S_{max} = H$[图 4-3(b)]或降低至巷道底板[图 4-3(a)],它使涌水量计算值偏大 $0.5\% \sim 1\%$。当 $S_{max} = H$ 时,用稳定流理论是不适合的。据研究,当水位降深超过含水层厚度的 30% 时,用非稳定流公式计算也会偏离实际情况,出现明显的误差。因此不难看出,用解析法预测最大降深时的涌水量,一般是不适宜的,会产生一定误差。

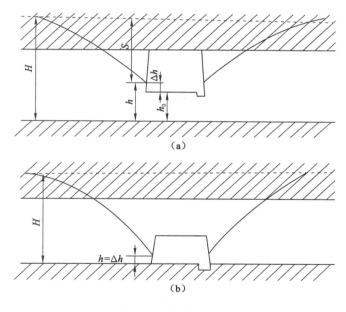

图 4-3 巷道排水水位图

3. 选用计算公式

在实际工作中,计算涌水量的公式很多,应根据简化了的水文地质条件,结合矿区的具体情况选择合适的公式。目前经常利用稳定流公式计算矿井涌水量。通常利用稳定流公式计算矿井涌水量,即沿用地下水动力学中的公式而稍作一些修正。

(1)立井涌水量

完整井流,可沿用地下水动力学中的公式。

(2)水平巷道涌水量

当巷道位于含水层底板处时,称为完整巷道。水平巷道可视为平卧的"立井",然而在计算方法上却与立井不同。水平巷道在排水初期,在统一的"降落漏斗"尚未形成之前,可用下列公式计算:

潜水完整井的水平巷道(图 4-4),单面进水巷道的涌水量计算公式为:

$$Q = \frac{BK(H^2 - h^2)}{2R} \quad \text{或} \quad Q = \frac{BK(2H - S)S}{2R} \tag{4-14}$$

当两侧补给条件相同时,巷道涌水量应为其 2 倍,计算公式为:

$$Q = \frac{BK(H^2 - h^2)}{R} \quad \text{或} \quad Q = \frac{BK(2H - S)S}{R} \tag{4-15}$$

承压水完整井的水平巷道(图 4-5),当巷道附近的地下水位降到隔水顶板以下时,其涌水量可用以下公式计算:

巷道单面进水时:

$$Q = BK \frac{(2H - M)M - h^2}{2R} \tag{4-16}$$

巷道双面进水时:

$$Q = BK \frac{(2H - M)M - h^2}{R} \tag{4-17}$$

式中　Q——预计涌水量,m^3/d;

　　　H——含水层厚度,m;

　　　B——水平巷道长度,m;

　　　K——渗透系数,m/d;

　　　h——水位降低值,m;

　　　R——影响半径,m。

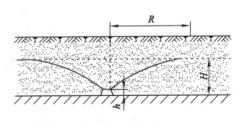

图 4-4　潜水完整井的水平巷道示意图

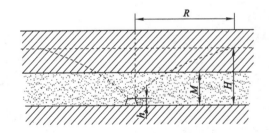

图 4-5　承压水完整井的水平巷道示意图

（3）倾斜巷道涌水量

由于倾斜巷道的倾斜度对其涌水量的影响不大,因此,计算常进行简化(图 4-6)。当巷道倾斜度 $\alpha > 45°$ 时,按立井井筒公式计算,含水层的厚度或水头取最大值;当巷道倾斜度 $\alpha < 45°$ 时,按水平巷道公式计算,巷道长度取水平投影长度,含水层的厚度或水头取最大值的一半。

（4）采区（或采面）涌水量的预测

采区或采煤工作面涌水量的预测,常根据现已生产的采区（或采面）的资料,采用水文地质比拟法,来推测预测条件相似的新采区的涌水量。除了使用这种方法外,有时还可采用大井法。

矿井中的任何采区都是由一系列采区巷道和采煤工作面组成的,在开采时,采区范围内经过长期排水,可逐渐形成一个巨大、统一的"降落漏斗"。因此,可以把不规则的巷道系统和采煤工作面所占

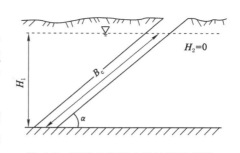

图 4-6 倾斜巷道涌水量计算示意图

的面积,看成是一个理想的圆形"大井",而把整个采区的涌水量看成是这一大井的涌水量,这样就可引用井筒涌水量的计算方法,来预计新采区（采煤工作面）的涌水量。这种方法被形象地称为大井法。

用大井法预计采区涌水量,需要引用较多参数。所要预计的采区面积并不是圆形的。因此,要根据采区面积的大致几何形态,来计算大井的影响半径(图 4-7)。

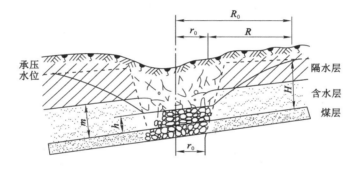

图 4-7 大井法计算采区涌水量示意图

其计算方法如下:

$$R_0 = R + r_0 \qquad (4\text{-}18)$$

式中的 R、r_0 可用经验公式求得:

$$R = 2S\sqrt{Hk}$$

当设计采区面积近似方形时,r_0 值为:

$$r_0 = \sqrt{\frac{F}{\pi}} = 0.565\sqrt{F}$$

当设计采区面积近似矩形时,r_0 值为:

$$r_0 = \eta\frac{L+B}{4}$$

式中 R_0——"大井"影响半径,m;

R——排水影响半径,m;

r_0——采区的引用半径,m;

S——水位降低值,m;

H——水头高度,m;

K——渗透系数,m/d;

L,B——采区长度与宽度,m;

η——采区宽长比系数;

F——采区面积,m²。

η、B/L 的有关系数见表 4-4。

表 4-4　η、B/L 的有关系数

B/L	0.20	0.40	0.60	0.80
η	1.12	1.14	1.16	1.18

在采区所开采的煤层位于承压含水层下面,由于开采时不断排水,采区上方可形成统一的"降落漏斗",排水后其承压水位下降到隔水顶板以下,与完整潜水自流井情况相同。因此,可引用完整潜水自流井涌水量的计算公式计算采区涌水量,即

$$Q_{采区} = 1.366K\,\frac{2HM - M^2 - h^2}{\lg R_0 - \lg r_0} \tag{4-19}$$

因采区内的 h 很小,h 值可以取零,所以上式又可改写为

$$Q_{采区} = 1.366K\,\frac{(2H - M)M}{\lg R_0 - \lg r_0} \tag{4-20}$$

用上述大井法不仅可预测采区涌水量,而且也可计算采煤工作面或全矿井的涌水量。在不同范围进行预测时,要注意同水文地质比拟法相比较,对计算结果进行全面分析,以确定合理的涌水量预测数据。

矿区地下水运动由于受到各种天然和人为因素的影响而处于不断变化中,原则上均为非稳定运动,出现稳定运动是相对的、暂时的。所以上述稳定流公式的使用是有条件的。但考虑到在一定的条件下地下水运动可以出现稳定或似稳定状态,且稳定流公式形式简单,使用方便,所以在实际工作中使用很广泛。

如果矿区地下水运动不能出现稳定或似稳定状态,要进行水位、水量随时间变化过程的预测,就需要利用非稳定流理论。目前非稳定运动理论直接运用到矿井涌水量预测还存在很多问题。

(5)矿井延深水平涌水量的预测

有些开采历史长久的生产矿井,由于井下长期排水,地下水动力条件发生了很大变化,在使用理论公式计算时,式中的水位标高、水位降低值和渗透系数等参数都难以确定,加上平时积累的资料不全,这就无法进行计算,而矿井延深水平的最大涌水量,对煤矿安全生产和产量正常接续又是不可缺少的数据,这时可用作图法来粗略预计延深水平的涌水量,方法虽然粗略,但往往能取得较好的效果。

作图法的理论根据是:随着矿井开采深度的增加,涌水量表现出有规律的加大。应用这种方法时,首先要收集已采各水平最大涌水量的数值,然后以涌水量值为横坐标,以标高值为纵坐标,将不同开采水平的最大涌水量表示在横坐标与纵坐标轴上,得出坐标的各交点,再以圆滑曲线连接各点,即绘出某一矿井开采水平与最大涌水量的关系曲线(图 4-8)。图

中 Z_1、Z_2、Z_3 表示已采 3 个水平的标高，Q_1、Q_2、Q_3 为相对应的最大涌水量数值。若矿井延深设计水平标高为 Z 时，在横坐标上相对应的 Q 值，则为设计开采水平的最大涌水量。

大量观测资料表明，矿井延深水平的涌水量比上一水平的涌水量要大，但在预测作图时，要正确绘制曲线，不能违背上述涌水量的变化规律，否则就不可能正确预计延深水平的最大涌水量。

矿井开采水平与最大涌水量的关系曲线主要有①、②、③、④四种绘制方法（图 4-9）。在四种不同的画法中，有的正确，有的不正确，因此在作图时，需注意避免出现不必要的错误。图 4-9 中所示的曲线①，因为它不符合涌水量的变化规律，所以这种连绘方法是错误的；曲线②是沿 G、P 点延长的直线，按这种连绘方法，涌水量增加就与开采水平的延深成为正比关系，显然是错误的；曲线③因超越了延深水平涌水量的极限值，所以连绘方法也不正确；曲线④是根据矿井涌水量的变化规律，通过 G、P 两点延长的平滑曲线，连绘方法较为正确，这种预测的矿井设计水平的涌水量才能近似地反映实际情况。

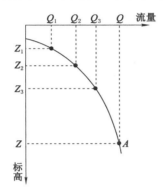

图 4-8 矿井开采水平与最大
涌水量关系曲线

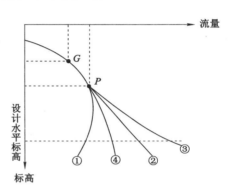

图 4-9 连绘曲线的不同
方法流量

五、水均衡法

1. 原理与适用条件

水均衡法是应用水均衡原理来预测矿井涌水量的一种方法。它是通过对地下水动态规律的研究，建立矿区在某一期间地下水的各收支部分之间的变化关系，从而建立均衡方程来预测开采地段的涌水量。在使用这种方法时，应查明矿区内地下水的补给、排泄条件，研究矿区疏干过程中将要发生的变化，合理地确定均衡项目和取得各均衡项目的数据。

水均衡法主要适用于具有独立水文地质单元的露天矿坑或开采浅部矿床的地下巷道系统的涌水量计算，如小型自流盆地和处于分水岭地段的裸露岩溶水矿井等。总之，凡是均衡项目容易确定、数据容易取得的矿区，均可应用水均衡法计算。

2. 预测涌水量特点

水均衡法预测涌水量的特点是，用计算结果作为全矿最大可能涌水量的依据。在实际工作中，均衡要素的确定是十分困难的。因此，只有统一完整的水文地质单元内补给边界及排泄边界清晰，并具有多年长期观测资料的条件下，选用此法预测矿坑涌水量才能取得较好的效果。

在矿井排水疏干的过程中,将破坏地下水原来的均衡状态,从而产生在新的条件下的均衡。因此,在计算时,应根据矿区具体情况建立相应的水均衡方程。利用预测矿井涌水量时,就是要在均衡方程中,求出供水和矿井排水水量,从中减去供水量,就是矿井涌水量。

3. 方法与实例

(1) 暴雨峰期系数法

以湖南某分水岭地段裸露铁矿为例,应用水均衡法进行最大涌水量预测。矿坑最大涌水量受多年一遇的暴雨强度及其补给条件控制,因此常以多年一遇的最大暴雨强度的补给量作为预测依据,其计算公式如下:

$$Q_{max} = \frac{F \cdot X \cdot f \cdot \varphi}{t}$$

式中　Q_{max}——多年最大涌水量,m^3/h;

　　　F——补给区汇水面积,m^2;

　　　X——峰期旋回降水量,m;

　　　f——入渗系数,%;

　　　φ——峰期系数,是峰期涌水量占回矿坑涌水量的百分数,%;

　　　t——峰期延续时间,h。

峰期系数 φ 与最大降水旋回的选择和该降水旋回峰期时间的确定有关。从预测效果分析,峰期延续时间 t 的取值越短,φ 值越小,但获得的矿坑最大涌水量 Q_{max} 值越大。因此,应根据矿山的服务年限选择最大降水旋回,根据最大降水旋回期间暴雨的分布特征及其与矿坑最大涌水量延续时间的关系,谨慎地确定峰期时间 t 值。

(2) 暗河充水系数法

该法的计算公式如下:

$$Q_{max} = F \cdot A \cdot f \cdot \varphi$$

式中　F——暗河汇水面积,km^2;

　　　A——暴雨强度,mm/h;

　　　f——入渗系数,%;

　　　φ——暗河充水系数,%。

暗河充水系数是暗河灌入矿坑涌水量($Q_充$)与暗河流量($Q_暗$)的比值,可根据老窑或邻近水文地质条件相似的生产矿井观测资料分析确定,一般为 20%~50%;也可通过暗河贮存量的测定并结合对充水条件的分析得到:

$$\varphi = \frac{Q_进 - Q_出}{Q_进}$$

式中　$Q_{进(出)}$——暗河进(出)口处流量,m^3/h。

此外,水均衡法还常用于进行小型封闭集水盆地中第四系堆积物覆盖下的露天矿坑涌水量预测。这类矿区的地下水形成条件极为简单,其单位时间进入未来采矿场的地下水主要由两部分组成,即由采矿场及其疏干漏斗范围内消耗的贮存量(Q_1)和采矿场内降水量在集水面积内降水的渗入补给量(Q_2)组成,因此采矿场疏干条件下的总均衡式为:

$$Q_总 = Q_1 + Q_2$$

需要说明的是,由于水均衡法能在查明有保证的补给源情况下确定出矿床充水的极限涌水量,因此可作为论证其他计算方法成果质量的一种依据。这种论证性的计算有时是非常有意义的。

六、其他方法

数值法是一种广泛使用的地下水流计算方法,它可以解决许多复杂条件下的地下水流计算。另外,还可采用电模拟法等预计矿井涌水量,一般适用于水文地质条件过于复杂,用解析法或数值法都很难预测涌水量的矿区,科研中,往往用于验证解析法、数值法或研究新问题。

不同的涌水量预计方法适用的条件不同,解决的问题、对勘探调查工作的要求也不同,因此应在精查阶段后期就确定好涌水量预测方案和计算方法,以便根据方案布置水文地质钻孔和进行调查、试验工作。

案例分析

【案例4-6】 隆尧煤矿涌水量的预测。

隆尧煤矿位于河北省邢台市北部的临城县,西邻太行山,东为华北平原,井田面积近 3 km^2,有 3/5 面积坐落于河床,开采 8 号、9 号煤,年产量为 15 万 t 左右。其中,8 号煤顶板为大青灰岩,平均厚度为 6 m;9 号煤下部为厚层状奥陶纪灰岩,是主要充水层的大水矿井。这类矿井与国家通配煤矿相比,技术力量较差,地质、水文地质资料积累少,开拓系统不健全,用先进的办法评价矿井涌水量难以实现,一旦突水,整个系统在短时间内全部淹没。因此,选择适当的方法对矿井涌水量进行正确评价和预测,可以减少或避免矿井水害,对高效安全生产具有积极的促进作用。

1. 正常涌水量的预测

在矿井周围存在多个小煤窑,开采没有规律,但是这些小煤窑的生产和突水给矿井提供了丰富的水文地质资料,在全面分析这些资料的基础上,进行矿井-160 m、-150 m 水平正常涌水量和灾害涌水量预测。

井田西部和东北部分别以 F_{16}、F_{17} 断层为界,两断层相交后构成南部边界,均为隔水边界,北部为人为边界。根据这些特点,采用相关外推法来进行正常矿井涌水量预测是比较合适的。

在井田的西部有正在生产的 5 对小煤窑,属隆尧煤矿的边界,开采下组煤,涌水量主要来自大青灰岩含水层(表4-5),与老窑煤矿开采条件相似,可作为比拟的对象。

表 4-5 小煤矿开采与涌水量的关系

编号	煤矿名称	开采深度/m	开采煤层/号	生产能力/$\times 10^7$ kg	涌水量/$(\text{m}^3 \cdot \text{h}^{-1})$
1	南程村	52	8	2	50
2	村口矿	55	8	1.5	48
3	村北矿	35	$9_{\text{下}}$	1.5	30
4	西头矿	50	8	1.5	45
5	北程村	55	$9_{\text{下}}$	3	60

可以看出涌水量与开采深度、生产能力密切相关,可建立涌水量、开采深度和生产能力之间的相关方程:

$$Q = aX_1 + bX_2 + c$$

式中　Q——涌水量;

　　　X_1——开采深度;

　　　X_2——生产能力;

　　　a, b, c——系数,经最小二乘法计算取 $a = 0.927, b = 7.5, c = -13.5$,相关系数为
　　　　　　　0.998。

预测-60 m 水平(开采深度为 140 m),生产能力为 1 万 t 时的涌水量为 190.78 m³/h;预测-150 m 水平(开采深度为 230 m),生产能力为 1.5 万 t 时的涌水量为 312.29 m³/h。

2. 灾害涌水量的预测

分析矿区水文地质条件,正常条件下不会发生灾害性突水事故,特别是一些断层的导水性并没有查清,在开采过程中有可能发生突水,有必要进行灾害预测。

综合分析有关资料,灾害涌水来源为奥陶纪灰岩水。因此,利用水₃号供水孔(井)进行抽水试验,3 次抽水试验的降深值依次为 4.65 m、6.69 m、8.16 m,相应的涌水量值分别是30.56 m³/h、38.052 m³/h、43.2 m³/h。建立回归方程如下:

$$Q = 13.81 + 3.61S$$

式中　Q——钻孔(水井)的涌水量;

　　　S——钻孔水位降深。

求得回归系数为 0.999 5,完全满足回归预测。经计算,开采-60 m 水平时的最大涌水量为 493.76 m³/h,开采-150 m 水平时最大涌水量为 818.55 m³/h。

以上计算的只是钻孔涌水量,而煤矿井下突水往往呈长条形分布,一般沿断层或长条形底鼓涌入巷道,可以看作是以突水位置的长度为直径的圆形范围,类似于大井,我们称之为"拟大井",至于拟大井的半径选择不是关键,因为在计算中半径是以对数的形式出现的,对计算结果影响不大。那么,求突水点的涌水量须经如下转换:

$$Q_{\text{井}} = Q_{\text{孔}}(\lg R_{\text{孔}} - \lg r_{\text{孔}}) / (\lg R_{\text{井}} - \lg r_{\text{井}})$$

式中　$Q_{\text{井}}$——拟大井涌水量;

　　　$Q_{\text{孔}}$——钻孔涌水量;

　　　$R_{\text{井}}, R_{\text{孔}}$——拟大井、钻孔涌水影响半径(用库萨金公式计算);

　　　$r_{\text{井}}, r_{\text{孔}}$——拟大井、钻孔半径。

考虑到实际情况,一般选择突水点的面积为 5 m²,即拟大井的半径为 1.26 m,则相应-60 m 水平灾害涌水量为 679.4 m³/h;-150 m 水平灾害涌水量为 1 126.32 m³/h。

3. 预测结果

通过以上论述得出,用周边小煤窑比拟相关分析计算井田矿井涌水量,和用拟大井法计算灾害涌水量是可行的。需要注意的是,在预测涌水量时应广泛收集和充分利用现有资料,以使计算结果更加准确。

 **任务实施**

在了解矿井涌水量概念与分类的基础上,通过案例分析,熟练掌握矿井涌水量主要预测

方法的原理与实际应用。

思考与练习

1. 矿井涌水量预测的方法有哪些？
2. 简述水文地质比拟法的预测原理。
3. Q-S 曲线有哪几种类型？如何判定曲线的类型？
4. 简述解析法的原理与预测步骤。
5. 某煤矿开凿一直径为 6 m 的立井,井筒即将穿过岩溶发育的石灰充水含水层,并掘至含水层底板。含水层厚度为 6 m,根据钻孔抽水测得水位降低值 $S=40$ m,影响半径 $R=1\,520$ m,石灰岩含水层的渗透系数 $K=9.07$ m/d,试预计该井筒涌水量。

综合实训

1. 说明大井法的基本原理。
2. 说明为了使涌水量预计结果尽量符合客观实际,应从哪几个方面着手。
3. 实例:某矿深部矿坑雨季最大涌水量预测(水文地质比拟法)。

某矿井已经过多年开采生产,其工程地质和水文地质条件已基本查明,利用以往历年矿井涌水量资料,对未来矿井涌水量进行比拟预算较为适宜。该矿为多水平分区开采,随着开采面积的不断增加,矿井涌水量也呈逐渐增加的趋势。

故选择比拟式为:

$$Q=Q_0\left(\frac{F}{F_0}\right)^{\frac{1}{m}} \quad (\text{经对已采区涌水量的多次拟合,确定 } m\approx4)$$

式中 Q——矿井预算涌水量,m^3/h;

Q_0——当前矿井正常涌水量,m^3/h;

m——地下水流态系数;

F——矿区面积,m^2;

F_0——已回采面积,m^2。

已知矿井已回采面积 4×10^6 m^2,矿区面积 $10.447\,3\times10^6$ m^2(在平面图上量取)。据矿井历年矿井涌水量观测资料,矿井正常涌水量为 $300\sim313.61$ m^3/h,最大涌水量为 384 m^3/h,最大涌水量为正常涌水量的 $1.22\sim1.28$ 倍。

将已知数据 $Q_0=313.61$ m^3/h,$F=10.447\,3\times10^6$ m^2,$F_0=4\times10^6$ m^2,代入预测公式 $Q=Q_0\left(\frac{F}{F_0}\right)^{\frac{1}{4}}$ 经计算得:

$$Q=398.68 \text{ m}^3/\text{h}$$

据此预测,深部矿坑雨季最大涌水量为:$Q_{\max}=510.3$ m^3/h。

任务四 矿井水害类型划分

【知识要点】 矿井水害的危害与形成因素;矿井水害类型;不同类型矿井水害特征;我

国煤矿水害的分区特征;我国煤矿水害事故防治重点。

【技能目标】 具备分析矿井水害形成因素的能力;具备划分矿井水害类型的能力;具备描述我国煤矿水害的分区特征与水害事故防治重点的能力。

【素养目标】 激发学生善于思考、勤于思考的学习工作习惯,培养学生的责任担当与爱国情怀。

 **任务导入**

凡影响生产、威胁采掘工作面或矿井安全,使矿井局部或全部被淹没的矿井涌水事故,都称为矿井水害(也称为矿井水灾)。矿井水害是煤矿五大灾害之一。对于矿井水害防治,矿井水害类型划分是其基本内容,只有在探测煤矿水害发生事故类型的基础上,才能够做到重点防治,以保证矿井建设和安全生产。

 **任务分析**

本任务通过学习一些矿井水害防治的基础知识,在掌握矿井水害防治的基本原则与矿井水害类型的划分的基础上,进一步了解我国煤矿水害的分区特征;掌握我国煤矿水害事故类型及防治重点。为此,必须掌握以下知识:

矿井水害与
类型划分

(1) 矿井水害防治基础知识;

(2) 矿井水害类型的划分;

(3) 我国煤矿水害的分区特征;

(4) 我国煤矿水害事故类型的分析及防治重点。

 **相关知识**

一、矿井水害防治基础知识

1. 矿井水害的发生

矿区内的大气降水、地表水、地下水通过各种通道涌入井下,称为矿井涌水。当矿井涌水量超过矿井正常的排水能力时,就将发生水害。具体来讲,影响矿井正常生产活动、对矿井安全生产构成威胁以及使矿井局部或全部被淹没的矿井涌水事故,都称之为矿井水害(灾)。

形成矿井水害的基本条件,一是必须有充水水源,二是必须有充水通道。两者缺一不可。

2. 矿井水害的危害

矿井水害的危害主要有以下几个方面:

(1) 恶化工作环境;

(2) 缩短生产设备的使用寿命;

(3) 引起巷道变形,增加开采成本;

(4) 由于需要留设保安防水煤柱,降低了资源开采率;

(5) 易引起瓦斯积聚、爆炸或中毒;

（6）失控时易造成淹井事故而导致财产损失,严重时甚至会出现人员伤亡。

3. 造成矿井水害的原因

造成矿井水害的原因主要有以下几个方面:

（1）地面防洪、防水设施不当;

（2）缺乏调查研究,水文地质情况不清,对老空水、陷落柱、钻孔等没有搞清楚;

（3）没有执行"有疑必探,先探后掘"的探放水原则,或者探放水措施不严密造成突水淹井事故;

（4）乱采乱挖破坏了防水煤岩柱造成透水;

（5）出现透水征兆时未被察觉,或未被重视,或处理方法不当而造成透水;

（6）测量工作有失误,导致巷道穿透积水区而造成透水;

（7）在水文地质条件复杂、有突水淹井危险的矿井,在需要安设而未安设防水闸门或防水闸门安设不合格以及年久失修关闭不严而造成淹井;

（8）防排水工程质量低劣,排水设备失修,水仓不按时清挖,突水时,排水设备失效而淹井,有的工业用水管路滴漏,长期不治理;

（9）钻孔封闭不合格或没有封孔,成为各水体之间的垂直联络通道,当采掘工作面和这些钻孔相遇时,便发生透水事故;

（10）矿井越界开采,遇到大矿采空区而透水。

二、矿井水害类型

造成矿井水害的充水水源主要有大气降水、地表水、地下水（松散层水、砂岩裂隙水、灰岩水、断层水）,以及旧巷或老空区积水等（图4-10）。

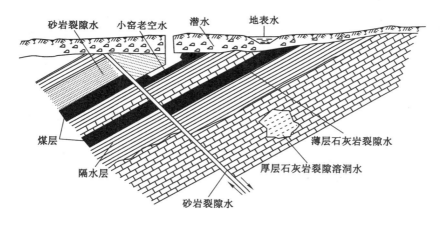

图 4-10　矿井充水水源示意图

根据突水水源,可将矿井水害分成以下几种水害类型:地表水水害、老空水水害、松散孔隙水水害、裂隙水水害、岩溶水水害（表4-6）;按导水通道可将矿井水害划分为:断层水水害、陷落柱水水害、钻孔水水害;按与煤层的相对位置可将矿井水害划分为:顶板水水害、底板水水害。按危害形式矿井水害可分为:常温水害、中高温水害和腐蚀性水害;按造成的人员伤亡或直接经济损失,矿井水害可分为:特别重大型水害、重大型水害、较大型水害、一般型水害;按发生的时效特征,矿井水害可分为即时型水害、滞后型水害、跳跃型水害和渐变型水害。

表 4-6　矿井水害类型

类别		充水水源	充水途径	发生过突水、淹井的典型矿区
地表水水害		大气降水、地表水体(江、河、湖泊、水库、沟渠、坑塘、池沼、泉水和泥石流)	井口、采空垮落带、岩溶地面塌陷坑或洞、陷落柱、断层带及煤层顶底板或封孔不良的旧钻孔充水或导水	贵州汪家寨矿、内蒙古平庄古山矿、辽源梅河一井等
老空水水害		古井、小窑、废巷和采空区积水	采掘工作面接近或沟通时老空水进入巷道或工作面	山西陵川县关岭山煤矿、徐州旗山矿、峰峰四矿等
松散孔隙水水害		古近系、新近系和第四系松散含水层孔隙水、流砂水或泥沙等,有时有地表水的补给	采空垮落带、地面塌陷坑、断层带和煤层顶、底板含水层裂隙,封孔不良钻孔导水和破裂带的井壁	吉林舒兰煤矿、淮北祁东煤矿、徐州新河煤矿、皖北祁东矿、淮南板集煤矿
裂隙水水害		砂岩、砾岩等裂隙含水层水,常受地表水或其他含水层补给	采后垮落带、断层带、采掘巷道揭露顶板或底板砂岩水,或封孔不良老钻孔导水	徐州大黄山煤矿、韩桥煤矿、开滦范各庄矿等
岩溶水水害	薄层石灰岩水水害	华北石炭二叠系太原组薄层灰岩岩溶水(山东为徐家庄灰岩水)且常得到奥陶系灰岩水补给	采后垮落带、断层带和陷落柱、封孔不良老钻孔,或采掘工作面直接揭露薄层灰岩岩溶裂隙带突水	徐州青山泉二号井、皖北任楼煤矿、肥城大封煤矿、杨庄矿(徐灰)、新密芦沟矿
	厚层石灰岩水水害	煤层间接顶板厚层灰岩含水层,并常受地表水补给	采后垮落带、采掘工作面直接揭露,或地面岩溶塌陷坑导水	江西丰城云庄矿、皖北任楼煤矿
		煤系或煤层的底板厚层灰岩水(主要为华北奥陶系厚层灰岩水和南方晚二叠统阳新灰岩水),对煤矿开采威胁最大、最严重	采后底鼓裂隙、断层带、构造破碎带、陷落柱或封孔不良老钻孔和地面岩溶塌陷坑导水	峰峰一矿、焦作演马庄矿、冯营矿、中马村矿,淄博北大井均因断层导水淹井;开滦范各庄矿、安阳铜冶矿因陷落柱、探孔导水而发生事故

我国煤矿地质条件复杂,各种类型水害都有,煤矿突水与主要与地质构造、采矿活动、地应力、地下水水力特征等因素有关。

三、我国煤矿水害的分区特征

根据我国聚煤区的不同水文地质特征和自然地理条件,以及矿井水对生产的危害程度,可将全国煤矿水害划分为 6 个水害区。

1. 华北石炭二叠纪岩溶-裂隙水水害区

主要分布在河北、山东、山西、河南、陕西、江苏、安徽等省份。煤矿突水较频繁,涌水量大或特大(1 000~123 180 m³/h),水害主要致灾因素包括奥灰水、断层、陷落柱等。

2. 华南晚二叠纪岩溶水水害区

位于我国淮阳古陆以南、川滇古陆以东的长江流域,包括苏南、皖南、江西、湖南、广东、广西、贵州、云南、四川等。煤矿突水频繁,突水量大(2 700~27 000 m³/h),容易造成淹井,矿井正常涌水量大(3 000~8 000 m³/h)。水害主要致灾因素包括岩溶水(岩溶管道)、地表水等。

3. **东北侏罗纪煤田裂隙水水害区**

位于东北和内蒙古东部的新华夏系巨型沉降带内。煤矿受山间谷地河流地表水和第四系松散层水影响严重。水害主要致灾因素包括煤层顶板水和导水裂缝带等。

4. **西北侏罗纪煤田裂隙水水害区**

位于昆仑—秦岭构造带以北,包括新疆、青海、甘肃、宁夏、陕西北部和内蒙古西南部广大地区。该区顶板水害突出,第四系水害较严重。水害主要致灾因素包括煤层顶板水和导水裂缝带等。

5. **西藏-滇西中生代煤田裂隙水水害区**

该区主要分布在昆仑山以南,西昌—昆明以西的广大区域。该区主要聚煤期为晚三叠世和白垩纪。该区属于湿润-亚湿润气候区,年降雨量为 $300\sim600$ mm 的地区约占 55%,年降雨量为 $600\sim1\,000$ mm 的地区约占 35%,年降雨量为 $1\,000\sim2\,000$ mm 的地区约占 10%。区内煤矿的特点是开采规模小、受水害威胁尚不严重。

6. **台湾古近纪煤田裂隙-孔隙水水害区**

该区主要分布在台湾省区域。该区属于湿润气候区,年降雨量为 $1\,800\sim4\,000$ mm 的地区约占 95% 以上。区内煤矿的特点是开采规模小,受水害威胁尚不严重。

综上所述,我国煤矿水害主要分布在华南、华北、东北和西北 4 大区域。

四、我国煤矿水害事故分析

1. **矿井水文地质类型概况**

截至 2023 年 1 月,全国共有煤矿 4 368 座,其中正常生产建设煤矿 2 889 座,停产停建煤矿 1 479 座。其中,煤矿水文地质类型极复杂型 33 座、复杂型 251 座,合计占全国煤矿总数的 6.5%,其合计产能占 正常生产和在建产能的 16%。从区域分布来看,水文地质类型复杂和极复杂的煤矿数量前十位的依次为陕西 56 座、河北 28 座、河南 28 座、山西 25 座、新疆 24 座、贵州 23 座、四川 20 座、内蒙古 16 座、安徽 17 座、山东 17 座,分别占到各自所属地区煤矿总数量的 15%、48%、14%、3%、11%、3%、8%、3%、42%、18%。上述地区水文地质类型极复杂和复杂矿井占全国总数的 89%,是典型的煤矿水文地质条件复杂地区,同时也是我国水害防治工作监察监管的重点区域。

2. **水害事故基本情况**

2000—2022 年,我国共发生煤矿水害事故 1 206 起,死亡 5 018 人,其中较大以上水害事故 103 起,死亡 2 039 人。水害事故平均死亡人数约为 4.16 人/起,是煤矿事故平均死亡人数(1.69 人/起)的 2.46 倍。如图 4-11 所示,2000—2022 年,煤矿水害事故起数总体呈现先短期上升且基数大而后稳步下降的趋势,其中 2002 年达到水害事故的峰值 159 起,2019 年达到最低值 3 起。2000—2005 年煤矿水害事故死亡人数变化波动较大。峰值与低点相差近 300 人,在 2005 年达到峰值后至 2022 年,煤矿水害事故死亡人数稳步下降,2019 年达到了最低点 10 人。说明我国在煤炭高效开采过程中,水害防治技术越来越成熟,但矿井水害依旧在煤矿事故中占重要地位,水害防治工作依旧需要引起足够的重视。此外,自新中国成立以来,我国共发生 2 起超过 100 人的生命损失的煤矿水害事故,自 2010 年山西王家岭煤矿水害事故发生至今,未发生特别重大水害事故。2000—2022 年,我国 11 起特别重大煤矿水害事故信息见表 4-7。

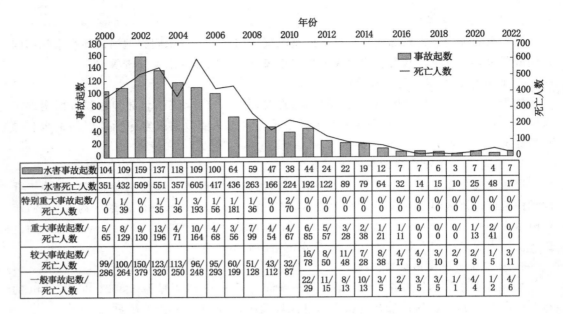

年份	2000	2001	2002	2003	2004	2005	2006	2007	2008	2009	2010	2011	2012	2013	2014	2015	2016	2017	2018	2019	2020	2021	2022
水害事故起数	104	109	159	137	118	109	100	64	59	47	38	44	24	22	19	12	7	7	6	3	7	4	7
水害死亡人数	351	432	509	551	357	605	417	436	263	166	224	192	122	89	79	64	32	14	15	10	25	48	17
特别重大事故起数/死亡人数	0/0	1/39	0/0	1/35	1/36	3/193	1/56	1/181	1/36	0/0	2/70	0/0	0/0	0/0	0/0	0/0	0/0	0/0	0/0	0/0	0/0	0/0	0/0
重大事故起数/死亡人数	5/65	8/129	9/130	13/196	4/71	10/164	4/68	3/56	7/99	4/54	4/67	6/85	5/57	3/28	2/38	1/21	1/11	1/0	0/0	0/0	1/13	2/41	0/0
较大事故起数/死亡人数	99/286	100/264	150/379	123/320	113/250	96/248	95/293	60/199	51/128	43/112	32/87	16/78	8/50	11/48	7/28	8/38	4/14	4/9	3/10	2/9	1/8	1/5	3/11
一般事故起数/死亡人数												22/29	11/15	8/13	10/13	3/5	2/4	3/5	1/1	0/0	1/5	1/2	4/6

图 4-11　2000—2022 年我国煤矿水害事故起数和死亡人数情况

表 4-7　2000—2022 年我国特别重大煤矿水害事故信息

序号	事故日期	事故地区	事故单位	经济类型	死亡人数	水害类型	事故概况及原因
1	2001-05-18	四川	宜宾市南溪监狱青龙嘴煤矿	国有煤矿	39	老空水	构造破坏裂隙带导通邻近老窑采空区,在老空积水渗透和采动压力等的共同作用下,构造破坏加剧,导致邻近老窑采空区的积水突然溃入该矿井
2	2003-07-26	山东	枣庄市滕州市木石煤矿	乡镇煤矿	35	老空水	违法越界开采煤层防水煤柱,工作面在生产过程中顶板冒落后与露天矿坑直接连通,导致露天坑内的积水、泥沙溃入井下
3	2004-12-12	贵州	铜仁市思南县天池煤矿	乡镇煤矿	36	岩溶水	上山掘进与煤层立体斜交隐伏的岩溶溶洞接近,在强大的水压作用下发生透水事故
4	2005-04-24	吉林	吉林腾达煤矿	私营	30	老空水	违法越界开采防水煤柱,吉安煤矿在掘进中,违法越界开采防水煤柱,爆破导通原蛟河煤矿采空区积水,水流泄入腾达煤矿,导致事故发生
5	2005-08-07	广东	梅州市兴宁市大兴煤矿	乡镇煤矿	121	老空水	因超强度开采,导致煤层严重抽冒,破坏了安全防隔水煤柱,使上部积水迅速溃入井下,发生事故
6	2005-12-02	河南	洛阳市新安县寺沟煤矿	乡镇煤矿	42	老空水	非法开采防水煤柱,导致邻近废弃矿井老空水及其连通的松散孔隙水和地表河水溃入井下,发生事故

表4-7(续)

序号	事故日期	事故地区	事故单位	经济类型	死亡人数	水害类型	事故概况及原因
7	2006-05-18	山西	大同市左云县新井煤矿	乡镇煤矿	56	老空水	由于爆破震动破坏了与附近废弃矿井采空区的隔离带,造成采空区积水涌入矿井发生透水事故
8	2007-08-17	山东	新泰市华源煤矿	国有煤矿	181	地表洪水	突降暴雨,山洪暴发,导致柴汶河东都河堤被冲垮,洪水涌入导致事故发生
9	2008-07-21	广西	右江市矿务局那读煤矿	国有煤矿	36	老空水	工作面第三开切眼掘进工作面发生老空透水事故
10	2010-03-01	内蒙古	乌海能源骆驼山煤矿	国有煤矿	32	奥灰水	巷道掘进过程中遇垂向隐伏构造导致奥灰突水
11	2010-03-28	山西	华晋焦煤王家岭煤矿	国有煤矿	38	老空水	首采工作面巷道掘进时遇老空发生透水事故

3. 不同维度下的水害事故统计分析

通过对各省矿山安全监察局、中国煤矿安全网的相关数据进行汇总,分别从不同维度对我国2000—2022年23年间的煤矿水害事故进行统计,全面、深入地认识事故的成因和规律。

(1)按空间分布统计

我国幅员辽阔,不同地区煤矿的地质条件、气候条件以及受水害威胁程度不同,煤炭资源分布呈"井"字形分布,全国煤炭水害区分为华北石炭二叠纪煤田的岩溶-裂隙水害区、华南晚二叠纪煤田的岩溶水害区、东北白垩纪煤田的裂隙水害区、西北侏罗纪煤田的裂隙水害区、西藏-滇西中生代煤田的裂隙水害区和台湾第三纪煤田的裂隙水害区6个矿井水害区。

华北石炭二叠纪煤田岩溶-裂隙水害区煤炭资源储量大、分布广泛,是我国主要的煤炭生产基地。23年间共发生重大水害事故37起,死亡848人。对发生水害矿井的水文地质类型进一步统计(图4-12)可以发现,中等及以上矿井共计23个,占比69.7%,其中复杂矿井12个,占比36.4%。该地区具有煤系地层下伏富水灰岩的特殊岩层结构,岩溶陷落柱为该地区特有的水害来源。陷落柱分布具有极强的非均质性,难预测,定位困难,极易造成陷落柱突水事故。此外,华北煤田矿井年排水量达$3.11×10^9$ m³,占全国总排水量的43%,矿井涌水量大,防治水难度较高。华南晚二叠纪煤田的岩溶水害区,23年间共发生重大水害事故42起,死亡801人。华南地区发生水害矿井的水文地质类型划分为中等及以上矿井30个,占比达75%,其中复杂矿井21个,占比52.5%,极复杂矿井1个,占比2.5%。

华南水害区地质条件复杂,岩溶地貌发育,溶洞、钙化等地质构造分布广,形成了复杂且水量大的地下水系统;其次,该地区气候多雨,补给强度大,难以有效抽排,防治难度大;同时,该地区煤田开采普遍属于井工开采,开采历史较长,存在着大量的老空区。地下水系统和老空区交互的复杂性,使其成为23年间矿井水害最频发的区域。

东北地区发生水害的水文地质类型的矿井中,中等及以上矿井10个,占比50%,其中

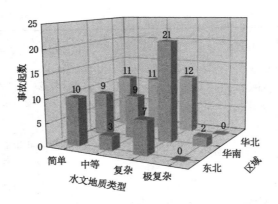

图4-12　发生水害事故矿井的水文地质类型统计

复杂矿井7个,占比35％。开采煤层顶板多为松散的新近系冲积层,含水性强且开采深度较浅,顶板冒落容易触及上覆含水层或地表水体,造成突水事故。

西藏-滇西中生代煤田裂隙水害区和台湾第三纪煤田裂隙水害区储煤量少,仅为全国储量的0.1％,煤矿总量少,开采强度低。该区水文地质条件简单,煤矿水害威胁程度相对低,在23年间未发生重大水害事故。

西北侏罗纪煤田裂隙水害区主要以顶板水害为主。其煤系沉积稳定,煤炭资源富集程度高,可开采煤层厚。随着大采高和综采放顶煤等高强度规模化开采技术的发展,开采效率大幅提升的同时,也带来了矿山水害安全防治和生态脆弱区环境保护等多重问题。随着国家煤炭开采中心向西部转移,西北地区特有的水文地质条件和开采方式,造成近3年的重大水害事故主要集中于西北侏罗纪煤田裂隙水害区,3年累计死亡人数达49人。

（2）按时间分布统计

西藏-滇西、台湾、西北3个水害区在研究年份中并未呈现统计意义,故进一步对华北、华南、东北3个水害区进行时间分布的统计[图4-13（a）]。结果表明,华北和华南水害区水害发生频次具有较高的一致性,主要分为3个阶段,分别是2000—2005年高频发水害阶段、2006—2012年中频发水害阶段和2013—2022年低频发阶段。水害模式和防治手段的改进,以及开采强度的逐步降低,华北和华南水害事故呈现明显下降趋势。东北地区的水害事故主要集中在2005—2014年之间,数量少但持续发生。

重大及以上水害事故总量按月份分布情况如图4-13（b）所示,3个地区全年均呈现2个水害事故高发期,分别为3~5月和7~8月。7~8月高发期的平均死亡人数达28.7人/起,此阶段主要受季节气候影响,雨季时矿井涌水接受补给,突水频发且突水量大,易造成淹井事故;3~5月高发期的平均死亡人数达18.8人/起,此阶段是由于春节期间大部分矿井停产,春节后煤炭资源较为缺乏,企业急于加大煤炭产量,易于忽视安全管理。

华南水害区的地质特性决定了该水害区最易接受降雨补给,且在汛期雨量集中。7~8月是华南水害区最主要的水害事故高发期,统计期间内共发生水害事故11起,死亡293人,平均死亡人数为26.6人/起。3~5月是东北水害区的最主要事故高发期,除了春节等人为因素影响以外,该地区3~5月气温回升,巨大温差极易岩石膨胀开裂,同时融雪水量导致地下水水位上升,矿井涌水风险增大,容易引发矿山水害事故。

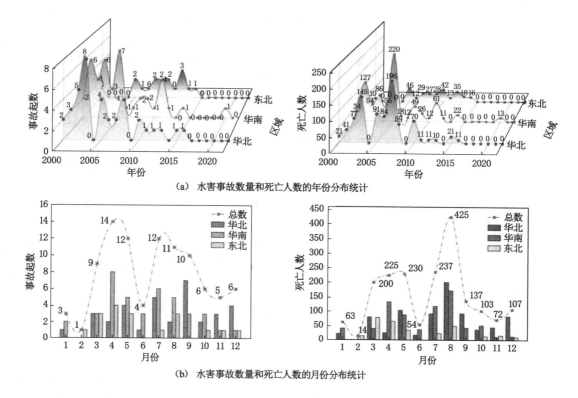

（a）水害事故数量和死亡人数的年份分布统计

（b）水害事故数量和死亡人数的月份分布统计

图 4-13　重大水害事故时间分布统计

五、我国煤矿水害防治重点

我国煤矿水害的类型、特点及其近年来的变化趋势主要受开采煤层赋存的地质、水文地质条件及其开采方式的控制。目前占主导位置的水害类型基本可归纳为 4 种：主采煤层底板高承压岩溶水突水水害、主采煤层顶板砂岩及其松散层孔隙水透水水害、废弃小煤窑及老矿井采空区水溃水水害与地表水倒灌充水水害。由于不同地区煤层赋存的地质与水文地质条件不同，占主导地位的矿井水害类型差别较大。

在华北、华东地区，主要开采煤层为石炭二叠系煤层，以地下开采方式为主且矿井开采深度普遍较大。主采煤层下伏有太原群多层薄层灰岩和奥陶系巨厚灰岩含水层，多种构造因素通常使这些含水层之间存在水交替和水动力联系，按现行的突水系数理论评价，我国华北、华东地区已经全面进入开采受水害威胁煤炭资源阶段，而且随矿井采掘深度的增加，隔水层厚度不会变化，但水压会越来越大，矿井水害隐患会日趋严重，所以在这一地区矿井水害的主要类型为主采煤层底板高承压岩溶水突水水害，且随采掘深度的增加，这一水害特征会更显突出。

我国煤炭资源主要富集区——山西、陕西、内蒙古、新疆等地区，将成为支撑我国煤炭工业可持续发展的远景区域。近年来在这一地区煤炭资源的勘探开发强度快速上升，长期以来在人们的固有观念里这一地区属于干旱缺水区，对煤炭资源开采过程中水害的严重程度认识不足。其实，在这一地区主要开采煤层的上覆地层中广泛发育有砂岩裂隙和第四系松散含水层，且水量比较丰富。由于这些地区的煤层厚度大、埋藏浅，大尺度工作面机械化开采后对顶板覆岩扰动强度大,采掘扰动导水通道很容易沟通上覆含水层(甚至地表水体)造成采煤工作面透水事故,有时还会造成工作面溃砂及地面塌陷等地质灾害。

在我国西部地区及内蒙古东部矿井水文地质条件的典型结构模式下,封闭不良钻孔、导水断层及采掘冒裂带都会导致顶板水溃入采煤工作面。特别是很多煤层顶板隔水层受隐伏古冲沟的深刻影响,变薄或缺失,当工作面回采至这些区域时很容易发生顶板水溃入,且这种古冲沟具有很强的隐蔽性,很难预先勘探清楚。所以在这一地区矿井水害的主要类型为主采煤层顶板砂岩及其松散层孔隙水透水水害,必须高度重视。

由于小矿井整合和开采的规范化,近年来数以万计的小煤窑关闭废弃,同时许多国有大矿井因上组煤资源枯竭,逐渐转入下组煤开采,在这些矿井存在有大量的上组煤采空积水区。废弃矿井和上组煤开采留下的采空区充水后就像分布于生产矿井周边的地下水库,严重威胁着邻近矿井的安全生产。统计资料表明,近年来,采空区及废弃的充水小煤窑水每年占煤矿总突水事故的 80% 左右。该类型突水突发性强、冲击力大,通常造成瞬间淹井和惨重的人员伤亡。同时,在生产阶段,矿井通常是地下水的排泄区,废弃矿井中被污染的地下水会逐渐补给在矿井采掘阶段已经疏干的洁净含水层直至溢出地表,地下水位的抬升会在很大程度上改变矿区区域性水文地质、工程地质与环境地质条件,使邻近矿井区域水文地质条件复杂。

我国秦岭以南的华南、西南的主要煤矿区以低山丘陵地形为主,属亚热带湿润气候区,年降水量一般在 1 000～2 500 mm,地表水系发育,水量充沛。煤系地层中广泛发育泥盆纪融县灰岩、石炭纪黄龙灰岩、二叠系茅口灰岩、长兴灰岩、三叠纪大冶灰岩等可溶岩类地层,由于褶皱、断裂和岩浆活动作用,容易形成一些规模较小的褶皱、断裂盆地,强烈岩溶化的灰岩直接出露或与第四系松散层直接接触,地表水、第四系水与灰岩岩溶水水力联系密切,使煤矿床水文地质条件十分复杂。第四系覆盖下的强岩溶化岩溶含水层在矿区抽排水过程中经常引起大面积的地面塌陷,造成地表水砂溃入矿井。由于该区域地形起伏较大,地下水水力梯度大,水循环和水交替速度较快,地下水侵蚀能力较强,通常在灰岩的裂隙发育带或断层带形成地下水优先溶蚀和集中径流,大面积形成岩溶暗河管道。所以岩溶暗河管道沟通地表水突水成为本区矿井岩溶水突入的独有特点,该区域多数煤矿水害属于地表水通过岩溶管道倒灌充水水害类型。该类型岩溶矿床突水的最大特点是来水突然、水量大,雨后水量迅速衰减,矿井涌水的时间性和季节性极强,矿井涌水与大气降水和地表水关系密切。

 **任务实施**

在学习矿井水害防治基础知识的基础上,掌握矿井水害的防治原则,识别矿井水害类型,了解我国煤矿水害的分区特征;进一步掌握我国煤矿水害事故类型分析及防治重点。

 **思考与练习**

1. 简述矿井水害的形成。
2. 造成矿井水害的原因有哪些?
3. 简述矿井水害类型的划分。
4. 我国煤矿水害的分区特征有哪些?

5. 简述我国煤矿水害防治的重点。

任务五　矿井水害的探查与预测

【知识要点】 水文地质条件探查方法;矿井水害评价理论及方法;矿井水害预测预报。

【技能目标】 具备初步进行水文地质条件探查与评价的能力;具备初步进行矿井水害预测预报的能力。

【素养目标】 激发学生善于思考、勤于思考的地质思维能力,培养学生的责任担当与爱国情怀。

任务导入

矿井水害与其形成条件有着直接的对应关系。矿井充水条件包括充水水源、涌水通道和充水强度(涌水量)。这 3 个条件在特定条件下的不同组合决定了不同矿井水害类型和灾害程度,也就是说,有什么样的充水条件就有什么样的水害类型,有什么样的涌水通道及充水强度就存在什么样的水害特征。

矿井水害探查与预测的目的就是为了防止水害事故的发生,保证矿井建设和生产的安全,减少矿井涌水量及降低生产成本,使国家煤炭资源得到充分合理的回收。

《煤矿防治水细则》第六条规定:煤炭企业、煤矿应当结合本单位实际情况建立健全水害防治岗位责任制、水害防治技术管理制度、水害预测预报制度、水害隐患排查治理制度、探放水制度、重大水患停产撤人制度以及应急处置制度等。

任务分析

通过对矿井水害的探查技术、评价理论与预测预报技术的学习,为矿井水害的预防与治理提供依据。为此,必须掌握以下知识:

(1)水文地质条件探查技术;

(2)矿井水害评价理论及技术;

(3)矿井水害预测预报。

相关知识

一、水文地质条件探查技术

探查内容包括采煤影响到含水层及其富水性、隔水层及其阻水能力、构造及不良地质体控水特征、老窑分布范围及其积水情况等。工作顺序为由面到点,由大到小、先区域后井田,先采区后工作面。

传统技术和手段在矿井水文地质勘探中发挥了极为重要的作用。现代物探、化探、钻探、测试与试验及模拟计算等技术方法和手段,特别是这些方法和手段的综合应用已能比较好地解决矿井水文地质勘探中的大部分问题。

1. 水文地质试验技术

水文地质试验技术的基本方法是以水文地质理论为基础,以水文地质钻探、抽(放)水试

验、顶底板岩石力学试验为主要手段,探查含水层及其富水性、主要含水层水文地质边界条件、各含水层之间的水力联系等,并获取建立水文地质概念模型的相关资料。同时探查煤层底板隔水层岩性、厚度、结构及阻水能力。在钻探过程中测试承压水原始导升高度,通过采取岩芯来测试岩石物理、力学性质等。较新的脉冲干扰试验法,在一定条件下可以替代抽(放)水试验。

　　2. 地球物理勘探技术

　　地球物理勘探技术经过多年发展,在地质、水文地质探查中的地位和作用越来越明显和重要了,加上其具有方便、快捷的优势,近几年在煤矿防治水领域得到了极大的推广和应用。常用的效果比较好的方法有以下几种:

　　(1) 地震勘探:包括二维和三维地震勘探,是弹性波地面探查构造及不良地质体的最有效方法。在新采区设计前必须用三维地震进行勘探,主要应用于以下 8 个方面:① 查明潜水面埋藏深度;② 查明落差大于 5 m 的断层;③ 查明区内幅度大于 5 m 的褶曲;④ 查明区内直径大于 20 m 的陷落柱;⑤ 探明区内煤系地层底部奥陶系灰岩顶界面及岩溶发育程度;⑥ 探测采空区和岩浆侵入体;⑦ 查明基岩起伏形态、古河道、古冲沟延伸方向;⑧ 了解基岩风化带厚度。

　　(2) 瞬变电磁(TEM)探测技术:TEM 法观测的是二次场,因此对低阻体特别灵敏,是地面(已有人尝试井下使用)探测含水层及其富水性、构造及其含水情况、老窑及其积水多少的主要手段。蒲县北峪煤矿用瞬变电磁法探知巷道掘进面正前 80 m 处有一陷落柱,由于采取了相应的防治措施,从而避免了一次突水事故。

　　(3) 高密度高分辨率电阻率探测技术:使用单极-偶极装置,通过连续密集地采集测线的电响应数据,实现了地下分辨单元的多次覆盖测量,具有压制静态效应及电磁干扰的能力,对施工现场适应性强。该法使直流电法在探测小体积孤立异常方面取得了突破。可准确、直观地展现地下异常体的赋存形态,是地面、井下探测岩溶、老窑及其他地下硐体的首选方法。

　　(4) 直流电法探测技术:属于全空间电法勘探,可在地面及井下使用。主要应用在以下 4 个方面:① 巷道底板富水区探测;② 底板隔水层厚度、原始导高探测;③ 掘进头和侧帮超前探测,导水构造探测;④ 潜在突水点、老窑积水区、陷落柱探测。

　　(5) 音频电穿透探测技术:由于探测深度的限制,一般只应用于井下。主要应用在以下几方面:① 探查采煤工作面内及底板下 100 m 内的含水构造及其富水区域平面分布范围,并进行富水块段深度探测;② 工作面顶板老窑、陷落柱、松散层孔隙内含水情况及平面分布范围探测;③ 掘进巷道前方导水、含水构造探测;④ 注浆效果检查。

　　(6) 瑞利波探测:探测对象是断层、陷落柱、岩浆岩侵入体等构造和地质异常体,以及煤层厚度、相邻巷道、采空区等,探测距离 80～100 m。其优点是可进行井下全方位超前探测。

　　(7) 钻孔雷达探测技术:通过钻孔(单孔或多孔)探查岩体中的导水构造、富水带等。

　　(8) 坑透:采面掘透后,要进行坑透,查明采面内的构造发育情况。自 20 世纪 80 年代初期起,霍州矿区对每个采面使用坑透法,基本可查明采面内分布的陷落柱形状、大小、位置以及落差 4 m 以上断层位置和延展方向,提前采取对应措施,效果颇佳。

　　(9) 地震槽波探测技术。主要用于:① 探明煤层内小断层的位置及延伸展布方向;② 陷查落柱的位置及大小;③ 探查煤层变薄带的分布;④ 可进行井下高分辨率二维地震勘探,探测隔水层厚度、煤层小构造及导水断裂带等。

另外,还有其他一些地球物理勘探方法,如超前机载雷达、建场法多道遥测探测技术等。

3. 地球化学勘探技术

地球化学勘探技术主要是通过水质化验、示踪试验等方法,利用不同时间、不同含水层的水质差异,确定突水水源,评价含水层水文地质条件,确定各含水层之间的水力联系。主要的技术方法包括以下几种:

(1)水化学快速检测技术。用于井下出水点、钻孔水样水质的快速检测。

(2)透(突)水水源快速识(判)别技术。通过水化学数据库,利用水质判别模块快速判别突水水源。

(3)连通试验。是查明含水层内部、含水层之间、地下水与地表水之间相互联系的一种见效快、成本低的试验手段。它对判断矿井充水水源,分析含水层之间的水力联系都具有很重要的意义。该方法通常在放水试验过程中使用。

4. 钻探技术

最近十几年来,国内外钻探技术飞速发展。从适合地面、井下探放水,探构造及不良地质体(陷落柱、岩溶塌洞)到水文地质勘查、注浆堵水成孔等用途的地面钻机、坑道钻机,其能力和性能均有极大加强,同时定向钻进技术随着钻孔测斜技术的提高也逐步走向成熟。现在不管是地面用钻机还是井下坑道用钻机均可实现"随钻测斜、自动纠偏",可以说现在的钻探技术已能很好地满足水文地质探查中对钻探手段的技术要求。

5. 监测、监试技术

(1)基本水文地质监测:主要仪器设备包括水位水压遥测系统、水位水压自记仪和水量监测仪(电磁流量仪)。主要监测内容有:① 矿井各含水层和积水区水位水压变化情况;② 矿井所在地区降水量、矿井不同区域涌水量及其变化情况;③ 矿井受水害威胁区水文地质动态变化情况;④ 矿井防排水设施运行状况;⑤ 地面钻孔水位、水温监测等。

(2)煤层底板或防水煤(岩)柱突水监测:主要设备为底板突水监测仪。监测方法是通过埋设在钻孔中的应力、应变、水压、水温传感器来监测工作面回采过程中应力、应变、水压、水温的变化情况,数据传送到地面中心站后,利用专门的数据处理软件判断能否发生突水。主要应用于具有底板突水危险的工作面回采过程中的突水监测。

(3)原位地应力测试:主要设备是原位地应力测试仪,是一种以套筒致裂原理为基础的原位地应力测试仪器。通过监测工作面回采前、回采过程中的地应力变化,应用专门数据处理软件判断是否发生突水。该技术主要用于底板突水监测。

(4)岩体渗透性测试:主要设备是多功能三轴渗透仪。通过调节岩体的三向应力状态,测试不同应力状态下水压、水量变化,以反映岩体渗透性随应力的变化规律。

二、矿井水害评价理论及技术

主要是在矿井充水类型评价与矿井涌水量计算评价的基础上,着重于对突水机理及预测预报技术的研究。

(1)突水预测理论主要有:① 经验理论,即突水系数理论、"下三带"理论、递进导升理论;② 以力学模型为基础的突水机理与预测理论,即"薄板结构理论""关键层理论""强渗通道""岩水应力关系"等。

(2)突水预测预报方法主要有三图-双预测法、五图-双系数法、模糊综合评判法、人工神经网络方法等。

三图-双预测法,是一种解决煤层顶板充水水源、通道和强度 3 大问题的顶板水害评价方法。"三图"是指煤层顶板充水含水层富水性分区图、顶板垮裂安全性分区图和顶板涌(突)水条件综合分区图。"双预测"是指顶板充水含水层预处理前、后采煤工作面分段和整体工程涌水量预测。

五图双系数法,是一种煤层底板水害评价方法。"五图"是指底板保护层破坏深度等值线图、底板保护层厚度等值线图、煤层底板以上水头等值线图、有效保护层厚度等值图和带压开采评价图。"双系数"是指带压系数和突水系数。这两种方法均为《煤矿防治水规定》推荐的评价方法。

三、矿井水害预测预报

(一)矿井水害预测预报的内容

矿井水害预测预报必须在综合分析各种资料的基础上提出,做到及时、准确,能够有效指导生产。矿井水害预测预报的主要内容是:采掘工程可能揭露或影响到的含水层、含水体、导水通道,对采掘工程可能的充水形式、充水量,可能造成的危害程度,采取的措施。

(1)基本预测预报内容。采、掘工作面(巷道)名称,现掘进位置,下月计划掘进范围;顶底板岩性,顶板裂隙发育程度;地面构造情况;根据预测内容提出相应的建议或处理意见。

(2)断层预测预报内容。断层的预报内容应包括断层位置、性质、产状、落差、影响范围、含水性、导水性、建议或处理意见。

(3)陷落柱预测预报内容。陷落柱的预报内容包括陷落柱的位置、形状、大小,陷落柱体与围岩接触部位的充填物性质和特征,陷落柱内岩块的性质及充填物的密实程度,陷落柱裂隙和导水富水情况。

(4)冲刷带预测预报内容。冲刷带预报内容应包括冲刷带的位置,冲刷变薄带方向和范围,冲刷带切割深度、范围及富水情况。

(5)老空水预测预报内容。包括充水因素分析,预测积水范围、积水量,预测涌水范围、涌水量大小,以及根据预测内容提出相应的建议或处理意见。

(二)矿井水害预测预报的形式

1.水患排查分析

生产矿井于每月底对所有采掘工作面的水情水害进行全面科学的分析排查,编制水患排查报表。煤炭企业组织有关人员召开水害隐患分析排查会,对上月水患排查实际情况进行客观分析总结,对本月采掘工作面的水患情况进行认真分析排查。水害隐患分析排查会后,以会议纪要形式将排查结果下发至各生产矿井,对存在水害隐患的采掘工作面下达隐患排查通知书,编制水文地质预报和相应措施,及时下达到生产单位,并跟踪落实,把矿井受水患威胁的苗头消灭在萌芽状态。水患排查分析式样见表 4-8、表 4-9。

表 4-8 煤矿　　　年　　　月份采掘工作面水患防治总结

序号	采掘工作面	施工单位	水文地质预报	实际观测与探查结果
1				
2				
3				

　　年　　　月份实际完成井下防治水工程量:

表 4-9 煤矿　　　 年　　　 月份采掘工作面水患排查及防治措施

序号	采掘工作面	施工单位	水文地质预报	重点问题	防治措施
1					
2					
3					
年　　　 月份计划完成井下防治水工程量:					

注:本预报至　　　 年　　 月　　 日自行作废。

2. 地质及水文地质预报

水文地质预报工作应做到年有年报,季有季报,月有月报,平时有临时报,季度有总结,年度有总结,真正做到防患于未然,增强防治水工作的针对性和实效性。矿井在每年底要对下一年采掘范围内的水害隐患进行详细分析,列出计划,提出总体防治措施,并列入矿井年度消灾规划中;每季度初编制矿井水害水情季度预报,对本季度内的防治水工作作统一安排部署;每月初根据隐患排查结果逐头逐面下达水文地质预报书;对平时发现的水情,及时下达临时预报。

矿井年度、极度水文地质预报基本内容如下:

(1)矿井生产及采掘头面安排计划。

(2)生产采区水文条件分析。

(3)重点头面水文地质预报及防治措施。

(4)附图:矿井生产计划安排与防治水工程布置图。

月报和临时水文地质预报式样见表 4-10。

表 4-10 水文地质预报书

预报月份:　　　 年　　　 月

预报地点		发给单位		平面示意图:
预报内容				
对生产的建议和要求				
预想剖面示意图				小柱状

总工程师:　　 副总:　　 技术部:　　 施工单位:　　 地测:　　 审核:　　 编制:　　 预报日期:

3．采掘工作面水害分析预报表和预测图

（1）采掘工作面水害分析预报表

水害分析预报表（表 4-11），内容包括预报水害地点、采掘队伍、工作面高程、开采煤层、水害类型、水文地质条件、预防及处理措施、责任单位等。

表 4-11　采掘工作面水害分析预报表

年　　　月　　　日

矿井	项号	预测水害地点	采掘队	工作面上下标高	煤层			采掘时间	水害类型	水文地质简述	预防及处理意见	责任单位	备注
					名称	厚度/m	倾角/(°)						
某矿某井	1												
	2												
	3												
	4												
	5												

注：水害类型指地表水、孔隙水、裂隙水、岩溶水、老空水、断裂构造水、陷落柱水、钻孔水、顶板水、底板水等。

（2）水害预测图

在矿井采掘工程图（月报图）上，按预报表上的项目，在可能发生水害的部位，用红颜色标上水害类型的符号，符号图例如图 4-14 所示。

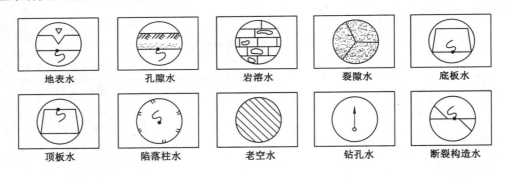

地表水　　　孔隙水　　　岩溶水　　　裂隙水　　　底板水

顶板水　　　陷落柱水　　　老空水　　　钻孔水　　　断裂构造水

图 4-14　矿井采掘工作面水害预测图例

采掘工作面水害分析预报表和预测图配合水文地质年报、季报和月报使用。

4．水文地质专项可行性分析与安全评价

水文地质专项可行性分析与安全评价，是针对影响矿井安全生产的水文地质问题而开展的专项科学研究，其研究成果或结论，用于指导矿井开采设计及巷道施工和工作面回采。水文地质专项可行性研究主要包括采煤工作面防水、防砂或防塌煤岩柱留设可行性研究，巷道穿越大型断层可行性研究等。安全评价包括底板灰岩承压水上开采安全评价、岩溶陷落柱治理安全评价等。

5. 水文地质情况分析报告

在矿井受水害威胁的区域,进行巷道掘进前,应当采用钻探、物探和化探等方法查清水文地质条件。地测机构应当提出水文地质情况分析报告,并提出水害防范措施,经矿井总工程师组织生产、安监和地测等有关单位审查批准后,方可进行掘进施工。

矿井工作面采煤前,应当采用钻探、物探和化探等方法查清工作面内断层、陷落柱和含水层(体)富水性等情况。地测机构应当提出专门水文地质情况报告,经矿井总工程师组织生产、安监和地测等有关单位审查批准后,方可进行回采。发现断层、裂隙和陷落柱等构造充水的,应当采取注浆加固或者留设防隔水煤(岩)柱等安全措施,否则,不得进行回采。

四、工程实例

下面通过实例介绍直流电法在巷道防治水中的应用。

安徽海孜煤矿设计生产能力为 1.5 Mt/a,主副井筒各 1 个,风井 2 个,采用立井 3 个水平开拓方式,阶段大巷,分区石门。第一水平下限标高为 −475 m,第二个水平下限标高为 −700 m,第三水平下限标高为 −800 m,回风水平上限标高为 −275～−265 m。

1. 水文地质条件

−700 m 水平西大巷为二水平主要运输大巷,沿 11102 采区北边界掘进,巷道设计在 10 煤层底板约 20 m 处,所处地层为二叠系山西组,岩层总体向 NNE 向倾斜,岩层倾角 10°～18°,平均 15°。该巷道分两个掘进工作面施工,由东向西施工巷道将依次穿过 10 煤顶板砂岩、10 煤层、泥岩,最后进入 10 煤层底板粉砂岩与泥岩互层中。

巷道施工段地质构造相对发育,由东向西发育 3 条落差较大的断层,分别是:HF_1,产状角 60°～70°,$H=0～15$ m;F_7,产状角 60°～70°,$H=0～25$ m;DF_{21},产状角 40°～60°,$H=0～25$ m。断层均为逆断层,巷道布置在 HF_1 中部,而另外两条断层则在尖灭区,但是不能排除揭露的可能性。

巷道直接充水水源为 10 煤层顶底板砂岩裂隙含水层水,该含水层富水性弱,一般以淋水或滴水的形式进入巷道;而距 10 煤层底板约 55 m 处的石炭系太原组灰岩岩溶裂隙含水层中的水为其灾变水源,该含水层含灰岩 9～12 层,富水性不均一,一般一至二灰富水性弱,而三灰以下各层灰岩则富水性较强,因此不能排除大的导水断层与以上含水层导通的可能性。同时太原组灰岩勘探程度较低,控制较差,因此不能保证后期巷道在使用过程中的安全。

2. 目的及任务

为了查明 −700 m 水平西大巷掘进巷道前方 10 煤层顶底板裂隙水及底板灰岩水的富存情况,保障掘进巷道的生产安全,对 −700 m 水平西大巷进行了井下电法超前探测工作。井下电法超前探测的地质任务是:① 追踪 −700 m 水平西大巷掘进工作,每次超前探测掘进工作面前方 100 m 内含水、导水构造的具体位置;② 探测 −700 m 水平西大巷底板下 60 m 内太灰含水、导水构造的位置,分析含水层及隔水层的分布与发育情况,并对潜在含富水区段做出预测。

3. 井下直流电法探测

(1)井下直流电法探测原理

井下直流电法属全空间电法勘探,它以岩石的电性差异为基础,在全空间条件下建场,使用全空间电场理论处理和解释有关矿井水文地质问题。

超前探测是研究掘进工作面前方地层电性变化规律,预测掘进工作面前方含水、导水构造分布和发育情况的一种井下电法探测新技术。

由于采用点源三极装置进行井下数据采集工作,无穷远电极对巷道内测量电极的影响可以忽略不计,故其电场分布可近似为点电源电场。由于供电电极位于巷道中,其电场呈全空间分布,可利用全空间电场理论对数据进行分析解释。

掘进工作面超前探测应用固定供电电极和移动测量电极 MN 的三极装置形式。井下超前探测施工装置示意图如图 4-15 所示。

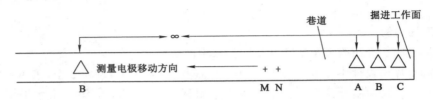

图 4-15　井下超前探测施工装置示意图

（2）工作布置及工作量

超前探测供电电极布置在掘进工作面附近,采取打孔、塞泥、浇水等技术措施以确保有足够大的供电电流。测量电极 MN 在掘进工作面后方移动,且与巷道底板岩石紧密接触。通过采取以上技术措施,可确保每次超前探测的距离为 100 m 左右。采用三电极供电方式时,掘进工作面前方某一异常区需要 3 个供电点的信号来共同反映,这样可保证所圈定异常区段的可靠性。

在巷道施工过程中,井下电法超前探测 9 次,每次采集 66 组数据。

（3）井下电法应用的物性条件

海孜煤矿－700 m 水平西大巷位于主采 10 煤层底板下 20 m 左右,10 煤层下伏太原组灰岩一般为高阻电性层,所采集的视电阻率值相对较大。而在灰岩破碎或岩溶发育的情况下,视电阻率呈低阻反映,因此从视电阻率低阻异常剖面图上极易分辨出含水异常部位。

对于含水断层或裂隙切割煤系地层时,由于含水体具有良好的导电性,电力线会向含水断层或裂隙破碎带集中,因而探测到的视电阻率值比其他部位的视电阻率值小,这就为井下直流电法探测技术的应用提供了良好的物性条件。

4. 结果分析

－700 m 水平西大巷共进行电法超前探测 9 次,共预报 26 处视电阻率低阻异常,其中有 4 处异常对应小断层,2 处异常对应瓦斯涌出点,1 处异常不仅有瓦斯顺顶板裂隙进入巷道,同时还伴有淋水现象,其他异常区段大部分对应巷道顶板淋水段或裂隙发育地段。

第 1 次超前探测预报掘进工作面前方存在 4 处视电阻率低阻异常,其中 1 处异常对应小断层,1 处异常对应巷道顶板淋水段,另外 2 处异常对应顶板裂隙发育地段。

第 2 次超前探测预报掘进工作面前方存在 1 处视电阻率低阻异常,对应巷道顶板淋水或潮湿地段。

第 3 次超前探测预报掘进工作面前方存在 3 处视电阻率低阻异常,其中 1 处异常对应裂隙发育段,另外 2 处异常对应顶板淋水或潮湿地段。

第 4 次超前探测预报掘进工作面前方存在 4 处视电阻率低阻异常,其中 2 处异常对应淋水段,另外 2 处异常对应裂隙发育地段,且裂隙发育区段伴有淋水现象。

第 5 次超前探测预报掘进工作面前方存在 4 处视电阻率低阻异常,均为裂隙相对发育并伴有淋水或滴水的地段。

第 6 次超前探测预报掘进工作面前方存在 2 处视电阻率低阻异常,分别对应 2 条小断层。第 1 处异常位置断层间歇出水,并伴有嘶嘶的瓦斯声,瓦斯含量大于 10%;第 2 处异常附近裂隙发育,顶板有淋水现象。

第 7 次超前探测预报掘进工作面前方存在 3 处视电阻率低阻异常,其中 1 处异常对应小断层,另外 2 处异常对应裂隙发育或淋水地段。

第 8 次和第 9 次超前探测共预报掘进工作面前方存在 7 处视电阻率异常,大部分对应巷道顶板淋水或裂隙发育区段。

5. 结论

(1)－700 m 水平西大巷已安全贯通。直流电法超前探测技术不仅能够较准确地预报掘进工作面前方发育地质构造的位置,还能对一些小型裂隙进行解释,确保该巷道的安全掘进,对布置在近水体巷道的安全掘进意义重大。同时为类似条件下大断面、超长距离、近水体巷道的施工提供了借鉴意义。

(2)由于海孜煤矿－700 m 水平东大巷与－700 m 水平西大巷布置层位类似,目前,该技术在－700 m 水平东大巷应用。该大巷设计距离为 2 820 m,预计可减少投入 198.3 万元。

(3)根据矿井长远规划及淮北矿区整体发展规划需要,矿井布置逐渐向构造复杂的西南矿区转移,该区主采煤层多为受太原组岩溶含水层威胁的山西组煤层,主要巷道多布置在煤层底板,和海孜煤矿－700 m 西大巷水文地质条件类似,防治水任务艰巨。因此直流电法超前探测技术具有巨大的推广应用前景。

任务实施

在进行矿井水文地质条件探查的基础上,通过案例分析,掌握矿井水害探测技术的应用,掌握矿井水害预测预报的内容与形式,掌握矿井突水水源识别的基本方法与实际应用。

思考与练习

1. 水害防治技术包括哪几个方面的内容?
2. 水文地质条件探查技术的内容有哪些?
3. 简述矿井水害评价理论及技术。
4. 如何进行矿井突水水源识别?
5. 简述矿井水害防治原则与技术路线。

项目五　矿井水害防治

任务一　矿井地表水害防治

【知识要点】　矿井水防治原则;矿井地表水源;地表水对矿区的影响;矿井地面防水工程类型;矿井地表水的综合防治措施。

【技能目标】　具有正确识别矿井地表水源的能力;具有正确选择矿井地面防水工程类型及初步制定矿井地表水防治措施的能力。

【素养目标】　培养学生专业探索的精神;培养学生崇尚科学、科技强国的职业素养;培养学生大国工匠、团结协作的精神。

 **任务导入**

矿井水防治要从地表水防治开始。矿井地面防水是一项经常性的工作,在每年雨季以前矿山一般会成立专门的防洪(或防汛)机构来组织和指挥这一工作。做好地面防排水工作意义重大。

《煤矿防治水细则》第五十八条规定:每年雨季前,必须对煤矿防治水工作进行全面检查,制定雨季防治水措施,建立雨季巡视制度,组织抢险队伍并进行演练,储备足够的防洪抢险物资。对检查出的事故隐患,应当制定措施,落实资金,责任到人,并限定在汛期前完成整改。需要施工防治水工程的应当有专门设计,工程竣工后由煤矿总工程师组织验收。

 **任务分析**

学习依据《煤矿安全规程》与《煤矿防治水细则》的有关规定,明确矿井地表水害防治的重要性。矿井地面防水的基础是了解地面防排水工程类型,重点是要掌握各种不同类型矿井防治水措施。为此,必须掌握以下知识:

(1)矿井水防治原则;

(2)矿井地表水源分析;

(3)地表水对矿区的影响;

(4)矿井地面防水工程类型;

(5)矿井地表水综合防治措施。

 **相关知识**

一、矿井水防治概述

1. 矿井水防治原则

《煤矿防治水细则》第三条规定,煤矿防治水工作应当坚持预测预报、有疑必探、先探后掘、先治后采的原则,根据不同水文地质条件,采取探、防、堵、疏、排、截、监等综合防治措施。

矿井水防治
简介

煤矿必须落实防治水的主体责任,推进防治水工作由过程治理向源头预防、局部治理向区域治理、井下治理向井上下结合治理、措施防范向工程治理、治水为主向治保结合的转变,构建理念先进、基础扎实、勘探清楚、科技攻关、综合治理、效果评价、应急处置的防治水工作体系。

《煤矿防治水细则》第四条规定,煤炭企业、煤矿的主要负责人(法定代表人、实际控制人,下同)是本单位防治水工作的第一责任人,总工程师(技术负责人,下同)负责防治水的技术管理工作。

矿井防治水工作是一项系统工程,需要综合治理,首先应从井田勘探开始,查清水文地质情况,进行水文地质类型的划分并针对矿井涌水量提出建议,此项工作应贯穿于建设生产及封闭坑的全过程。根据矿井多年来的防治水经验,在建设生产中应坚持"预测预报,有疑必探,先探后掘,先治后采"的原则,并根据矿井的水文地质条件,制定相应的探、防、堵、疏、排、截、监综合防治措施。

水文地质条件的"预测预报",是在基本查清矿井水文地质条件的基础上,对矿井水文地质类型、水害隐患及威胁程度进行分析研究,并通过相应的水文地质工作,对建设和生产的井筒、巷道、采区工作面的水害隐患进行量的预测预报,以排除建井和开采的盲目性。

建设和生产中的"有疑必探"一般是在预测预报的基础上,对存有水害危险的可疑点、区域或块段采用钻探、物探、化探等方法和手段进行必要的探查,以探明水害隐患点及可疑区域,一般采用先物探、化探后钻探,以达到物探、化探定性,钻探定量的效果。

施工中的"先探后掘"是在综合探查的基础上,在确保掘进前方没有水患威胁后,方可实施掘进。

采煤工作面的"先治后采"是指经探查后,对存在有害威胁的作业地点和工作面,先采取有针对性的探放水或底板注浆堵水措施,待达到安全开采条件后再进行工作面采煤。

防治水的方法上目前多采用"探、防、堵、疏、排、截、监"的七字方针,但在具体应用上应根据各矿井水文地质条件的实际情况区别对待。

2. 矿井水害防治技术路线

在矿井水害防治原则的指导下,在矿井开发的不同阶段,由于任务不同,相应的防治水要求也不一样,一般的水害防治技术路线有以下三种:

(1)矿井建设中或建井前,应进行矿井水文地质综合勘探,查清矿井的水文地质条件;预测评价矿井涌水量,进行矿井防排水系统的设计。在此基础上根据矿井的未来(如五年)采掘计划制定矿井的总体防治水规划,确定不同阶段防治水项目。

(2)开采过程中,应建立水害安全保障体系,包括物探探测仪器、钻探、注浆设备、排水设施、水闸门、水闸墙、防治水组织结构、安全避灾路线等,以及巷道掘进前方超前探测、采区采面精细探查,以查清掘进头、采区及工作面的水文地质条件,并对有突水危险的工作面进行突水监测,根据监测结果及时调整优化防治水方案,编写救灾预案。

(3)闭井前或采矿完成后,要对矿井闭井安全条件进行评价,制定矿井关闭过程安全措施,监测拟关闭废井与相邻矿井水情况,制定废弃矿井水防治措施,并将废弃矿井采空区准确地标绘在地质图、采掘工程平面图等图纸上,同时将相关资料报送上级管理部门进行备案。

二、矿井水地表水源

对地表水源要进行调查和观测,了解气候条件、地形和地貌、雨雪水的分布量以及江河、湖泊、沼泽、洼地的分布状态,并进行井上下对照,分析其间的联系。

为防止地表水患,必须搞清矿区及其附近地表水流系统和受水面积、河流沟渠汇水情况、疏水能力、积水区和水利工程情况,以及当地日最大降雨量、历年最高洪水位,并且结合矿区特点建立和健全疏水、防水、排水系统,煤矿区还应当查明采矿塌陷区、地裂缝区分布情况及其地表汇水情况。

三、地表水对矿区的影响

(1)有煤层露头的矿井,或覆盖层很薄的矿井,坡水能从裂隙、溶洞、采空区塌陷裂隙直接流入井下,造成矿井充水。

(2)山区坡陡流急,洪水暴涨暴落,常危及井口、工业园区、生活园区和交通设施。

(3)沟壑直接穿过煤层露头,或沿煤层露头发育,因此沟底成集中漏水地段。

(4)由于裸露式煤田容易开发,常有老窑开采史,老窑井口和塌陷裂隙常成为地表水涌入井下的通道。

(5)在植被稀少、崩塌堆积松散物储积量大的山区,洪水期间易造成泥石流。泥石流到达下游坡度较缓的地带沉积,堵塞沟壑,阻塞洪水排泄的出路,或抬高洪水位,可能因此造成洪水淹没塌陷坑、井口。泥石流本身亦可能冲垮淹没工业场地,或破坏地面防水工程。

(6)在洪水季节,因降水大量渗入岩石空隙,使岩土稳定性变差,易造成滑坡,堵塞河谷,引起河水猛涨和产生其他危害。

(7)水使岩土裂隙扩宽,春季融冰。因岩土原有裂隙变宽,裂隙两侧岩(土)体结合力小于岩(土)的质量而产生滑坡或顺坡滚落,重者堵塞冲沟,形成堰塞湖;轻者堵塞公路旁水沟,造成公路上水形成片流,损坏公路。

四、矿井地面防水工程

地面防水是指在地面修筑一些防排水工程,限制或制止降雨汇集水和地表水涌入工业场地或通过渗漏进入井下,防止矿井水害事故的发生、保障矿井安全所采取的措施。

地面防排水是一项经常性的工作,是保证矿井安全生产的第一道防线,对露天矿和主要充水水源为大气降水和地表水的矿井尤为重要。地面防排水工程类型主要有:整铺河床、堵塞通道、河流改道、布设截水沟、修建水库与防洪堤等。

(一)排洪道工程

排洪道工程是矿区(井)排泄洪水、保证矿井安全的主干工程。

排洪道的平面布置要求如下:

(1)尽量不改变自然流势。

(2)尽量利用天然河床和地形。

(3)排洪道的弯道曲率半径应不小于设计水面宽的5~10倍。

矿井地面水
防治

（4）排洪道的位置应考虑到矿区的远景规划。

（5）最好布置在矿区或矿井的外围，起到拦截洪水的作用。

（6）尽量避免将排洪道布置在与矿井水有关的含水层露头、断层破碎带上，对必须穿越的部位采取相应的防渗漏措施。

（7）应选择工程地质条件比较好的地段，尽量避开流砂或有滑坡危险的地区。

（二）铺筑人工河床

当河床局部地段出露有透水很好的含水层或塌陷区时，为了减少地表水及第四系潜水对矿井充水层的补给，可在漏水地段铺筑不透水的人工河床，此时应注意以下几点：

（1）人工河床一般不应过多缩小河床断面，新设计人工河床断面应先进行水力计算。

（2）尽量使用当地材料，选择施工简便的设计。

（3）铺砌方式必须同时满足防渗、防潜蚀、防冲剥。

（4）砂卵石易变形的河床上一般不宜用刚性材料衬砌。

（5）在寒冷地带应注意防冻。

（6）在基岩上浇筑混凝土时应清基。

（7）刚性衬砌应有伸缩缝和不均匀沉陷缝，缝间应用沥青止水。

（8）两岸坡漏水的河床，岸坡应同样衬砌。人工河床一般铺底 3 层：底层是韧性防漏层，厚度在 25 cm 以上，铺草皮，上用黄土压实；中间是伸缩层，用厚 20 cm 砂夹石（砂石比为 3∶7）铺设，以防止底层翻浆，在冬季则可防止河底冻裂；上层是用水泥砂浆及河卵石构筑，厚度在 5 cm 以上，能抵御流速为 6 m/s 的水流冲刷。在上游建筑拦水坝，以降低流速，使人工河床水流速限制在 6 m/s 以下，人工河床断面有梯形断面与矩形断面。

（三）河流改道

当矿区地表河流渗漏范围很大，用堵水方法难以奏效时，可将河流进行改道。

1. 适合河流改道的情况

河流从矿区（或井田）范围内流过时，有下列情况可考虑改造：

（1）河流直接压在开采煤层上方，顶水采煤不安全，留设保护煤柱又损失大量煤炭资源。

（2）洪水期威胁矿井安全，采取其他措施经济、技术上不合理。

2. 废旧老河道处理

废旧老河道处理方法如下：

（1）填河还田。

（2）矸石填平。

（3）如老河道有积水，而且导水断裂带波及河流，应在采前将老河道积水排干；若垮落断裂带波及河底，应在老河道开沟，将河底淤泥中的水排干，使淤泥失去流动能力；若河底是黏土性淤泥，无法排水，应将积水和淤泥一起清除，以防淤泥漏入井下。最好把老河道下方的工作面放在旱季开采。

（四）堵塞废旧老（小）窑

（1）老（小）窑在平地较高的位置或山坡，一般是将窑口填实，并离开窑口 0.5 m 处起土包。

（2）窑道塌陷坑在平地较低位置，一般是平塌陷坑，并在地面起包。若坑内有原生黏土层，则充填的黏土层位置要稍高于天然沉积黏土层，以便填方沉陷后充填黏土层和沉积黏土层相连。为防止塌陷坑被洪水淹没引起充填物顺窑道向下滑落,使填堵工程失效,可再在塌陷坑周围岩层稳定处砌筑挡水墙,墙高按防洪标准水位设计。

(3)在山坡的老(小)窑坑口,可在其上方设挡水墙和截水沟,以防坡水灌井。

(4)若窑道是平硐,硐口位置很低,受洪水威胁,可填塞窑道并封口。

(五)泥石流防治

泥石流防治方法如下:

(1)植树种草,防止水土流失。

(2)做好排水截流设施,防止水流对山坡的冲刷。

(3)在易滑坡或塌方的地方修建挡水墙。

(4)工业场地应避开泥石流。

(5)做拦截坝和疏导工程。

(6)在易发生滑坡和塌方处上游,修建排水截流设施,下部修筑挡土墙。

(六)塌陷坑治理

塌陷坑极易成为雨水或地表水流入井下的通道。为此必须对塌陷裂缝和塌陷坑及时填堵或修渡槽。

(1)沟底塌陷垮落的预先治理:煤层露头位于沟底,顶底板极坚硬,垮落后沟水会直接突入井下,为此在采动前应预先防治,其方法是超前一个月修渡槽:在沟两岸的塌陷部位修截水沟,将岸坡的水流导入渡槽或渡槽上下游的河段中。

(2)沟底塌陷抽冒后的治理:若枯水期河段垮落,为防止洪水灌井,在垮落后应立即作如下治理:修建渡槽、填堵塌陷坑。

修建渡槽的要求如下:

① 渡槽的设计流量应经过水文计算求得。渡槽的设计断面应通过水力计算确定,切忌粗略估计,以防洪水到来时渡槽漫溢。

② 渡槽的进出口段应设截潜流墙,以防水流从渡槽的进出口段底部潜入塌陷坑。

③ 渡槽的进出口段应放置在岩层稳定的地表,防止因岩层移动使渡槽破坏。

④ 渡槽本身的结构必须满足截面负荷要求。

⑤ 根据不同情况应选用不同结构形式的渡槽,常用的有钢筋混凝土渡槽、钢板渡槽、木质渡槽等。在临时抢险时,可用风筒加上适当的支撑作为临时水管道,也可起到渡槽的作用。

填堵塌陷坑的要求如下:

① 陷落深度不大,砂、石料及黄土易取的地方,可用上述材料进行充填。

② 坑底填砂、河卵石,上夯实黄土大于 0.5 m,最上用砾石砌底(水泥砂浆带灌缝),最少砌 2 层。塌陷坑深且大时,在其底部首先架起废钢管、废钢轨及废钢丝绳,以此作为铺垫坑底的骨架,将足够的小树枝及草束等投入坑内,再连续投入沙包及片石,当陷坑的泄水量明显减少后,再用大量石块进行填堵,可堵住水流通过。

③ 在石块上部用水泥浆砌片石、填灰土(石灰砂比为 3∶7)夯实,效果良好。

④ 填塞塌陷裂隙可沿缝挖沟,深 0.4~0.8 m,裂缝边缘两侧各宽 0.3 m(下游)~0.5 m(上游),缝内填石块入或片石,上部用 3∶7 的灰土填塞夯实。

(3)山坡塌陷坑的治理方法如下:

① 用砂、石料、黄土充填,还可用围、排等方法。

② 在山坡低洼的塌陷坑挖围沟排水。在其周围修围沟排水，围沟修在岩石稳定不渗水的层位上。

③ 挖截水沟，截阻塌陷坑上方坡水。

④ 塌陷坑附近岩石坚硬，开沟困难。若取石料方便，可在塌陷坑周围或上方砌筑截水墙。

（4）修筑防洪堤隔绝水源。当矿区含煤地层中的可采煤层距离冲积层水及地表水很近时，而且在潜水含水层下部具有稳定隔水层的情况下，地表水与冲积层水随时都有灌入井下的危险。为了有效地防止地表水涌入矿井，可修筑防水堤，用水泥及黏土筑成，其下部筑在冲积层底部隔水层上，可有效地隔绝地表水与冲积层水对矿井的补给，保证安全生产。

五、矿井地表水综合防治措施

首先，井口位置的选择应遵循以下两个原则：

（1）矿井的各个地面出口应选在河流历年最高洪水位或山洪洪水位之上，以免洪水沿井口倒灌，造成淹井事故。在有些情况下很难找到较高的井口位置，或者需要在山坡上开凿井筒时，应修筑坚实的高台或在井口附近修筑可靠的排水沟和拦洪坝。

这样，即使雨季山洪暴发，甚至达到最高洪水位时，地表水也不会经井口灌入矿井。

（2）地面广泛覆盖冲积层的矿井，井口尽量选在第四系层薄、透水性弱、土层物理力学性质较好的区段，以减少井筒施工的困难。

（一）山区矿井地表水的综合防治措施

地表水向井下严重渗漏，汛期威胁矿井安全时，应在漏水段进行河床铺底或修建人工河床，也可采用河流改道的办法。如北京门头沟煤矿，一条长约 4.4 km 的主沟漏失严重，采用铺底措施后基本上消除了沟渠水的下渗；又如四川某煤矿，河流在煤层顶板长兴灰岩露头处通过，河水沿岩溶裂隙渗入矿井。通过整铺河床后（图 5-1），雨季矿井涌水量减少了 30%～50%。

在高原山地有典型岩溶的矿区，为减少暴雨时的井下高峰涌水量，保证矿井安全，可利用地势，开凿截水平硐，截疏灌向岩溶暗河的河水（洪水）。

当河谷下煤层顶底板坚硬，采后形成塌陷沟（坑），无条件充填或修人工河床时，应在塌陷沟的上游外围开挖截水沟，在沟谷处修建渡槽。地形有利时，沟河可以改道。

若矿井井口、平硐硐口存在洪水威胁时，应进行如下处理：治理小窑、采空区的塌陷坑或岩溶塌陷坑，可根据情况，分别采用围、堵、截流、疏导、填土夯实及设泵站排水等措施；有泥石流灾害的矿区，应治山治坡，植树种草；工业场区和生活区要避开泥石流，必要时应修建拦洪坝和疏导工程；在易发生滑坡和塌方处的上游，应修建排水截流设施，下部修建挡土墙。

（二）平原区矿井地表水的综合防治措施

受河流泛滥威胁的矿井，当无条件提高河流防洪标准或进行河流改道时，须在矿井井口、工业场地周围修筑堤坝。

受内涝威胁的矿区，应按河网化方式，开挖防洪排涝渠道系统，修建防洪排涝泵站，排出内涝积水。对有向井下溃水危险的塌陷坑（洞），应设泵排水，或用黏土、块石、水泥、钢筋混凝土等将其填堵。大的塌陷坑和裂隙，可在下部充以砾石、上部覆以黏土，分层夯实，并使其略高于地表（图 5-2）。

对不符合在地表水体下采煤的地段，必须先排除地表积水、后采煤，或者采取其他有效的措施；当河流或其他地表水体是矿井充水的直接或间接充水水源，对矿井安全有严重影响时，可根据具体条件在渗漏段或渗漏点分别采取铺底、改道或截流截源等防渗措施，排除积水并应填土夯实。

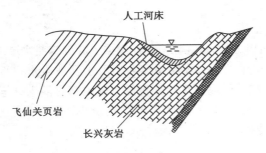

图 5-1　人工河床铺底示意图

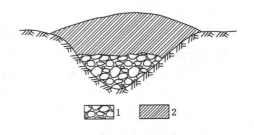

1—砾石；2—黏土。

图 5-2　充填塌陷坑示意图

（三）山前平原和低山丘陵区矿井地表水的综合防治措施

位于山前平原和低山丘陵区的矿区，煤系地层上覆有薄厚不均的第四系沉积物，基岩和煤系地层局部出露地表，可能有过老窑开采。

雨季常有山洪或潜流侵袭，威胁工业园区，淹没露天坑、老窑口，或沿采空塌陷、含水层露头大量渗入造成矿井涌水。其防治方案如下：治理山坡，在山上植树造林，修建水塘，在矿区上方（特别是严重渗漏地段的上方）山坡处，垂直于来水方向开挖大致沿地形等高线布置的排（截）洪沟（图 5-3），拦截洪水，并根据地形特点利用自然坡度将水引出矿区。

除了截水沟防洪外，在地处山间盆地的矿区，可在盆地周围构筑防洪堤、截水沟与排洪道，组成防洪圈，其目的都是拦截洪水侵袭。对沟壑地带，可根据具体情况，采用改造、截弯、分流、拓宽、铺底、修渡槽等措施；对老窑塌陷坑、岩溶可用填堵围排等方法；地势低洼的地方，开挖排水沟，无法自流时设泵站排水。

当矿区内有河流通过，并严重威胁露天矿或矿井生产时，可对河流进行改道。即在河流流入矿区的上游地段筑坝，拦截河水，同时修筑人工河床将水引出矿区（图 5-4）。在山区，也可采用排水平硐来代替人工河道。如四川南桐红岩煤矿，就是通过排水平硐对丛林河进行改道的。

总之，防治矿区地表水是一项比较复杂的工作，必须根据矿区的地形地貌、植被和水文地质条件，因地制宜地选择防治措施，综合治理，方能取得实效。

【案例 5-1】　徐州地区多年平均降雨量为 869.9 mm，最高年降雨量为 1 559.1 mm。降雨集中在每年的七、八两月，其降雨量占年雨量的 60% 左右。由于地表区域河沟少且河床窄小，泄洪能力弱，每年暴雨时刻，近山的贾汪矿区都要遭受山洪侵袭，远山的平原矿山则内涝成灾。如 1958 年 7 月 31 日降暴雨，7 h 内降雨量达 106 mm，山洪侵袭贾汪矿区，冲垮了铁路路基，推倒民房数十间，造成排洪道 5 处决口，洪水直冲韩桥井工业广场，威胁井口，坍陷区全部被淹没，井下太原组石门涌水量由 7 m³/min 猛增到 75 m³/min，超过排水能力，被迫放水淹下山，部分工作面停产两个半月。分布在平原区的大黄山矿、权台矿、旗山矿等，煤层厚、采动地表塌陷深，内涝积水泄出缓慢，1959 年几处向井下漏水，有一处甚至出现塌陷坑直接向井下灌水，情况十分危急，历经抢险才保住了安全。

贾汪矿区，在充分调查和研究矿区自然条件的基础上，按山前矿区与平原矿区的不同特点，制定了不同的综合防治水措施（图 5-5）。在山区以蓄为主，蓄防结合。具体做法是：修

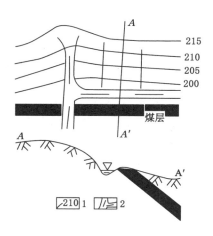

1—拦河坝;2—矿区界限。

图 5-3 排(截)洪沟布置示意图

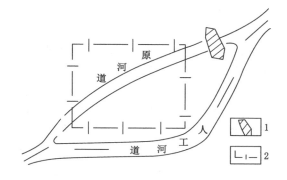

1—地形等高线;2—排洪沟。

图 5-4 河流改道示意图

水库、挖鱼鳞坑、建山前顺水沟,以减少矿区雨季洪峰流量;矿区外围以防为主,防排结合。即向井下漏水的煤系地层和太原组灰岩露头周围修筑排洪道,引洪水注入屯头河,并在排洪道的出口处建闸设泵,以便河水倒灌时落闸向外排水;矿区内部以导为主,导排结合。即在低平矿区内开挖中央排洪道,向矿区外围导流排水,并在塌陷区设泵排除积水。

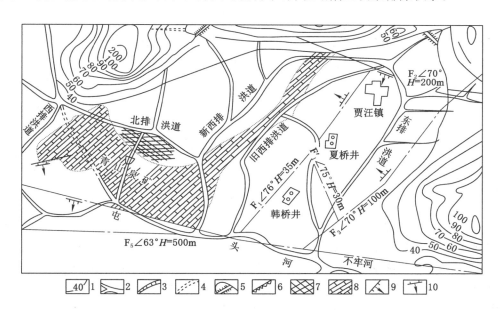

1—等高线;2—河流或排水洪道;3—排洪道铺底段;4—废河道;5—水库大坝;
6—石拱渠;7—灌区;8—太原群灰岩露头;9—正断层;10—逆断层。

图 5-5 韩桥、青山泉矿区地面防治水工程图

经验教训表明:煤矿生产必须牢固树立"以防为主"的思想,首先要加强地面防治水,这是保安全、减少水灾的一条根本措施,同时也能减少井下涌水量。

六、工程实例——平川矿区地表水防治

（一）地表水对平川矿区的危害

（1）外来洪水侵袭。位于河流附近的平川矿区，一旦河水泛滥，就有可能淹没整个矿区，危及工业园区、井口等重要地面设施。

（2）内涝积水。有的矿区，虽无外来洪水侵袭，采空区、断裂带波及地表水体，引起地表水或淤泥涌入井下，可以造成重大事故，平川矿区也不例外。还应注意"滞后效应"。湖南煤炭坝五亩冲煤矿采用疏水降压开采，其运输大巷布置在疏干的"强含水层"中。掘进中遇到一条大倾角张裂隙，充填在内的红泥已干，认为无威胁，继续掘进 3 个多月（进入雨季 1 个多月），发现干红泥变软，有弹性，继续掘进半个多月，那条由干变软的红泥带突然溃入大巷，3 个多月都未处理完。因此，在断裂"隐患处"应及时支护灌浆，以防滞后事故发生。

（二）平川矿区防治地表水的方案

（1）在工业园区和生活园区周围筑堤防，以确保安全。

（2）防治内涝，开挖排涝沟，设泵站排水，新矿井设计时提高场地标高。

（3）煤层上方有地表水体，通过冒导带可能与井下构成水力联系，若留煤柱则经济上不合理，应将水排干，或让河流改道。这些水体底部可能有大量淤泥，在较长时间内仍呈流动状态，仍有可能通过冒导带造成事故，应予以重视。

（4）对有溃水危险的塌陷坑应填土夯实或围堤设泵排水。

（5）对流经矿区极为弯曲的河道，截弯取直，缩短河流经过矿区的长度，并提高流速。

 **案例分析**

【案例 5-2】 山东省枣庄市滕州市木石煤矿"7·26"特别重大透水事故。

2003 年 7 月 26 日 21 时 40 分，山东省枣庄市滕州市木石镇木石煤矿井田边界外 3208 探煤巷发生一起特大透水责任事故，造成 35 人死亡，直接经济损失 258.69 万元。

（一）矿井基本情况

木石煤矿属木石镇镇办集体企业。该矿于 1971 年开始建设，1972 年建成投产，设计能力为 9 万 t/a，2002 年产煤 9.4 万 t，2003 年 1～6 月产煤 4.7 万 t。该矿开拓方式为立井-斜井（3 个立井 1 个斜井）综合开采方式。井底水平大巷在 -38 m，两个辅助水平分别位于 -5 m 和 -80 m。布置 2 个采区，8 个采掘工作面，采煤法设计采用巷道式，全部冒落法管理顶板。矿井通风方式为中央并列分区式通风。

该矿井下实行两级排水。第一级排水系统，在主井井底车场设中央泵房和水仓，安装 3 台 DAI-100X80 型水泵，双排水管路，水仓容量 900 m^3；第二级排水系统，在两个下山采区泵房安装 3 台 DAI-100X80 型水泵，由采区泵房排至 -38 m 水平运输大巷，再由 -38 m 水平运输大巷水沟排至井底车场水仓中。矿井总排水能力为 108 m^3/h。

该矿批准的开采煤层为枣庄矿业集团莱村煤矿（已报废）和枣庄监狱建煤矿 3 号煤层部分残余煤和 14、15、16、17 号煤层煤。主采 3 号煤层残余煤，其余煤层尚未开采。3 号煤层煤种为气煤，倾角 23°，低瓦斯，自然发火期 6 个月。矿井正常涌水量为 2.0 m^3/h，最大涌水量为 29 m^3/h。

该矿井田范围内地面有一个露天矿坑，地面标高 +60 m、坑底标高 +46.5 m，平常坑内部分区域有积水。2003 年 6～7 月，该地区连降暴雨，降雨量达 411 mm，露天矿坑内积水增

至 10 万 m³ 左右。

（二）事故经过及抢救情况

2003 年 7 月 26 日 21 时 40 分，木石煤矿中班、夜班正在交接班时，3208 探煤巷越界区域发生透水事故，导致矿井－38m 水平以下的 5 个作业地点的 37 人遇险。

事故发生后，枣庄、滕州市委、市人民政府迅速组织救护队赶赴事故现场进行抢救，枣庄矿业集团有限责任公司救护大队及时赶到支援抢救。枣庄市委、市人民政府组成"7·26"事故抢险救灾指挥部，统一组织事故抢救、善后等工作。山东省人民政府成立了由一名副秘书长和省政府有关部门负责人参加的"7·26"事故协调小组，协调指挥抢险救灾工作。抢险救灾指挥部调集了驻枣庄市部队、武警官兵、预备役战士和工人约 2 000 人，全力实施水坑地面堵水和回填工作；并调集了 26 台水泵，以每小时 150 m³ 的排水量，昼夜不停地进行排水；抽调 600 余名有一定经验的同志，分成 11 个抢险队，轮流进行井下清淤搜救工作。经过及时奋力抢救，有 2 名遇险人员经抢救脱险。截至 2003 年 8 月 26 日，35 名遇难矿工尸体全部找到。

（三）事故原因

1. 直接原因

木石煤矿违法越界开采煤层防水煤柱，3208 工作面在生产过程中顶板冒落后与露天矿坑坑底直接联通，导致露天坑内的积水、泥沙溃入井下。

2. 间接原因

（1）木石煤矿无视国家法律法规，违法越界开采；违反《煤矿安全规程》的有关规定，擅自开采煤层防水煤柱；为逃避当地政府及有关部门的监管，没有将越界部分的巷道填绘在采掘工程平面图上，甚至在抢险救灾初期也没有提供真实图纸，隐瞒井下作业地点。

（2）木石煤矿拒不执行滕州市安全生产委员会办公室（以下简称滕州市安委会办公室）《关于做好汛期煤矿安全的紧急通知》中关于"暴雨期间，津浦铁路以东所有煤矿立即将井下人员撤离，确保安全度汛"的要求，明知露天矿坑的积水有溃入 3208 工作面的危险，但心存侥幸，为了多出煤，仍然继续安排 3208 工作面越界开采。

（3）木石镇党委、政府未能认真贯彻落实滕州市安委会办公室关于做好汛期煤矿安全工作的要求，有关人员严重失职，在该地区连降暴雨的情况下，对木石镇仅有的一个煤矿未及时采取有效措施，制止其违规生产及违法开采活动。

（4）滕州市煤炭管理部门未认真落实滕州市安委会办公室关于做好汛期煤矿安全工作的要求，对木石煤矿监督检查不到位，没有及时发现该矿继续生产及违规开采煤层防水煤柱等问题；滕州市国土资源部门未及时发现该矿违法越界开采。

（5）滕州市人民政府未及时督促有关部门认真落实市安委会办公室有关汛期津浦铁路以东所有煤矿撤人停产的通知要求，对煤炭管理、国土资源等部门履行职责情况监管不到位。

【案例 5-3】　安徽淮南新庄孜井田内个体小井透地表水直接溃入大井事故。

1987 年 3 月 2 日 18 时，新庄孜矿井田南翼 13 槽煤露头区的个体小井，无证开采露头煤造成在塌陷积水大水塘边掉塌陷漏斗，使地表积水突然溃入小井和下方的 13 煤层开采区，总水量达 13.7 万 m³，使个体小井和新庄孜矿遭受惨重的损失。

第一，个体无证开采小井透水，造成了新庄孜矿全部停产，谢一、谢三矿部分停产 6～9

个月,到 1987 年底,新庄孜矿损失产量 123 万 t,谢一矿 43 万 t,谢三矿 30 万 t,共影响全局产量 201 万 t。据不完全统计,减产损失、停产工资支出、财产损失和抢险费用 4 笔损失就达 9 800 万元,如果加上多种经营系统小井被迫停产的 942 万元损失以及透水后遗留的其他后患,给国家造成约 1 亿 1 千万元的损失。不仅如此,由于小井透水,打乱了全局的正常生产计划,打乱了全局原有的采掘接替,影响了全局多矿的生产安排,损失是巨大的。

第二,朱海甫小井透水使小井自我毁灭,而且把塌陷积水大塘周围开采 C13 槽露头煤的 9 对相互联通的小井全部吞没,淹埋致死 12 名工人,直到 2 个月后才扒出。

(一)透水事故的经过及处理

1987 年 3 月 2 日 6 时许,位于新庄孜矿南翼 C13 槽塌陷区边缘的个体农民朱海甫小煤井回采 C13 槽特厚煤层露头隔水煤柱,造成地表突然掉塌陷漏斗。漏斗一半位于塌陷积水大塘里,一半在岸上。开始时,溃水漏斗直径只有 2 m,到 20 时溃水漏斗直径已达 10 m 左右,急流时而带着呼啸的响声,水流呈巨大的漩涡形式直灌新庄孜矿井下 C13 槽开采区,抛入坑内用来堵溃水口的坑木、笆片、草包等都被卷入漩涡,无影无踪,溃水漏斗四周的黄土出现环形的多层阶梯状塌陷大裂缝,表土不断坍入漏斗口内,使溃水漏斗范围迅速向外扩展。矿务局局长同在场的市领导决定,在奋力抢救小井井下工人的同时,命令直接受水威胁的新庄孜矿和谢三矿立即停产撤人,谢一矿部分停产撤人。与此同时,立即从各矿调来 400 多工人,调运了大批草包、塘柴、笆片,又组织了近 300 人的抢险队,并调运大批麻包等投入坑内,一方面围绕漏斗迅速筑人工堤坝截断水源。700 人奋战到次日凌晨 2 时,筑成了一道长 80 m、宽 2 m 的围堤。就在这时,溃水塌坑内突然一声巨响,漏斗突然向外崩坍数米。新筑的围堤几乎全部崩坍。水流呼啸着冲入漏斗,龙卷风似的漩涡吞没了抛下的一切阻挡物。现场的领导同志决定必须继续围堤、截流。

于是,再次增援抢救人员,同时调来大批数丈长的大毛竹,用打桩固定、毛竹横截、人工填土的方法,终于在次日 6 时左右,再次筑起了一道长 100 m、宽 2 m 多的人工截水堤。就在围堤合拢不久,坑内又是一声巨响,溅起数丈高的水花,呼哧一声,一坑水及抛下去的坑木、塘柴、笆片、大筐等物,无影无踪。坑底出现一个巨大的黑洞,堤坝还向坑内漏水。围堤眼看又有可能坍塌,就在现场的局长发现不远处有一个钢管焊接好的塔式小井架,高约 10 m,于是立即发动工人把这个井架倒过来抛入坑内,而后再向坑内抛入大批坑木、塘柴、笆片及装满土的草包和大筐;与此同时,采取人工爆破向坑内崩土,又调来两台推土机向坑内推土,就这样,一直奋战到次日 10 时左右,漏斗终于被堵住了。水虽然堵住了,但造成了巨大的损失。

(二)溃水事故原因

完全是个体小井违反安全规程开采水体下露头煤,致使地表急剧塌陷,引起塘水溃入大井。溃水条件是:新庄孜矿南翼 C13 槽及其下伏煤层已经开采到第四水平(−412 m)以下,地面形成一个面积为 10 590 m²、深约 4 m 的回采塌陷区积水大塘,总积水量约 42 万 m³,C13 槽煤露头上方的表土层厚约 17 m,C13 槽露头煤以下为大井老空及开采区。根据淮南的实际资料,导水裂隙带一般是采厚的 10 倍左右,即 13 槽 6 m 厚的煤,回采后导水裂隙带必将到达地表。显然,在上述水文地质条件下,这种风化露头煤是严禁开采的。但是,由于乡镇集体、个体小井未经批准强行进入国营矿山井田内部违章开采。在厚煤层露头区相距几十米就有一对井口,并造成"楼上楼"(登空开采)、"连裆裤"(互相连通),搞"地道战",不顾一切地互相争夺资源,乱采滥掘,并直接沟通了大井开采区,造成小井溃入,株连大井。大矿井田百孔千疮,这是造成这次突水事故的直接和根本的原因。

 **任务实施**

本任务要求在了解地面防水工程类型的基础上,掌握矿区地面防治水措施,分析某矿区的自然地理和水文地质条件,采取综合措施进行治理。通过案例分析与综合实训,培养学生分析问题、解决问题的能力,提高学生的职业素质;通过拓展资源的学习,让学生开拓视野,了解到矿井地表水防治的新技术、新方法,进一步明确科学技术是第一生产力的内涵,提升学生的工程素养。

 思考与练习

1. 什么是地面防水?
2. 矿井地表水源有哪些?
3. 地表水对矿区有什么影响?
4. 矿区地面防排水主要工程类型有哪些?
5. 简述山区矿井地表水的防治措施。
6. 简述平原区矿井地表水的防治措施。
7. 简述山前平原和低山丘陵区矿井地表水的防治措施。

 **综合实训**

1. 工作任务

(1) 对背景资料中的生产矿井地表水类型进行分析;提出矿井地表水的防治方案。

(2) 收集矿区地表水防治案例(每人1～2例),并分析、讨论、提出问题,进行总结。

2. 工作方法

分组讨论,独立完成。

3. 背景资料

某矿开采山西组2、4号煤层,为年产90万t/a的生产矿井。

汾河从井田西南外侧流过,汾河支流静升河从井田东南部流过。井田内发育冲沟,在雨季汇聚短暂性洪流,属季节性沟谷河流。在井田东部及南部的基岩沟谷处有侵蚀泉出露,泉流量0.14～1.39 L/s,泉流量随季节变化明显。井田部分沟谷内有基岩及煤层露头。

井田内的含水层主要有中奥陶统石灰岩含水层组、上石炭统太原组灰岩岩溶裂隙含水层组、下二叠统山西组含水层组、二叠系下石盒子组砂岩裂隙含水层、第四系孔隙含水层。

井田位于郭庄泉域中部,属区域岩溶水径流区,地下水总体流向为由北向南。石炭系上统太原组岩溶裂隙含水层组在井田内有出露,接受大气降水补给后,顺岩层倾向径流,与井田东南边界的静升河发生水力联系,部分则由矿坑水排泄。二叠系砂岩裂隙水在裸露区接受大气降水补给后,一部分沿层面裂隙顺层径流,向南排出区外,加入区域裂隙水循环,一部分在基岩出露区以下降泉形式排泄于井田沟谷中。

井田内发育断层约 14 条,断层落差一般为 4.5～20 m,其中 5 m 以上的断层 13 条,落差 20 m 断层 1 条。发育规模及落差较大的断裂构造位于井田的东南、西北边界附近。

任务二　矿井老空水害防治

【知识要点】　老空水的形成;老空水的探放原则与工程设计;探放老空水的步骤与方法;探水钻孔的布置和方式;探放老空水的安全措施及注意事项;其他的防治措施。

【技能目标】　具有简要分析老空水形成的能力;具有进行老空水探放工程设计和正确估算老空积水量的能力;具有安全探放老空水和进行老空水害防治的能力。

【素养目标】　培养学生专业探索精神;培养学生崇尚科学、科技强国的职业素养;培养学生大国工匠、团结协作的精神。

任务导入

我国是煤炭开采历史悠久的国家,遗留下了好多老窑,尤其在改革开放初期,煤炭开发混乱,胡挖乱采,形成了大量小窑采空集水区,对煤矿开采造成很大的威胁,因此老空水是矿井防治水的重要任务。

《煤矿防治水细则》第五条规定:煤矿应当根据本单位的水害情况,配备满足工作需要的防治水专业技术人员,配齐专用的探放水设备,建立专门的探放水作业队伍,储备必要的水害抢险救灾设备和物资。

水文地质类型复杂、极复杂的煤矿,还应当设立专门的防治水机构、配备防治水副总工程师。

《煤矿防治水细则》第七十六条规定:煤矿应当开展老空分布范围及积水情况调查工作,查清矿井和周边老空及积水情况,调查内容包括老空位置、形成时间、范围、层位、积水情况、补给来源等。老空范围不清、积水情况不明的区域,必须采取井上下结合的钻探、物探、化探等综合技术手段进行探查,编制矿井老空水害评价报告,制定老空水防治方案。

任务分析

《煤矿安全规程》与《煤矿防治水细则》的有关规定明确了矿井老空水害防治的重要性。当采掘工作面接近老空水体时,常采用超前探放水的措施,在探明水情的情况下将水放出,通过对老空水探查,确定其位置、积水范围与水量的大小。本节主要掌握井下探放水的原则、工程设计与方法,为此,必须掌握以下知识:

(1) 老空水的形成;

(2) 老空水的探放原则与工程设计;

(3) 探放老空水的步骤与方法;

(4) 探水钻孔的布置和方式;

(5) 探放老空水的安全措施及注意事项;

(6) 其他的防治措施。

相关知识

一、老空水的形成

为了保证正常生产,在煤炭开采过程中,需要将涌入井下的地下水排出地面,这时排水费用作为煤炭开采成本的一部分计入其销售成本之中,当采掘工作完成后,留下大量的废弃巷道和采煤空间,对涌入的地下水一般不再排放,这时,采空区内聚集着大量的地下水,称为老空水。

有些煤矿地下水占据采空区的一部分,如干旱和半干旱的北方地区,而有些煤矿,如雨量充沛的南方,地下水几乎占据了采空区的全部空间。

二、老空水的探放原则与工程设计

（一）探放老空水的原则

探放老空水除了要遵循"预测预报、有疑必探,先探后掘、先治后采"的防治水原则外,还应遵循下述探放老空水的原则。

矿井井下
水害防治

（1）积极探放。当老窑、老空区不在河沟或重要建筑物下面,排放老窑、老空区内积水不会过分加重矿井排水负担,且积水区之下又有大量的煤炭资源,亟待开采时,这部分积水应千方百计地放出来,以彻底解除水患。

（2）先隔离后探放。与地表水有密切水力联系的老空水,雨季可能接受大量补充;或老空的涌水量较大,水质不好（酸性大）;为避免长期负担排水费用,对这种积水区应先设法隔断或减少其补给水源,然后进行探水;若隔断水源有困难无法进行有效的探放,则应留设煤岩柱与生产区隔开,待到矿井生产后期再进行处理。

（3）先降压后探放。对水量大、水压高的积水区,应先从顶、底板岩层打穿层放水孔,把水压降下来,然后再沿煤层打探水钻孔。

（4）先堵后探放。当老空区被强含水层水或其他大小水源水所淹没,出水点有很大的补给量时,一般应先堵住出水点,而后再探水、放水。

（二）探放水工程设计内容

探放水设计,必须有说明书、安全措施和工程图纸,主要包含以下内容:

（1）探放水巷道推进工作面及周围的水文地质条件。如老空积水范围、积水量、确切的水头高度（水压）、正常涌水量,老空与上下采空区、相邻积水区、地表河流、建筑物及断层构造的关系等,以及积水区与其他含水层的水力联系程度。

（2）探水巷道的开拓方向、施工次序、规格和保护形式。

（3）探水钻孔组数、个数、方向、角度、深度和施工技术要求及采用的超前距与帮距。

（4）探水施工与掘进工作的安全规定。

（5）受水威胁地区信号联系和避灾路线的确定。

（6）通风措施和瓦斯检查制度。

（7）防排水设施,如水闸门、水闸墙等的设计以及水仓、水泵、管路和水沟等排水系统和能力的具体安排。

（8）水情及避灾联系汇报制度和灾害处理措施。

（9）附老空位置及积水区与现采区的关系图,探放水孔布置的平面图、剖面图等。

三、探放老空水的步骤与方法

(一)超前探放水

《煤矿安全规程》规定,在地面无法查明水文地质条件时,应当在采掘前采用物探、钻探或者化探等方法查清采掘工作面及其周围的水文地质条件。

采掘工作面遇有下列情况之一时,应当立即停止施工,确定探水线,实施超前探放水,经确认无水害威胁后,方可施工:

(1)接近水淹或者可能积水的井巷、老空区或者相邻煤矿时。

(2)接近含水层、导水断层、溶洞和导水陷落柱时。

(3)打开隔离煤柱放水时。

(4)接近可能与河流、湖泊、水库、蓄水池、水井等相通的导水通道时。

(5)接近有出水可能的钻孔时。

(6)接近水文地质条件不清的区域时。

(7)接近有积水的灌浆区时。

(8)接近其他可能突(透)水的区域时。

(二)探水前应注意的事项

(1)检查排水系统,准备好水沟、水仓及排水管路;检查排水泵及电动机,使之正常运转,达到设计的最大排水能力。

(2)准备堵水材料。在探水地点应备用一定数量的水泥(或者化学浆)、套管、闸阀坑木、麻袋、木塞、泥、棉线、锯、斧等,以便出水或来压时及时处理。

(3)检查瓦斯。瓦斯浓度超过安全规定时应停止工作,及时加强通风。

(4)检查支架情况。有松动或破损的支架要及时修整或更换。帮顶是否背好,都要一一检查。

(5)检查煤壁。煤壁有松软或膨胀等现象时,要及时处理,闭紧填实,必要时可打上木垛,防止水流冲垮煤壁,造成事故。

(6)检查水沟。巷道水沟中的浮煤、碎石等杂物,应随时清理干净。若水沟被冒顶或片帮堵塞时,应立即修复。

(7)检查安全退路。避灾路线内不许有煤炭、木料、煤车等阻塞,要时刻保证通畅无阻。

(8)检查打钻地点或附近是否安设专用电话。

(三)探水界线的确定

为保证安全生产,通常将调查和勘探获得的小窑老空分布资料经过分析后划出三条界线,如图5-6所示。

1. 积水线

调查核定积水区的边界,即小窑老空的范围,其深度界线应根据小窑的最深下山巷道划定。

2. 探水线

由积水线外推60~150 m的距离画一条线(上山掘进时则为顺层的斜距),作为探水线。外推数值的大小,取决于积水边界的可靠程度、积水区的水头压力、积水量的大小、煤层厚度及其抗张强度等因素。

《矿井水文地质规程》规定,掘进工作面在距积水实际边界20 m处停

探水界线的
确定

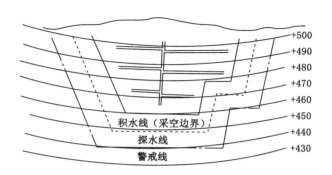

图 5-6 积水线、探水线和警戒线示意图

止掘进,进行打钻探水。积水线外推 20 m 即为放水线。

3. 警戒线

由探水线再外推 50~150 m 作为警戒线(在上山掘进时指倾斜距离),掘进巷道进入此线后应警惕积水的威胁,随时注意掘进巷道迎头的变化,当发现有出水征兆时必须提前探水。

(四)老窑积水量的估算

划定积水线后,可初步估算老空积水量。

(1)老窑采空区积水量(静储量)

按下式估算:

$$W = KMLh / \sin \alpha \tag{5-1}$$

式中　W——老窑采空区总积水量(静储量),m^3;

　　　M——老窑巷高(采高),m;

　　　L——采空区走向长度,m;

　　　h——采空区内的水头高度,即从煤层底板等高线图上查采空区积水面标高与探水巷放水孔的见水标高差,m;

　　　α——煤层平均倾角,(°);

　　　K——老窑充水系数,一般取 0.25~0.5。

充水系数 K 与采煤方法、回采率、煤层倾角、煤层顶底板岩性及其碎胀程度、采后间隔时间、巷道成巷时间及其维修状况等有关。

(2)老窑采空区动储量

用类比法估算:估算出本矿采空区面积,计算出单位面积、单位时间的涌水量 Q_D (m^3/km^2),则老窑采空区动储量为

$$Q_动 = (0.5 \sim 0.6) S Q_D$$

式中　$Q_动$——采空区动储量,m^3/h;

　　　S——采空区积水斜面积,km^2;

　　　Q_D——本矿同煤层单位面积涌水量,m^3/km^2。

四、探放水钻孔的布置原则和方式

1. 探水钻孔的布置原则

探放水钻孔布置应以确保不遗漏老空,保证安全生产,而探水工作量又以最小为原则。

探水钻孔应保证适当的超前距、帮距和密度(图 5-7),采用探水—掘进—探水循环进行。

(1) 超前距

探水时从探水线开始向前方打钻探水,一次打透积水的情况较少,所以常是探水—掘进—探水循环进行,而探水钻孔的终孔位置应始终保持超前掘进工作面一段距离,这段距离简称超前距。经探水后证明无水害威胁,可以安全掘进的长度,称为允许掘进距离。实际工作中,超前距一般采用 20 m。在薄煤层中可缩短,但不得小于 8 m。超前距可用下述公式进行估算:

$$\alpha = 0.5L\sqrt{\frac{3P}{K_p}}\tag{5-2}$$

式中　α——超前距,m;

　　　L——巷道的跨度(宽或高取其大者),m;

　　　P——水头压力,kg/cm^2;

　　　K_p——煤柱的抗拉强度,kg/cm^2。

超前距除公式估算之外,有的矿区还从实践中总结出一些经验数据,例如,淄博矿区根据多年来的探放水工作,得到了本矿区探放水时的最小超前距,见表 5-1。

表 5-1　淄博矿区探放水时的最小超前距

煤层厚度/m	1.6～2.2	1.2～1.6	0.8～1.2	<0.8
水头压力高度 /(kg·cm^{-2})	30～100 10～30 <10	30～100 10～30 <10	30～100 10～30 <10	30～100 10～30 <10
最小超前距/m	20 16 14	20 14 10	10 18 12	12 10 8

(2) 帮距

探水钻孔的布置一般不少于 3 组,每组 1～3 个钻孔。探水钻孔数量一般不少于 3 个,一个为中心眼,另两个为外斜眼,与中心线成一定角度呈扇形布置。钻孔方向应保证在工作面前方的中心及上下左右都能起到探水作用。中心眼终点与外斜眼终点之间的距离称为帮距。帮距一般应等于超前距,有时可略比超前距小约 1～2 m。

超前距和帮距越大,安全系数越大。安全系数越大,探水工作量也越大,从而会影响掘进速度;若超前距和帮距过小,则不安全。因此,超前距和帮距必须合理确定。

(3) 钻孔密度

钻孔密度是指允许掘进距离的终点,探水钻孔之间的间距。间距的大小视具体情况而定,一般不应大于古、空、老巷的尺寸。例如古、空、老巷道宽为 3 m,则巷道允许掘进终点钻孔间距最大不得超过 3 m。有时为了减少工作量可在允许掘进距离内用小电钻补探,以保证不打漏积水的古、空、老巷。

2. 探水钻孔的布置方式

探水效果的好坏与钻孔布置方式有很大关系。在布置探水钻孔时必须注意两个问题:

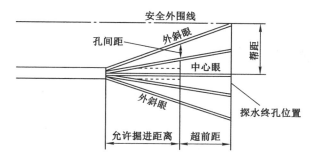

图 5-7　探水钻孔的超前距、帮距和允许掘进距离示意图

要确保安全又要工作量最小。

倾斜煤层平巷掘进常布置成半扇形。扇形和半扇形布置又分为大夹角扇形布置和小夹角扇形布置，如果运用得当，两种形式都可以取得良好的效果。

（1）"大夹角"扇形钻孔布置

倾斜煤层煤厚小于 2 m 时，上山掘进应呈扇形布置，两侧各布置 2～3 组钻孔，每组 1～2 个孔，中间沿巷道前进方向一组，每组钻孔之间的夹角为 7°～15°（图 5-8）。

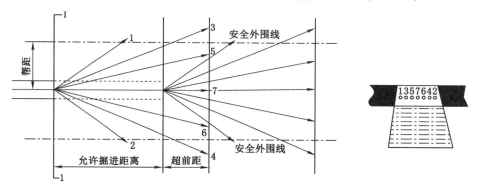

图 5-8　薄煤层上山巷道探水钻孔布置示意图

探水钻孔布置从平面上看，一般常布置成扇形和半扇形。上山巷道常布置成扇形，煤厚大于 2 m 的倾斜煤层，上山掘进钻孔的布置与上述一样，每组钻孔夹角为 7°～15°，由于煤厚增大，每组钻孔的孔数不得少于 3 个。其中应包括有见底板和见顶板的钻孔，以保证不漏掉垂直方向上的积水洞（图 5-9）。

图 5-9　厚煤层上山巷道掘进迎头探水钻孔布置图

平巷掘进呈半扇形布置 3～4 组钻孔,钻孔夹角为 7°～15°,煤厚小于 2 m 时,每组施工 1～2 个孔[图 5-10(a)、(b)];煤厚大于 2 m 时,每组不得少于 3 个孔[图 5-10(c)]。厚煤层沿顶板掘进的全煤巷道,每组钻孔中除 1 个钻孔平行煤层顶板外,其余各钻孔应依次向下倾斜,并至少有 1 个钻孔见底板(图 5-11)。沿煤层底板掘进的全煤巷道,钻孔在剖面上的布置和沿顶板掘进的方向相反(图 5-12)。

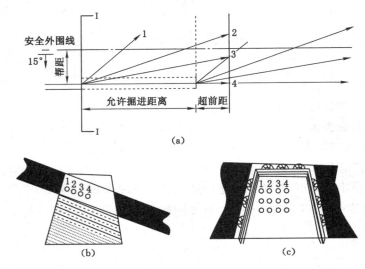

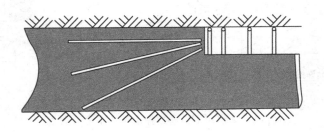

图 5-10　平巷掘进探水钻孔布置示意图

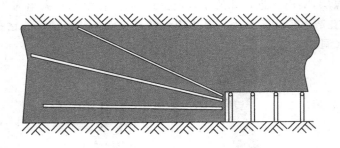

图 5-11　厚煤层巷道沿顶板掘进探水钻孔

图 5-12　厚煤层巷道沿底板掘进探水钻孔

(2)"小夹角"扇形钻孔布置

所谓"小夹角",即两组钻孔之间的夹角,较"大夹角"要小,一般在 1°～3°之间。用"小夹角"布置探水钻孔,一般在巷道正前方不易漏探小积水洞,因为允许掘进距离可以大大加长,这样可以提高工效。

"小夹角"钻孔布置一般也是顺巷道前进方向布置 1 组,两侧各 2～3 组,每组钻孔间夹角为 1°～3°,每组钻孔数要求与"大夹角"探水钻孔数相同。但当探水深度小时,两侧控制范围(帮距)较小,因而在探测一定的帮距时,以不漏掉两侧的小洞为准。

不论用上述哪种方法探水,都必须根据巷道的方向以及煤层的产状,事先换算好钻孔水平夹角、方位角、倾(仰)角以及钻孔深度等,以便施工。然后根据实际施工情况,确定允许掘进距离和小电钻补探钻孔的技术要求,最后由防探水技术人员整理探水钻孔资料并填写《允许掘进通知单》(表 5-2),其内容应包括:钻探情况、钻探平面图、剖面图及允许掘进距离和注意事项等,一式 3 份。填写后由施工单位、安全检查部门及矿技术总负责人审批后严格执行。

表 5-2 允许掘进通知单

探水地点					钻探 平面图 及 剖面图	
水害性质		探水施工日期				
允许掘进深度/m		探水总进尺/m		煤		
				岩		
各钻孔探钻结果						
孔号	方向角/(°)	倾角/(°)	层位	孔深	说明	
						小电钻补探要求
						矿总工程师审批意见及签字
探水情况简要说明					接收单位	单位意见

编号: 日期:

3. 掘进与探水的配合

受水害威胁的地区,必须与掘进施工管理相配合,才能取得良好的防水效果。

(1)上山探水

上山巷道掘进时,因积水区在上方,上方巷道三面受水威胁,一般应采用双巷掘进、交叉探水(图 5-13)。其中一条巷道适当超前探水、放水,另一条巷道随后,用来安全撤人。双巷之间每隔 30～50 m 掘一联络巷,并设挡水半墙,以便在其中的一条上山出水时,不会窜到另一条上山巷道中去。

（2）倾斜煤层平巷探水

在倾斜煤层中平巷掘进时，应保证靠近老空的平巷（副巷）要超前于下面平巷（正巷）一段距离（如 20 m），采用双巷掘进，单巷超前探水（具体指只在副巷探水，正巷随后掘进），钻孔布置成扇形（图 5-14）。两巷之间每隔 30～50 m 掘一联络巷，上方巷道超前探水，下方巷道为泄水巷。

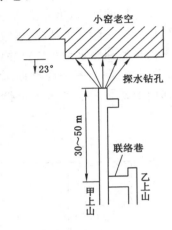

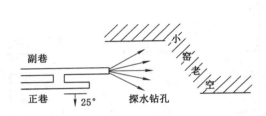

图 5-13　上山巷道探水施工方法示意图　　　　图 5-14　倾斜煤层平巷探水示意图

（3）平巷和开切互相配合探水

在煤层内准备采煤工作面时，平巷（回风巷）应先探水掘进到位，然后再施工切眼。这样既减少开切眼掘进的危险性，又减少开切眼掘进时的探水工作量（图 5-15）。

（4）上山和下山互相配合探水

在受老空水威胁地区进行下山巷道掘进时，除警惕防止掘进工作面和两帮来水外，还应特别注意背后来水。当上山巷道水害威胁未消除或正在探水时，下山巷道应停止工作，等水害威胁消除后再进行掘进（图 5-16）。

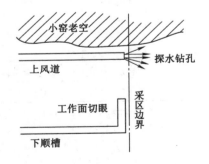
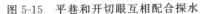

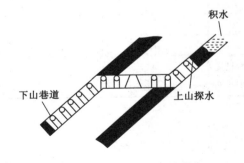

图 5-15　平巷和开切眼互相配合探水　　　　图 5-16　上山和下山相互配合探水

（5）隔离式探水

在水量大、水压强、煤层松软和节理发育的情况下，直接探水很不安全，需要采取隔离方式进行探水，如掘石门时，在石门中预先探放积水；或在巷道掘进迎头砌隔水墙，在墙外探水;此外,当相邻的煤层间距大于 20 m 时,还可采用隔离层打孔的方法,探放另一煤层的老空积水。

4. 放水孔有关参数的确定

(1)钻孔孔径的选择

放水钻孔孔径的大小,应根据煤层的坚实程度、放水孔深度等因素来确定。如煤层普氏系数较大,钻孔较深,可选用稍大一点的孔径;反之则应选用较小的孔径。在生产实践中常采用42 mm、54 mm、58.5 mm、75 mm 孔径,一般不超过 58.5 mm,以免因流速过高,冲垮煤柱。

(2)钻孔孔数的计算

采空区最大应放水量的计算公式如下:

$$W_{\max}=W_{静}+Q_{动}\,t$$

式中　$W_{\max}$——最大放水量,m^3;

　　　$W_{静}$——采空区静储量,m^3;

　　　$Q_{动}$——采空区单位时间动储量,m^3/min;

　　　t——允许放水时间,min。

钻孔单孔出水量的计算公式如下:

$$q=60C\omega^2\sqrt{gh}$$

式中　q——单孔出水量,m^3/min;

　　　C——流量系数,其大小与孔壁的粗糙程度、孔径的大小、钻孔的长度等因素有关,可由试验得出,无资料时可取 $0.6\sim0.62$;

　　　ω——钻孔的断面积,m^2;

　　　g——重力加速度,$9.81\ m/s^2$;

　　　h——钻孔出口处的水头高度,m。

由于放水时该数是个不断变小的数值,属于非稳定流状态,为简便计算钻孔的平均放水量,可取钻孔出口处最大水头高度的 $40\%\sim45\%$。

平均放水量(Q_{cp})可用下式计算:

$$Q_{cp}=\frac{W}{t}+Q_{动}$$

式中　W——储存量或采空区的总积水量,m^3;

　　　t——允许放水期,min;

　　　$Q_{动}$——动储量,m^3/min。

放水钻孔的孔数($N_{孔数}$)用下式计算:

$$N_{孔数}=\frac{Q_{cp}}{q}+k$$

式中　Q_{cp}——平均放水量,m^3/min;

　　　q——单孔出水量,m^3/min;

　　　k——备用孔孔数,一般取 $1\sim2$。

5. 放水孔孔口管的安装

在探放水工作中,一般水量和水压不大时,积水可通过探水钻孔直接放出;在探放水量和水压较大的积水区或强含水层时,为了保证安全生产,达到有计划地放水和收集有关放水资料的目的,必须安装专门的孔口管。

　　孔口管的安装必须固定在岩石坚硬完整的地段,以免揭露含水层或老空后孔口管跑水,或水压使孔口管崩落而失去控制水量的作用。如果固定在疏松、破碎岩层内,一旦揭露含水层,孔口管就会出现跑水等难以控制水量的现象。

　　对重要的放水工程,必须注意孔口管安装的质量。最好的办法是孔口管放入钻孔后,孔口用较稠的水泥浆将套管封死,并在套管上另留一个小管。当水泥凝固后,由孔口管向孔内注浆。当水泥进入套管和孔壁之间的空隙和岩石裂隙中时,先是空气和水由上面的小管跑出,随后跑出水泥浆,当稠水泥浆从小管跑出后,即停止注浆,关闭套管的阀门,用较小直径的钻头在管内扫孔,再向孔内压水。

　　孔口管具体在施工时一般都是先用大口径钻头开孔至一定深度(一般根据水压大小而定),下套管后,在管外围灌注水泥,待水泥凝固后再用较小直径的钻头在套管内钻进,直至钻透老空(或含水层)为止,然后退出钻具在孔口管外露部分装上压力表、水阀门和导水管等,如图5-17所示。当压力大于孔口管末端静水压力的1.2倍或超过预计放水的水压时,孔口管周围没有漏水现象,说明合乎要求;否则,需重新注浆加固。

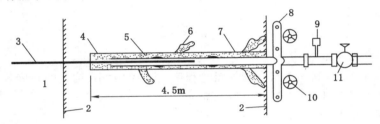

1—含水层;2—相对隔水层;3—钻杆;4—钻孔;5—水泥;
6—肋条;7—钢管;8—铁卡;9—水压表;10—木柱;11—水闸门。

图5-17　放水孔孔口装置示意图

五、探放老空水的安全措施

1. 探水巷道掘进的安全措施

　　(1)探水巷道必须在探水钻孔有效控制范围内掘进,探水孔的超前距、帮距及孔间距必须符合设计要求。每次探水后、掘进前,应在起点处设置标志。

　　(2)巷道支护必须牢固,顶、帮背实,有较强的抗水流冲击能力。

　　(3)按设计钻孔的预计流量修建水沟,并将流水巷道内的沉渣等障碍物清理干净,巷道通风必须良好。

　　(4)巷道与积水区间距小于探水规定的超前距,或有突水征兆时,应将掘进头正前和两帮支架加固,刹紧背严,加以封固,另选定安全地点探水。

　　(5)厚煤层的上山探水巷,必须沿底板掘进,巷道内不能有浮煤。

　　(6)探水巷道须加强出水征兆的观察,一旦发现异常应立即停掘处理。情况紧急时必须立即发出警报,撤出受水威胁地点的全部人员。

　　(7)严格执行"四不掘进"制度:① 当工作面或炮眼有突水征兆时;② 探水孔超前距离不符合规定时;③ 掘进头支架不牢或空顶时;④ 排水系统不正常时。

　　(8)掘进班长必须在现场交接班,交接允许掘进剩余长度和巷道中线与允许前进方位关系等问题。

（9）遇高压水顶钻杆时，要求控制钻杆，使其慢慢地顶出孔口。操作时禁止人员直对钻杆站立。

2．放水及放水后掘进的安全措施

（1）探到积水或水压后，应复核原有积水资料，确定放水量及放水孔个数，进一步调整排水能力，使排水供电系统符合《煤矿安全规程》的要求，并清理好水仓、水沟等。

（2）派专人监视放水情况，记录放水量，发现异常及时处理。

（3）加强放水地点的通风，增加有害气体的检测次数，或设瓦斯警报器。

（4）放水结束后，立即核算放水量与预计积水量的误差，查明原因，以防止有残留积水。

（5）受地表水强烈补给的老空区，放水后一般应通过一个水文年的观察，方可掘透老空。恢复掘进和透老空前须进行扫孔或补孔检查。

（6）掘透老空时，两侧应有掩护孔，并在有风流进出的钻孔透老空点标高以上掘进。以防由于淤泥、碎石收缩堵孔，造成积水已被"放净"的假象和防止放水点标高以下残留积水突出的危险。

（7）进入老空区后，遇见实煤区或致密的矸石充填区，凡无法观测前方老空状况时，仍须探水前进，以防残留积水的危害。

3．其他安全措施

（1）在突然大量涌水的情况下探放水时，应事先在探水工作面附近设临时水闸门。

（2）预先规定好报警联络信号、涌（充）水时的对策及人员避灾路线等。

（3）放水工作应尽量避免在雨季进行。

（4）探放水人员必须按照批准的设计施工，未经审批单位允许，不得擅自改变设计。

六、探水作业安全注意事项

探水作业是直接与水害作斗争，不仅直接关系到探水人员的安全，也关系到探放水周围地区甚至整个矿井的安危。所以施工中应严格遵守下列事项：

（1）加强靠近探水工作面的支护，以防高压水冲垮煤壁及支架。

（2）检查排水系统，准备好适当坡度和断面的排水沟及相当容积的缓冲水仓，加大排水能力。

（3）探水工作面要经常检查瓦斯，发现有害气体逸出时，要及时采取通风措施。

（4）在水压高、水量大的情况下探水时，在煤层中打钻不安全，应修筑隔水墙，采用隔离式探水。必要时应事先安好孔口装置，并在探水工作面附近设临时水闸门。

（5）对水压高于 1.0 MPa 且水量较大的积水进行探放时，孔口应安设防喷逆止阀，以避免高压水顶出钻杆，喷出碎石伤及到人。

（6）当积水为 pH 值小于 5 的酸性水，放水时间又较长时，孔口安全装置应涂防腐漆或沥青以防腐蚀，必要时可用不锈钢材料制造孔口安全装置。

（7）钻探过程中发现孔内显著变软或有水沿钻杆流出时，都是钻孔接近或钻入积水区的象征，遇到这种情况应立即停钻检查。如钻孔内水的压力很大，应马上将钻杆固定，切勿移动及起拔，钻机后面不要站人，以免高压水将钻杆顶出伤人或造成透水事故。

（8）放水工作应尽量避免在雨季进行。放水结束后，立即核算放水量与预计积水量的误差，查明原因，以防有残留积水。

七、其他的防治措施

当老空不在河沟和重要建筑物下面时,一般要积极探放,以彻底解除水患;对水量大、水压高的积水区,应先疏水降压(如从顶板岩层打穿层放水孔降压),然后再探放。

与地表水有密切水力联系的老空水,且雨季可能接受大量补给,或老空水的涌水量较大时,应先采用注浆堵水法等设法隔断补给水源,再进行探放;如果阻断水源有困难时,应留设防隔水煤岩柱。当采空区被强含水层或其他大水源水所淹没时,应先堵后探放。

在水淹区、采空积水区下掘进时,防水煤(岩)柱的留设主要有 3 种情况:

(1)巷道在水淹区下或老窑积水区下掘进时,巷道与水体之间的最小距离,不得小于巷道高度的 10 倍。

(2)在水淹区或老窑积水区下同一煤层中进行开采时,若老窑区或水淹区的界线已经基本查明,隔水煤柱的尺寸应按式(5-2)留设。

(3)在水淹区或老窑积水区下同一煤层中进行回采时,隔水煤(岩)柱的尺寸不得小于导水裂隙带最大高度与保护带高度之和(图 5-18)。

$$H_{垂} \geqslant H_{裂} + H_{保}$$

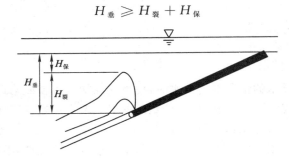

图 5-18　水淹区、采空积水区下防水煤(岩)柱的留设

案例分析

【案例 5-4】　山西霍州曹村煤矿老窑突水事故。

山西霍州曹村煤矿经反复调查,井田内有老窑 108 处,新中国成立初期有小窑 7 对,均开采山西组 2 号煤层,煤层平均 3.5 m 左右,前后历经 400 余年(从明朝嘉靖年间 1522~1567 年起)。根据老(小)窑平面所在位置、大致开采范围划定的破坏区及其开采系数(0.3),初步估算其积水总计达 8 万余立方米。这些老窑绝大部分窑口坍塌,已被黄土充填覆盖,现今地面踪迹皆无。天长日久,接受 K8 砂岩裂隙含水层及第四系松散孔隙含水层的补给,其破坏区已基本充满了水。它们犹如盲湖(只补不泄的静水盆地)或小量暗流(有补有泄),居高临下,这些"水老虎"对矿井和人身安全的威胁极大。

1966 年 11 月该矿设计的一盘区溜煤眼在老窑破坏区下,而且采用反井施工法。反掘多半后,自下而上布置了 3 孔,呈扇形,由于在 3 孔连线方向上两孔见煤层底板的间距大于老窑巷宽,在 3 孔连线的垂线方向未布置探水孔,掘至煤层底板 4 m 处,探水孔有流水。早 8 时接班后,在专业技术人员再三建议下,安排新工人一律在交叉点外等候,由两名老工人监视水情,不一会儿老窑发生突水。老窑水冲出的大石头堵住平硐大巷,涌水倒流,该小队 13 名工人迅速从平硐撤离,平硐深处的两个小队从通风斜井撤离。此次突水量 4×10^4 m^3

左右,未造成人员伤亡,井下掘进设备被淹,突水点附近轻轨被扭成了"麻花",倒流的水淹了暗斜井。此次老窑突水造成的经济损失达数十万元。

【案例 5-5】 山西陵川县关岭山煤矿运输副巷透老窑水事故。

该煤矿山西组 3 号煤层,生产能力 10 万 t/a,煤层埋藏浅,周围小煤窑多,老窑破坏面积很大,均有积水。

1982 年 6 月 15 日,开拓副巷时遇有断层,因有透水迹象而停掘。20 日距该工作面 30 m 处巷道有冒顶现象。22 日在冒顶处架设支架,当架设第 3 架时,听到煤壁发出异常响声,工作面水流不断增大,支架工人立即向外跑,此时,又听到工作面煤块塌落响声,在主巷工作的其他人员听到喊声后立即跑出,一工人去里面通知其他人员撤退。12 时 15 分发生重大透水事故,不足半小时涌入 20 000 m³,巷道淹没 2 000 m,主井淹没 84 m,井下职工除 20 人脱险外,其余 67 人被封在井下。

此时,矿领导立即向县、地、省及中央等单位作了紧急报告。下午 2 时,县、地、领导带工程技术人员赶赴现场组织抢救。相关单位领导也带领技术人员赶到现场,并迅速成立了抢险领导小组和指挥部,组织人员调查附近老申沟古井情况,准备整修恢复与该煤矿之间已塌的旧巷道,设法进入井下。晚 7 时,第 1 台水泵开始排水,晚 9 时 28 分,6 台水泵安装就绪,投入运转。接着又增加到 11 台水泵,排水量由 300 m³/h 增加到 700 m³/h,水位下降速度达到 25 cm/h。到 24 日 6 时,水位已下降了 3.65 m。同时在老申沟旧窑进行了两次探测,修通巷道 200 多米,新鲜风流已通过采空区进入井下,同时也制定出打钻方案,准备调集钻机。24 日深夜 11 时 15 分,在副斜井排水的工人听到井下有人呼救,15 min 后,第 1 名遇险工人安全脱险。此时,排水进度加快,水位迅速下降,为顺利抢险创造了有利条件。25 日凌晨,经过两个多小时的抢救,在井下被积水隔绝长达 66 h 的 67 名遇险工人,被全部抢救脱险。

事故原因:

(1) 技术力量薄弱。建矿以来,该矿没有技术人员,工人文化程度普遍很低,缺乏科学技术知识,技术素质差,不知道水患的严重性。

(2) 地质情况不明,盲目进行开拓。该矿一直在老窑水包围之中挖煤,不知道周围矿井和古窑的相互位置、距离和地下水的采空区积水情况。

(3) 地面的旧井周围没有防洪设施,使地面水灌入井下,造成矿井古窑区大量积水。

(4) 抗灾能力很小,矿小设备少。长期以来,井下都是手工操作,采用手摇麻花钻打眼。后来改成煤电钻,钻杆长度最长也只有 3 m,起不到探水作用。没有按照"有疑必探,有掘必探"的原则组织生产,有很多问题只能凭老经验办事。

(5) 领导没有重视。1982 年 6 月 15 日到 22 日发现了开拓区工作面有断层构造,工作面渗水和发出异常响声的透水预兆,矿领导没有引起高度重视,既不果断采取措施进行处理,又不详细研究分析向上级汇报。在相隔 30 m 的主巷处,仍然爆破掘进,使该工作面煤壁破裂,事故不断发生。

(6) 安全管理混乱。该矿没有一套严明的安全管理规章制度,平时对违章责任者姑息迁就,致使违章时常出现,隐患长期存在,事故不断发生。

(7) 职工安全生产技术素质差,没有对职工进行安全技术培训。

任务实施

本任务要求在进行老空水探查的基础上,重点掌握矿井老空水探放工程设计、探放水方法与技术,并掌握相关的计算。通过案例分析与综合实训,培养学生分析问题、解决问题的能力,提高学生的职业素质;通过拓展资源的学习,让学生开拓视野,了解到矿井老空水防治的新技术、新方法,进一步明确科学技术是第一生产力的内涵,提升学生的工程素养。

思考与练习

1. 简述老空水的形成。
2. 简述老空水的探放原则与工程设计。
3. 在什么情况下,需要进行超前探放水?
4. 在进行老空水探放时,如何确定探水界线?
5. 什么是超前距、帮距和允许掘进距离?
6. 简述探放老空水的步骤与方法。
7. 简述探放老空水的安全措施。
8. 在进行探水作业时,有哪些安全注意事项?

任务三　矿井顶板水害防治

【知识要点】 矿井顶板水害分类;煤层顶板涌水因素分析;煤层顶板突水机理;煤层顶板突水预测与评价;矿井顶板水疏放与水害防治。

【技能目标】 具有判别矿井顶板水害水源的能力;具有正确识别"三带"的分布与形态特征及正确计算冒裂带高度的能力;具有进行矿井顶板涌水预测与评价的能力;具有制定矿井顶板水害防治措施的能力。

【素养目标】 培养学生专业探索精神;培养学生崇尚科学、科技强国的职业素养;培养学生大国工匠、团结协作的精神。

任务导入

在采动破坏下,上覆岩层失去支撑向下垮落而形成"三带",往往成为地表水、地下水与老空水的导水通道,造成矿井顶板水害事故。矿井顶板水害在矿井水害事故中占到了一大类,是需要注意并进行严格防范的。

《煤矿防治水细则》第六十二条规定:当煤层(组)顶板导水裂隙带范围内的含水层或者其他水体影响采掘安全时,应当采用超前疏放、注浆改造含水层、帷幕注浆、充填开采或者限制采高等方法,消除威胁后,方可进行采掘活动。

任务分析

依据《煤矿安全规程》与《煤矿防治水细则》的有关规定,明确矿井顶板水害防治的重要性。通过对煤层顶板涌水因素的分析,掌握顶板突水的预测与防治。为此,必须掌握以下知识：

　　（1）矿井顶板水害分类；

　　（2）煤层顶板涌水因素分析；

　　（3）煤层顶板突水机理与预测；

　　（4）矿井顶板水害防治措施。

 **相关知识**

一、矿井顶板水害分类

1. 地表水体（河、湖、海）

大气降水渗入或流入，往往是开采地形低洼且埋藏较浅煤层的主要水源，在雨季表现得尤为明显。河流、湖泊、水库、池塘水也会渗入和流入井下成为矿井水。

全国各地均有，尤以东部居多。在海下最具有代表性的是山东黄县新近系褐煤田，位于渤海以下，煤层露头直接与海底接触；湖下最具有代表性的是鲁西南、苏西北微山湖、昭阳湖下，均有煤层开采；河下最具有代表性的是内蒙古元宝山煤矿，它是在英金河和老哈河下开采。

2. 巨厚松散含水层

一般为松散含水层孔隙水，流砂水或泥沙等，有时会受到地表水的补给。在我国东部分布较广，如两淮（淮南、淮北）煤田，石炭二叠系煤系隐伏于厚度约 $100\sim800$ m 的新生界（新近系及第四系）松散层之下，煤层露头直接与新生界底部接触。

3. 煤系顶板砂岩含水层

煤层顶板砂岩，特别是厚层砂岩，当裂隙发育，常受地表水或其他含水层补给，开采前如果没有进行探放水时，则可能会发生涌水事故。淮北芦岭煤矿、海孜煤矿、哈密煤矿、黄陵煤矿，煤层顶板赋存一定厚度的砂岩裂隙水，煤层顶板岩体导通含水层水体，往往发生顶板水害事故。

4. 煤系顶板灰岩含水层

太原组灰岩岩溶水，往往溶隙发育，有时候会受到奥灰灰岩水的补给，水量丰富，一旦突水，极易淹井。赣中丰城矿区龙潭煤系的 C 煤组煤层顶板上距长兴灰岩 $3\sim5$ m，云庄矿试采 C 煤组时，顶板涌水量高达 19 000 m^3/h，试采井被淹。

二、煤层顶板涌水因素分析

顶板水害发生主要是由于开采煤层、顶板运动。上覆岩层的移动和破坏，形成了充水通道，使上部水体中的水渗入或溃入井下，形成灾害。

1. "三带"的形成及其形态特征

采煤工作面煤层采出后，上覆岩层要发生破坏和位移，并具有明显的分带性。在采用走向长壁全部、冒落法开采缓倾斜中厚煤层时，覆岩的破坏会出现的"三带"。其分布规律在项目四里已经讲过，这里不再论述。

需要指出，"三带"仅对层状岩层有意义，岩浆岩不存在"三带"。"三带"发育是否完整取决于采深，采深较小时（一般小于 100 m），"三带"发育不完整。而且，当煤层倾角不同，"三带"（特别是冒落带、裂隙带）的形态有所不同。

"三带"的形成

2. 影响覆岩破坏("三带"发展)的因素

(1) 覆岩性质及组合特征

覆岩破坏与覆岩性质的关系极为密切。按覆岩岩性及其组合,可将直接顶-基本顶简化,归纳为以下4种类型:① 坚硬-坚硬型;② 软弱-软弱型;③ 软弱-坚硬型;④ 坚硬-软弱型。其冒落特点见表5-3。

表5-3　覆岩岩性及其组合特征表

类型	特 点
坚硬-坚硬型	一般不易冒落、不易弯曲,但冒落后岩块大,碎胀系数大,冒落充分,冒落带、裂隙带均发育较高,冒落带高度可达采厚的5~6倍,裂隙带高度可达采厚的18~28倍
软弱-软弱型	易弯曲、冒落、下沉快、幅度大。直接顶冒落快,采空区极易被岩块充满而中止冒落,冒落带发育不充分,加之软弱不利于裂隙发育,两带高度均较低,冒高约为采厚的2~3倍,裂高约为采厚的9~12倍
软弱-坚硬型	直接顶易冒落,老顶不易弯曲下沉。若直接顶薄,则冒落不充分,冒高、裂高均小;若直接顶厚,则冒落充分,冒高可达采厚的8~10倍,裂高约为采厚的13~16倍
坚硬-软弱型	直接顶冒落后,老顶很快弯曲下沉,占据采空区上部空间,冒落、裂隙发育都不充分,两带高度均较低

(2) 煤层赋存及开采因素

煤层开采是覆岩开裂破坏的根本原因。采厚、分层数、回采垂高、走向长度、开采方法、顶板管理方法、延续时间和地质构造等因素都对冒落带、裂隙带的发育有重要影响。

三、煤层顶板突水机理与预测

(一) 水经覆岩涌入矿井机理

"三带"中的冒落带和裂隙带是采动破坏形成的人工导水通道。冒落带、裂隙带高度大于地表水或含水层等水体与工作面之间的距离时,就会引起顶板突水(图5-19)。

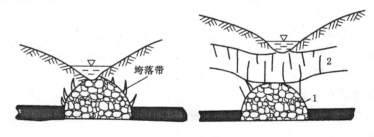

1—冒落带;2—裂隙带。

图5-19　冒落带、裂隙带波及地表水体造成突水示意图

(1) 开采煤层距离含水层(水体)较远,冒裂带触及不到含水层(水体),且含水层水压不足以破坏冒裂带之上的隔水层,弯曲带内的岩层虽然也可能存在伸张裂隙或离层,但这些裂隙互不连通,不会发生溃水。

(2) 开采煤层距离含水体近,冒裂带直接进入含水层,则含水层水会溃入井下。

(3) 如果是裂隙带达到含水层,含水层中水会溃入工作面,发生突水事故;若冒落带达到含水层,不仅会发生突水事件,还会发生溃砂事件。

（二）煤层顶板突水预测

煤矿顶板突水预测是建立在突水机理研究的基础上的,目前国内外常采用的煤层顶板突水预测的主要方法有临界水压(临界隔水层厚度)法和导水裂隙带法。

1. 临界水压(临界隔水层厚度)法

煤层顶板能否突水,主要决定于顶板承受的水压值和隔水层厚度、岩性、抗张强度等。苏联学者 B.JI. 斯列萨列夫按梁和强度理论给出计算临界水压值 H_L 和临界隔水层厚度 t_L 的公式:

$$H_L = 2K_p \frac{t^2}{L^2} - \gamma \cdot t \qquad (5-3)$$

$$t_L = \frac{L\left(\sqrt{\gamma^2 L^2 + 8K_p H} + \gamma \cdot L\right)}{4K_p} \qquad (5-4)$$

式中　　H_L——临界水压值,即某一厚度的隔水顶板所能承受的最大水压值,MPa;

t——顶板隔水层厚度,m;

L——巷道宽度,m;

K_p——顶板隔水层抗张强度,MPa;

γ——顶板隔水层的重力密度,MN/m^3;

t_L——临界隔水层厚度,即能承受某一水压值作用的隔水顶板厚度,m;

H——作用巷道顶板的实际水压值,MPa。

当 $H \leqslant H_L$ 或 $t \geqslant t_L$ 时,巷道顶板是稳定安全的或处于极限平衡状态,无突水可能或可能性小。当 $H > H_L$ 或 $t < t_L$ 时,巷道底板或顶板不稳定,突水可能性较大。

2. 导水裂缝带法

煤层开采空间导致覆岩垮落带产生,上部遂形成导水裂缝带。当煤层露头被松散富水性强的含水层覆盖时,预测某一含水层或地表水体下采煤是否安全时,所留设的防水煤岩柱高度可用下式进行判别:

$$h_安 \geqslant h_裂 + h_保$$

式中　　$h_安$——安全采煤所需留设顶板隔水层厚度,m;

$h_裂$——导水裂缝带最大高度,m,可利用经验公式计算;

$h_保$——保护层厚度,m,可参照《建筑物、水体、铁路及主要井巷煤柱留设与压煤开采规程》的相关规定取值。

四、防水煤(岩)柱的留设

在矿井可能受到水体威胁的地段应留设一定宽度或高度的煤(岩)柱,称为防隔水煤(岩)柱。预防水体下采矿突(涌)水的主要方法是控制导水裂隙带发育高度达不到上覆含水层(体),即留设合理的防隔水矿(岩)柱。

防隔水煤(岩)柱的留设是一个复杂的问题,需要考虑被隔水源的水压和水量、矿层厚度、巷进尺寸、围岩被破坏的程度,以及采空后顶板的冒落情况等因素。然而,至今还没有一种完善的方法。目前采用的方法主要有现场测试、数值模拟、经验公式等。下面参照《建筑物、水体、铁路及主要井巷煤柱留设与压煤开采规程》的相关规定对水体下开采的安全(矿)岩柱设计进行叙述。

（一）煤层露头防水煤（岩）柱的留设

（1）煤层露头无覆盖或被黏土类微透水松散层覆盖时，按下式留设防砂煤（岩）柱：

$$H_f = H_k + H_b$$

（2）煤层露头被松散富水性强的含水层覆盖时（图 5-20），按下式留设防水煤（岩）柱：

$$H_f = H_L + H_b$$

式中　H_f——防水煤（岩）柱高度，m；

　　　H_k——采后冒落带高度，m；

　　　H_L——采后导水裂隙带高度，m；

　　　H_b——保护层厚度，m。

　　覆岩垮落带、导水裂隙带最大高度的计算可参考上述《规程》经验公式计算，保护层厚度的确定也可参考上述《规程》，但不得小于 20 m。

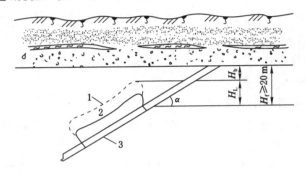

1—裂隙带；2—垮落带；3—采空区。

图 5-20　煤层露头被松散富水性强含水层覆盖时防水煤（岩）柱留设图

（二）水体下采煤时，防水煤（岩）柱的留设

1. 防水安全（矿）岩柱

　　水体下采煤时，留设防水安全（矿）岩柱的目的是不允许导水裂隙带波及水体。其垂高（H_{sh}）应大于或等于导水裂隙带的最大高度（H_{li}）加上保护层厚度（H_b），见图 5-21，即：

$$H_{sh} \geqslant H_{li} + H_b$$

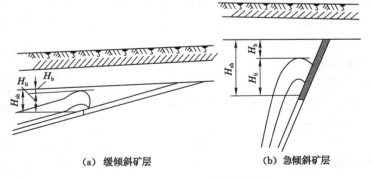

（a）缓倾斜矿层　　　　　（b）急倾斜矿层

图 5-21　防水安全（矿）岩柱设计

　　如果煤系无松散层覆盖和采深较小，则应考虑地表裂缝深度（H_{bili}），见图 5-22，此时有：

$$H_{sh} \geqslant H_{li} + H_b + H_{bili}$$

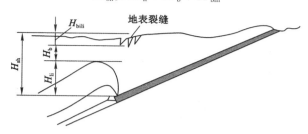

图 5-22　无松散层覆盖时防水安全(矿)岩柱设计

如果松散含水层为强或中等含水层,且直接与基岩接触,而基岩风化带亦含水,则应考虑基岩风化带深度(H_{fe}),见图 5-23,此时有:

$$H_{sh} \geqslant H_{li} + H_b + H_{fe}$$

或者将水体底界下移至基岩风化带底界面。

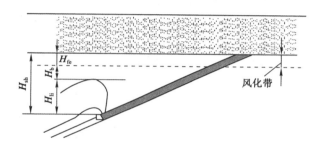

图 5-23　基岩风化带含水时防水安全(矿)岩柱设计

2. 防砂安全(矿)岩柱

留设防砂安全(矿)岩柱的目的,是允许导水裂缝带波及松散弱含水层或已疏降的松散强含水层,但不允许垮落带接近松散层底部。其垂高(H_s)应大于或等于垮落带的最大高度(H_m)加上保护层厚度(H_b),见图 5-24,即:

$$H_s \geqslant H_m + H_b$$

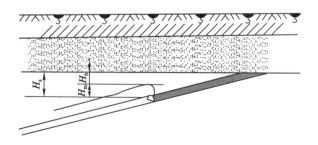

图 5-24　防砂安全(矿)岩柱设计

3. 防塌安全(矿)岩柱

留设防塌安全(矿)岩柱的目的,是不仅允许导水裂缝带波及松散弱含水层或已疏干的松散含水层,同时允许垮落带接近松散层底部。其垂高(H_t)应等于或接近于垮落带的最大高度(H_m),见图 5-25,即:

$$H_t \approx H_m$$

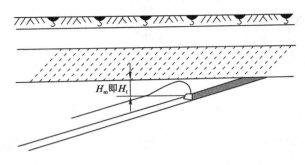

图 5-25　防塌安全(矿)岩柱设计

(三) 上、下两层煤之间防水煤(岩)柱的留设

多煤层开采,当上、下两层煤的层间距小于下层煤开采后的导水裂隙带高度时,下层煤的边界防水煤(岩)柱,应当根据最上一层煤的岩层移动角和煤层间距向下推算[图 5-26(a)]。当上、下两层煤之间的垂距大于下煤层开采后的导水裂隙带高度时,上、下煤层的防水煤(岩)柱,可分别留设[图 5-26(b)]。

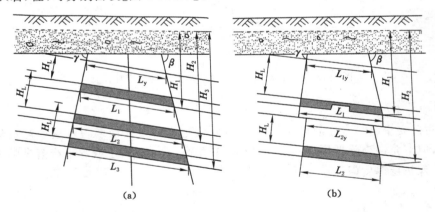

(a)　　　　　　　　　　　　　　　(b)

H_L—导水裂隙带上限;H_1、H_2、H_3—煤层底板到潜水面的距离;

γ—上山岩层移动角;β—下山岩层移动角;L_1—上层煤防水煤柱宽度;

L_2、L_3—下层煤防水煤柱宽度;L_y、L_{1y}、L_{2y}—导水裂隙带上限岩柱宽度。

图 5-26　多煤层地区边界防水煤(岩)柱留设图

导水裂隙带上限岩柱宽度 L_y 的计算,可采用下列公式:

$$L_y = \frac{H - H_L}{10} \times \frac{1}{T_s} \geq 20$$

式中　L_y——导水裂隙带上限岩柱宽度,m;

　　　H——煤层底板以上的静水位高度,m;

　　　H_L——导水裂隙带最大值,m;

T_s——水压与岩柱宽度的比值,可取 1。

五、顶板水的疏放

我国绝大多数煤矿,煤层的上覆含水层为砂岩裂隙含水层,砂岩含水层中的裂隙水常常沿裂隙进入采掘工作面,造成顶板滴水和淋水,影响采掘作业,甚至在矿山压力作用下,伴随着回采放顶,导致大量的水溃入井下,造成垮面停产和人身事故。如华北某煤矿 139 工作面,含水砂岩位于煤层顶板以上 17 m 处,回采前几乎无水,回采后期也仅见淋水,水量为 0.052 m³/min,但顶板垮落后涌水量骤增至 1.17 m³/min,冲垮工作面,堵死出口,造成事故。

矿井井下
水害防治

目前,疏放顶板水的常用方法有地面井群疏干法、利用"采准"巷道疏放、放水钻孔与吸水钻孔疏放法等。

1. 地面井群疏干

该方法适用于含水层埋藏较浅的情形,常用于露天疏干以及矿井局部地段的疏干。根据部分矿区实践经验,渗透系数大于 3 m/d 的潜水含水层和大于 0.3～0.5 m/d 的承压含水层均可取得良好的疏干效果。

其特点是疏干井群必须随着采煤工作面的前进而不断向前推进,其疏干效果取决于疏干范围内含水层水位的有效降深能否达到或接近含水层的底板,其残余水头能否给采煤造成危害。

根据疏放地段的地质、水文地质条件和几何轮廓,疏放降压孔的布置主要有两种形式:

(1)直线孔排:地下水由一侧补给时采用。如广东茂名露天油页岩矿利用疏放降压钻孔疏降矿层顶板含水层。

(2)环形孔群:地下水位圆形补给时采用。如大屯煤矿在井筒穿过疏松含水层时曾采用过这种方式,但成本较高。

(3)任意孔排。当疏降地段的平面几何形状比较复杂时,常采用任意排列的孔群。

地表疏降的发展方向是采用各种新型钻机施工大口径深钻孔和带有分支钻孔的多孔底钻,以及采用高扬程、大流量的潜水泵排水,以扩大疏降效果。

2. 利用"采准"巷道疏放

煤层直接顶板为含水层时,通常是将采区巷道或采面准备巷道提前开拓出来,利用"采准"巷道预先疏放顶板含水层。如华东开采太原群煤层的某矿,21 层煤直接顶板为 12 层灰岩,为了疏干灰岩含水层,常常利用 21 层煤的"采准"巷道进行疏放,如图 5-27 所示。

此外,有时还可利用石门进行疏放,如图 5-28 所示。

利用采煤准备巷道超前疏干,此法适用于采区工作面的疏干。根据超前疏干时间的需要,提前掘进采煤准备巷道,在工作面前方巷道中打顶板放水钻孔群,先疏干顶板含水层、后进行采煤。随着工作面的推进,疏干巷道和放水钻孔群亦不断超前延深。

该方法简单易行、效果可靠,费用也较低,是一种经济有效的方法,既不需要专门的设备和额外的巷道工程,又能保证疏放水效果,在有利的地形条件下(如开采位于侵蚀基准面以上的煤层时)还可以自流排水。故广泛应用于采区顶板含水层及顶板流砂层的疏干。

利用采准巷道疏放顶板含水层时应注意:

(1)采准巷道提前掘进的时间应根据疏放水量和疏放速度决定,超前时间过长会影响

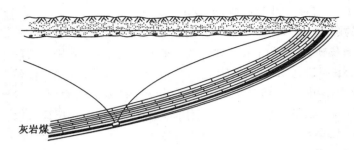

图 5-27　利用 21 层煤的"采准"巷道疏放顶板灰岩含水层

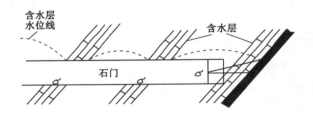

图 5-28　利用石门进行疏放水

采掘计划的平衡,造成巷道长期闲置,有时还会增加维修工作量;超前时间太短又会影响疏放效果。

(2)疏放强含水层时,应视水量大小考虑是否要扩大排水沟、水仓以及增加排水设备。至于专门的疏放水巷道在煤矿矿井中并不多见,只是在水量很大的情况下偶尔采用。但在露天煤矿中,专用的疏放水巷道(图 5-29)却是保证露天边坡稳定极为重要的防治水措施之一。

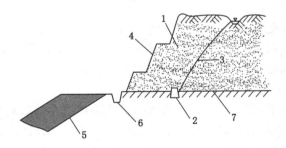

1—含水层;2—专用疏放水巷道;3——降落曲线;4—露天采矿场人工边坡;5—煤层;
6—排水阴沟;7—隔水层。

图 5-29　疏放松散含水层中潜水专用巷道

3. 顶板放水钻孔

当含水层距离煤层较远,采准巷道起不到疏放效果时,常采用在巷道中每隔一定距离向含水层打放水钻孔的办法进行预先疏放。如华东煤矿 141-143 工作面疏放顶板水时共打放水孔 10 个,其中 6 个孔见水(图 5-30),涌水量一般为 1.5~2.5 m^3/h,5 号孔最大为 15.4 m^3/h,两个多月共放水 10 900 m^3。

放水钻孔的布置应考虑以下几点:

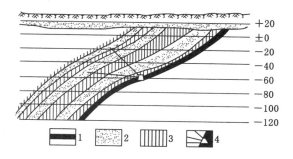

1—煤层；2—含水层；3—隔水层；4—巷道及放水钻孔。

图 5-30　141-143 工作面疏放顶板水钻孔布置示意图

（1）钻孔应布置在裂隙发育和标高较低的地段。

（2）钻孔的间距按疏干降落曲线的要求布置，或与基本顶周期来压的距离同步。

（3）钻孔深度达到打透采空后形成的导水断裂带即可，若穿透导水断裂带以外的含水层，将会导致额外的水源涌入工作面。

（4）钻孔的方位垂直或接近于垂直顶板含水层时工程量小，但斜孔揭露含水层范围大，疏放水效果好。

（5）钻孔数量和孔径视水量大小而定，孔径一般不宜过大。

4. 直通式放水钻孔

当矿层顶板以上有较平缓并距地表较近的多个含水层，且巷道顶板隔水层相对稳定时，可使用直通式放水钻孔（图 5-31）。从地表施工，穿过含水层，并与井下疏干巷道的放水硐室相通的垂直放水钻孔，使含水层中水通过钻孔流入巷道，达到疏放多个含水层的目的。当放水钻孔穿过松散含水层或者涌砂涌泥的含水层时，应在相应部位安装过滤器（图 5-32）。

5. 吸水钻孔疏水

吸水钻孔是一种将矿层上部含水层中的水放入矿层下部含水层中的钻孔，也称漏水孔。这种钻孔可用在下部吸水层不含水或含水层虽含水，但其静止水位低于疏降水平，且上部含水层的疏放水量小于下部含水层的吸水能力时，疏降矿层上部含水层水（图 5-33）。

这种方法经济、简便。一些位于当地侵蚀基准面以上的矿井，由于所处地势较高，下伏厚层奥陶系灰岩层中的地下水位低于上部各含水层的水位，灰岩裂隙及古岩溶有着巨大的蓄水能力，为上部各含水层水的泄放创造了条件。如山西潞安矿区先后施工吸水钻孔 20 个，对疏干采区和工作面顶板水、节省排水费用起了积极的作用。

必须注意的是，当下部含水层为当地的饮用水源层，而上部待疏降的含水层水质又不符合饮用水标准时，不可采用吸水钻孔疏降矿层上部含水层水，否则会造成饮用水源层的严重污染。如山西灵山矿区某矿为节省排水费用，曾采用吸水钻孔将煤系含水层水（水质不宜饮用）疏降到奥灰含水层（当地饮用水水源层）中，结果造成奥灰含水层的污染。奥灰水水质一旦被污染，其恢复将是长期、缓慢的。

6. 水平疏干钻孔

水平疏干钻孔主要用于疏干露天矿边坡地下水。钻孔一般以接近水平的方向打穿边坡，钻孔深度应穿透不稳定边坡的潜在滑动面，使地下水靠重力自流排出（图 5-34）。疏干基岩中地下水的钻孔应垂直构造面布置效果为好。分析资料表明，当疏干孔间距等于钻孔

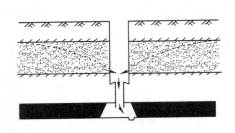

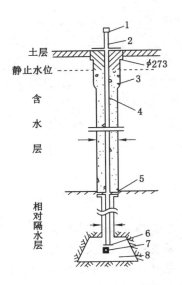

1—孔盖;2—φ108 无缝钢管;3—卵石;

4—φ108 筛管;5—铁盘牛皮止水承座;

6—孔口管接头;7—闸阀;8—井下放水硐室。

图 5-31 直通式放水钻孔   图 5-32 直通式放水钻孔结构示意图

长度时,截水系数超过 90％;孔间距等于钻孔长度一半时,截水系数可达 100％。

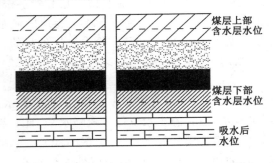

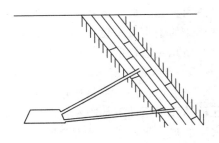

图 5-33 吸水钻孔示意图   图 5-34 井下水平或近水平疏水孔

7. 明沟疏干

明沟疏干主要用于疏干埋藏不深、厚度不大、透水性较强、底板有稳定隔水层的松散含水层。这种方法多用于露天矿区,有时和地面截水沟联合使用,起拦截流向矿区的浅层地下水的作用。

8. 开凿专门疏干巷道

此法适用于某一固定部位(如露天矿的非工作帮)的疏干或断面截流。如疏干对象是松散砂层,则巷道应开在砂层底板基岩中,然后用直通式过滤器或打入式过滤器疏干巷道顶部的含水砂层。如疏干对象是基岩含水层(例如石灰岩),则疏干巷道可直接开凿在基岩含水层中。

在条件允许时还可以利用运输巷道或通风巷道兼作为疏干巷道。这种疏干方法的优点在于水位降低大、疏干效果好、管理费用低,一次建成后长期有效,且不受含水层埋藏深度的限制。缺点是一次性投资较大,且不能随着采煤工作面的推进而移动。

9. 多井联合疏干

适用于顶板含水层分布范围较广、补给水量较大、一井疏干难以奏效,且水量过大难以承受时,可同时开拓几个矿井,进行联合疏干(图 5-35)。既可以取得满意的疏干效果,每个井的排水量又不至于过大。湖南的煤炭坝就是用这种方法来疏干煤层顶板长兴灰岩,达到安全开采的。

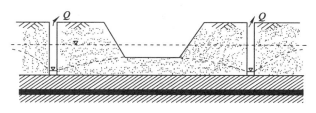

图 5-35 多井联合疏干模式图

六、注浆帷幕截流

对具有充沛补给水源的大水矿区,为减少矿井涌水量,可在矿区主要进水边界,垂直补给带施工一定间距的钻孔排,向孔内注浆,形成连续的隔水帷幕,阻截或减少地下水对矿区的影响,提高露天边坡的稳定性,防止矿井疏降排水引起的地面沉降或岩溶塌陷等环境问题,保护地下水资源。

常见的注浆帷幕截流法应用于矿层顶板水防治,主要有以下 3 种情况:

(1)露天矿坑剥离含水层建造截流帷幕墙(图 5-36),其作用大大地降低了地下水位。

(2)煤层直接顶板含水层帷幕截流注浆(图 5-37)。

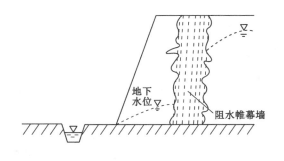

图 5-36 露天矿坑剥离含水层
建造截流帷幕墙

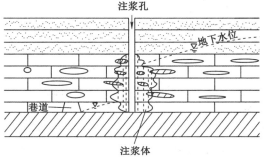

图 5-37 煤层直接顶板含水层
帷幕截流注浆示意图

(3)注浆封堵顶板水(图 5-38)。

采用注浆帷幕截流地下水时,帷幕线应选定在矿区开采影响范围或露天采矿场最终境界线以外。帷幕线走向应与地下水流向垂直,线址应选择在进水口宽度狭小、含水层结构简单、地形平坦的地段,并尽可能设置在含水层埋藏浅、厚度薄、底板隔水层帷幕线两端隔水边界稳定的地段。帷幕注浆段岩层的裂隙、岩溶发育且连通性好,以保证注浆时具有较好的可

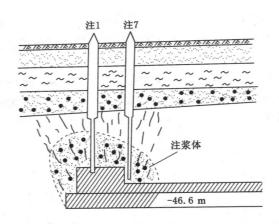

图 5-38　注浆封堵顶板水

注性,和浆液结合后能与围岩结成一整体。

　　注浆帷幕在我国矿山防治水工作中应用较广,并取得了一定效果。如河南焦作演马庄矿为减少上覆冲积层水对上石炭统灰岩(矿井主要充水岩层)的补给,在浅部冲积层与上石炭统灰岩露头相交处进行截流堵水,共施工钻孔 84 个,孔距 30～50 m,截流帷幕全长 500 m,注入黄土 20 519 m³,石子 114 m³,水泥 1 103 t。帷幕形成后,井下涌水量明显减少,每年可节省排水费用近 60 万元。

　　此外,还可以采用改变采煤方法,如充填式开采法、膏体充填绿色开采技术、间歇开采法及分区隔离开采法(间歇开采分区隔离开采法),先远后近、先深后浅、先简单后复杂、先探后采的试探性开采方法。

案例分析

　　【案例 5-6】　吉林舒兰丰广矿五井水砂溃决淹井事故。

　　该矿井始建于 1975 年 10 月,1983 年移交生产,设计能力为 45 万 t/a。于 1979 年 12 月至 1980 年 6 月 17 日,+150 m 水平东翼集中运输大巷施工中发生漏顶,引下 18 层煤顶板砂岩水,溃出大量水砂,导通地表河流,使水害加大,造成淹井事故,停止建井 6 个月。仅地面处理一项费用就达 150 万元。

　　(一)水害发生经过

　　丰广矿五井+150 m 水平东翼集中运输大巷在 18 层煤内,成巷 320 m。1 号石门往前 256 m 为料石发碹支护,再往前为锚喷支护,两种支护衔接处于 1979 年 12 月 23 日 18 时漏顶,导通 18 层煤顶板砂岩,溃出大量水砂(出水点巷道标高为+152.2 m),初时涌水量 0.95 m³/min,含砂率 20%,以后逐渐减少,但砂层内已形成空洞,逐渐往浅部发展。到 1980 年 4 月 29 日,间隔 129 天,处于"天河"底部范围的 18 层煤顶板砂层露头出现冒顶,第四系潜水和少量河水灌入井下。1980 年 5 月 26 日井下水量增至 3.07 m³/min。进入 6 月份,连降大雨,河水猛涨,地表水补给充足,陷坑日渐扩大。到 1980 年 6 月 17 日,陷坑直径达 70 m×50 m,截断河流,河水全部溃入井下,最大流量达 83.3 m³/min,井下+179.6 m 水平以下巷道全部淹没。同时,溃水点以上的地面也出现陷坑,直径 23 m,深 16 m。6 月 18 日,16 层

煤顶板砂岩露头处出现塌陷坑,直径 10 m,深 6 m。

（二）水害发生原因

（1）五井＋150 m 水平送东翼集中运输大巷时,1 号石门 15～18 层煤之间砂岩层已全部揭露,砂岩层微含水。忽略了砂岩层条带状含水的特点,对高水头砂层浅部具有流砂性质认识不清。这是本次溃水事故的根本原因。

（2）巷道两种支护衔接处支护不好,造成冒顶,破坏了隔水层,使砂岩水溃入井下,造成严重溃水事故。

（3）井下出水后,防堵水措施不利,失去了宝贵的时间,导致雨季河水溃入,造成淹井。

（三）水害处理

（1）地面切断水源。采取临时改河道,回填地表塌陷坑,加固旧河床,用黄土铺设河底,减少地表水的补给,控制了井下涌水。

（2）井下涌水减小后,＋150 m 水平出水点处连打 3 道料石防水密闭墙。

（3）排除井下水砂,恢复生产。

（四）经验教训

（1）主要含水砂岩层、浅部露头多半受地表水补给,静储量饱和,多呈流砂性质。建井和投产初期揭露,应在地面探清水位,以地表深进井抽水为主,控制水头达到小于 30 m 后,井下再行钻机放水。最好是主孔疏放,避免跑水溃砂。

（2）含水砂岩层具有条带状含水性质,含水条带发育在地表河流补给充足地区,条带内岩芯采取率小于 50%,巷道施工中要认清顶板砂岩层局部无水不等于其他地方都无水。

（3）凡大的透水事故都与地表水补给有关,否则不会造成大灾害。因此,在河床附近施工,必须采取防水措施。

　任务实施

本任务要求在确定顶板水害水源类型的基础上,能够分析煤层顶板涌水因素,提出合理的顶板水害防治措施。通过案例分析与综合实训,培养学生分析问题、解决问题的能力,提高学生的职业素质;通过拓展资源的学习,让学生开拓视野,了解到矿井顶板水防治的新技术、新方法,进一步明确科学技术是第一生产力的内涵,提升学生工程素养。

　思考与练习

1. 简述"三带"的形成及影响因素。

2. 矿井顶板突水是如何发生的?

3. 预测矿井顶板突水有哪些方法?

4. 煤岩柱留设包括哪几种情况?

5. 简述疏放排水的原理与特点。

6. 矿井顶板水害有哪些防治措施?

7. 顶板疏放水具体包括哪几种方法?

8. 在什么情况下可以使用注浆帷幕截流?

综合实训

1．工作任务

(1) 背景资料分析

① 分析该矿井主要充水因素。

② 提出开采山西组 2 号煤层时对顶板水的初步防治方案。

(2) 收集矿区顶板水防治案例(每人 1～2 例)，并分析、讨论、提出问题、进行总结。

2．工作方法

分组讨论，独立完成。

3．背景资料

某煤矿为拟建矿井。矿井设计开采二叠系山西组 2 号煤层，设计产量 600 万 t/a，设计采用放顶煤开采 2 号煤层，一次采全高。

2 号煤层位于山西组中下部，厚度 3.09～8.50 m，平均厚度 6.20 m；煤层埋藏深度 250～350 m；煤层底板标高由东向西 1 100～350 m。煤层顶板大部分为泥岩、粉砂岩，其直接顶为中细粒砂岩；底板大部为粉砂岩和泥岩，局部为细粒砂岩和石英砂岩。

2 号煤层上部有下石盒子组(K9、K8)砂岩裂隙含水层(含水性较弱，其中的 K8 砂岩是开采 2 号煤层的直接充水含水层，K8 砂岩与 2 号煤层层间距 69 m)，上石盒子组(K10)砂岩裂隙含水层(含水性较弱)，第四系松散砂砾孔隙含水层(含水性较强)。

矿区位于吕梁山南端，矿区地表地形切割强烈，沟谷多呈"V"形。矿区内最高点位于东北部，标高 +1 420.6 m，最低点位于西南部，标高 +396.2 m，相对高差 1 024.4 m，属强烈侵蚀的中山区。

矿区属黄河水系。在矿区中部有一分水岭，为东北走向。分水岭东南的沟谷主要有土塔沟、崖坪沟和罗毕沟，汇流向南注入汾河，在禹门口附近流入黄河；分水岭西北的沟谷主要有龙门沟、坡底沟，汇流向西注入黄河。矿区内的河流均属季节性河流，暴雨时节常有山洪，但雨过数小时山洪随即消失。

矿区地层中出露中等(多出露于沟谷中)，地层由老到新、自东南向西北依次出露有奥陶系中统马家沟组(O_2m)、石炭系中统本溪组(C_2b)、上统太原组(C_3t)、二叠系下统山西组(P_1sh)、下石盒子组(P_1x)、上统上石盒子组(P_2s)、石千峰组(P_2sh)、新近系上新统(N_2)、第四系下更新统(Q_1)、中更新统(Q_2)、上更新统(Q_3)及全新统(Q_4)。区内沟谷中为全新统和上更新统的冲洪积物，山坡、山梁为黄土覆盖，局部为灌木丛和树林。

受吕梁山经向隆起的控制及汾渭地堑的影响，区内地层大致为向西和西北倾斜的单斜构造，倾角平缓，一般小于 10°。在井田的东部边缘及西南部存在两处倾角变陡带，地层倾角为 20°左右，西南部为急倾斜带。区内有走向近东西、落差大于 20 m 的断层共五条，断层落差最大 60 m。

井田内含水层自下而上有：奥陶系石灰岩岩溶裂隙含水层(水位标高 628.79～816.24 m，含水性中等—强)，太原组(K4、K3、K2)石灰岩岩溶裂隙含水层(水位标高 577.73～799.96 m，含水性弱—中等)，下石盒子组(K9、K8)砂岩裂隙含水层(含水性较弱，其中的 K8 砂岩是开采 2 号煤层的直接充水含水层，K8 砂岩与 2 号煤层层间距 69 m)，上石盒子组(K10)砂岩裂隙含水层(含水性较弱)，第四系松散砂砾孔隙含水层(含水性较强)。

地下水主要由东部基岩裸露区补给,由东向西及西南方向径流排泄。

井田内隔水层有下石盒子组泥岩、粉砂岩隔水层(平均厚度约 90 m);太原组上部至 2 号煤底部泥岩、粉砂岩隔水层(平均厚度约 45 m);太原组底部及本溪组泥岩、铝土泥岩隔水层(厚度 17~50 m)。

井田内及井田边界有小煤窑分布,大部分位于煤层埋藏较浅的南部。

任务四　矿井底板水害防治

【知识要点】　影响底板突水的因素;采动条件下底板破坏的规律;底板突水的预测与评价;底板水的疏水降压与水害防治。

【技能目标】　具有正确分析采动条件下底板的破坏与"下三带"的发育特征的能力;具有进行矿井底板突水预测与评价的能力;具有进行矿井底板突水防治的能力。

【素养目标】　培养学生专业探索精神;培养学生崇尚科学、科技强国的职业素养;培养学生大国工匠、团结协作的精神。

 任务导入

在煤矿采掘生产过程中,当底板下存在承压含水层时,在水压力和矿压的共同作用下水会突破隔水层而涌入矿井,形成底板突水。其水压高,危害大,严重时会造成淹井事故,所以要引起大家的高度重视,底板水害防治也是矿井水防治的重点内容。

《煤矿防治水细则》第九条规定:受底板承压水威胁的水文地质类型复杂、极复杂矿井,应当采用微震、微震与电法耦合等科学有效的监测技术,建立突水监测预警系统,探测水体及导水通道,评估注浆等工程治理效果,监测导水通道受采动影响变化情况。

《煤矿防治水细则》第七十条规定:底板水防治应当遵循井上与井下治理相结合、区域与局部治理相结合的原则。根据矿井实际,采取地面区域治理、井下注浆加固底板或者改造含水层、疏水降压、充填开采等防治水措施,消除水害威胁。

 任务分析

依据《煤矿安全规程》与《煤矿防治水细则》的有关规定,明确矿井底板水害防治的重要性。通过掌握采动条件下底板破坏的规律,了解底板突水的原理,进一步掌握矿井底板水害防治措施。为此,必须掌握如下知识:

(1)采动条件下底板破坏的规律;

(2)影响矿井底板突水的因素;

(3)矿井底板突水预测;

(4)矿井底板突水防治措施。

 相关知识

一、底板突水的形成与影响因素

在煤矿采掘生产过程中,当煤层底板下存在承压含水层时,由于采掘破坏了底板隔水层的天然受力状态,底板承压水在静水压力和矿山压力的作用下破底涌入矿井,造成底板突水。

（一）影响底板突水的因素

底板突水机理比较复杂,一般认为,影响底板突水的主要因素有以下几种:

1. 含水层富水性及水压

含水层的富水性是底板突水发生的内在因素,是突水的物质基础,其富水程度和补给条件决定着突水量的大小及其稳定性;水压则是底板突水的基本动力。在煤层底板隔水层条件相同时,水压愈大,底板突水的概率愈高。在我国受奥灰水或茅灰水影响的矿井,随着矿井的延深,底板承受的水压愈来愈大,矿井受底板水的威胁也随之增大。

2. 隔水层厚度及岩性组合

当其他条件相同时,隔水层的厚度越大越不易发生底板突水。隔水岩抑制底板突水的能力除取决于其厚度外,还与其岩性及组合关系有关。研究表明,柔性岩层有利于阻止水的渗入;刚性岩层抵抗矿压破坏的能力较强;刚柔相间的底板有利于抑制底板突水。

3. 地质构造

地质构造主要是指褶皱与断层,其中,断裂构造是底板突水的重要因素。据统计,我国矿区 80%～90% 以上的突水都与断层有关。断裂构造所起的作用表现为降低底板隔水层的强度,缩短煤层与对盘含水层的间距,减少底板隔水层的厚度,甚至成为导水通道。

4. 矿压破坏

矿压对煤层底板的变形破坏主要是在隔水层上部形成矿压破坏带,从而直接影响隔水层的有效厚度,为突水的发生创造条件。在天然条件下,水压的作用与经过原生破坏后的隔水层的阻水能力大体处于相对平衡状态。这种平衡状态一旦加上矿压的破坏作用,相对平衡即刻遭到破坏,底板突水随之发生。因此,人们将矿压视为底板突水的诱发因素。

矿压对隔水层的破坏有时间滞后效应。矿压破坏对隔水层有效厚度的影响主要取决于矿压破坏深度。破坏深度愈大,隔水层有效厚度的减少愈甚,诱发底板突水的可能性愈大;反之则愈小。矿压破坏的深度的大小与采煤工作面尺寸、开采方法、煤层厚度及倾角、开采深度、顶底板的岩性及结构等因素有关,其中最主要的是工作面斜长。根据若干工作面的测试资料,矿压对底板隔水层的破坏深度一般为 6～14 m。山东科技大学特殊开采所根据全国 11 个采面的测试成果,总结出底板破坏深度与采面斜长关系的经验公式为

$$C_p = 1.86 + 0.11L \tag{5-5}$$

或

$$C_p = 0.009\,11H + 0.044\,8\alpha - 0.311\,3f + 7.929\,1 \cdot \ln\frac{L}{24} \tag{5-6}$$

式中　C_p——采动对底板的破坏深度,m;

　　　L——工作面斜长,m;

　　　H——采深,m;

　　　α——煤层倾角,(°);

f——底板岩层坚固性系数。

5. 地应力

地应力是导致底板突水的附加力源。地应力很复杂,它是岩层自重、构造应力、矿压、承压水水压等综合作用的结果,而且是变化的。

上述因素并非同时作用于每一个突水点,更不可能起同等重要的作用,需要具体问题具体分析。

（二）采动条件下底板破坏的规律

1. "下三带"的发育特征

当开采矿层底板下存在承压含水层时,采动矿压对煤层底板的破坏存在着"下三带",即自上而下依次为:底板导水破坏带(矿压破坏带)、完整岩层带与承压水导高带(原始导高带)(图 5-39)。

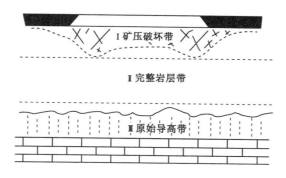

图 5-39　底板隔水层在开采条件"下三带"分布示意图

底板导水破坏带是指由于采动矿压的作用,使底板岩层连续性遭到破坏,导水性发生明显改变的层带。该带的厚度即为"底板导水破坏深度",也称"矿压破坏深度"。

完整岩层带是指位于底板导水破坏带与承压水导高带之间的层带,其特点是保持采前岩层的连续性及其阻抗水性能,故称为完整岩层带。因其是阻抗底板突水的关键,故又称为有效保护层带。

承压水导高带是指含水层中的承压水沿隔水底板中的裂隙或断裂破碎带上升的高度,也称原始导高带。原始导高在开采后还可以再导升,但上升值很小。由于隔水层中裂隙发育的不均匀性,不同矿区或同一矿区不同地段,因矿层底板隔水层的岩性及所处的地质构造的部位不同,其原始导高的高度也不同,少数断裂可使承压水导升很高,甚至接近或超过煤层,有些矿区或同一矿区的正常块段也可能无原始导高带存在。

2. "下三带"的确定

设煤层隔水底板总厚度为 h,底板导水破坏带、完整岩层带与承压水导高带的厚度依次为 h_1、h_2 和 h_3,则

$$h_2 = h - (h_1 + h_3)$$

当 $h > h_1 + h_3$ 时,则完整岩层带(有效保护层)存在;当 $h < h_1 + h_3$ 时,则完整岩层带(有效保护层)不存在。在计算有效保护层厚度(即完整岩层带)时,h_1 可由式(5-5)或式(5-6)求得,h_3 通常需通过物探资料提供。

显然,当 $h < h_1 + h_3$ 时,承压水会直接涌入矿井,导致底板突水;当 $h > h_1 + h_3$ 时,是否会发生底板突水,则取决于完整岩层(有效保护层带)的厚度及其阻抗水能力。保护层的阻抗水能力,可根据现场压水破坏试验成果确定。

二、煤层底板突水预测

20 世纪 50 年代,我国煤矿主要引用苏联斯列萨列夫公式评价底板突水危险性。60 年代,国内学者提出"突水系数"概念。随着突水机理研究程度的提高,70 年代对突水系数的表达式进行了修改。80 年代,又提出"下三带"理论。90 年代以来,随着计算机应用的普及,软件系统日新月异,突水机理和预测预报方法的研究广泛地借助于计算机技术。

底板承压含水层,主要是指可采煤层顶板以下具有一定承压水头的富含水层,由于它们本身裂隙、溶隙较发育,且含水丰富,因此在开采煤层时常常会发生底板突水,引起底板突水的因素很多,包括有效隔水层的厚度、岩性、构造发育程度以及底板承压水压力等,目前底板突水的预测方法主要有以下几种。

1. 斯列萨列夫公式

斯列萨列夫根据静定梁理论推导出评价巷道底板突水时安全临界水压值 $H_安$ 和安全临界隔水层厚度 t_L 的计算公式:

$$H_安 = 2K_p \frac{t^2}{L^2} + \gamma \cdot t \tag{5-7}$$

$$t_安 = \frac{L(\sqrt{\gamma^2 L^2 + 8K_p H} - \gamma \cdot L)}{4K_p} \tag{5-8}$$

式中　$H_安$——安全临界水压值,即某一厚度的隔水顶板所能承受的最大水压值,MPa;

t——顶板隔水层厚度,m;

L——巷道宽度,m;

K_p——顶板隔水层抗张强度,MPa;

γ——顶板隔水层的重力密度,MN/m^3;

$t_安$——安全临界隔水层厚度,即能承受某一水压值作用的隔水顶板厚度,m;

H——作用巷道顶板的实际水压值,MPa。

其计算示意图见图 5-40。

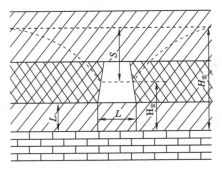

图 5-40　巷道安全水头计算示意图

当 $H \leqslant H_安$ 或 $t \geqslant t_安$ 时,巷道底板是稳定安全的或处于极限平衡状态,一般不会发生底板突水。当 $H>H_安$ 或 $t<t_安$ 时，说明底板不安全，可能底板突水。

2. 突水系数法

突水系数是指单位隔水层厚度所承受的水压，又称水压比，其表达式为：

$$T=\frac{P}{M} \tag{5-9}$$

考虑到矿压对底板破坏，隔水层的有效厚度会减小，煤炭科学研究总院西安分院对上式进行了修改，修改后的突水系数表达式为：

$$T=\frac{P}{M-C_p} \tag{5-10}$$

当底板隔水层为隔水结构层时，

$$M=\sum_{i=1}^{n}M_i\xi_i$$

式中　T——突水系数，MPa/m；

P——作用于隔水层底板的水压力，MPa；

M——底板隔水层厚度，m；

C_p——采动对底板的破坏深度，m；

n——隔水层层数；

M_i——底板隔水岩中某一性质岩石的厚度，m；

ξ_i——底板隔水岩中 i 层岩石等值隔水系数（泥岩为 0.1，砂页岩为 0.7，页岩为 0.5，断层破碎带岩石为 0.35）。

用突水系数评价隔水底板稳定性的关键在于确定临界突水系数 T_s。临界突水系数 T_s 可定义为每米隔水层厚度所能承受的最大水压。

若 $T<T_s$，说明底板稳定，突水可能小；反之，$T>T_s$ 则说明底板不稳定，发生底板突水的可能性大。临界突水系数是对矿区大量突水资料统计分析后得出的，依据突水资料丰富矿区总结出的 T_s 值见表 5-4。

表 5-4　我国一些矿区的临界突水系数

矿区	临界突水系数 T_s/(MPa·m^{-1})	矿区	临界突水系数 T_s/(MPa·m^{-1})
峰峰、邯郸	0.066～0.067	淄博	0.060～0.140
焦作	0.060～0.100	井陉	0.060～0.150

资料认为，底板受构造破坏块段 T_s 一般不大于 0.06 MPa/m，正常块段 T_s 不大于 0.15 MPa/m。

3. 岩-水应力关系法

现场矿压观测与底板岩体变形规律的研究表明，底板突水是矿压和底板承压水压力共同作用的结果。岩-水应力关系法，从物理和应力概念出发，认为造成底板突水需具备两个条件：① 存在导水裂缝带，无论是地质构造作用还是采掘引起的岩体破坏，只要使底板隔水层破坏至一定深度且与下部导升高度相通或波及下部含水层，就具备了突水必要条件；② 水压与应力关系，当承压水压力大于或等于水平最小主应力时才具备突水充分条件。

岩-水应力关系法建立的突水临界指数(I)公式如下：

$$I = \frac{p_w}{\sigma_2} \tag{5-11}$$

式中　p_w——作用于底板上的承压水压力，MPa；

　　　σ_2——水平最小主应力，MPa。

当指数 $I>1$ 时底板发生突水。

4. 阻水系数法

阻水系数法，是指通过现场底板钻孔水压致裂法而测试底板岩层的平均阻水能力的一种方法。其计算公式如下：

$$Z = \frac{p}{R} \tag{5-12}$$

$$p = 3\sigma_2 - \sigma_1 + \sigma_T - p_0$$

式中　Z——阻水系数；

　　　R——裂缝扩展半径，一般取 $40\sim50$ m；

　　　p——岩体破裂压力，MPa；

　　　σ_2,σ_1——底板岩层最大和最小主应力，MPa；

　　　σ_T——岩体抗拉强度，MPa；

　　　p_0——岩体孔隙压力，MPa。

利用阻水系数法预测底板突水性的原则是：岩石破裂压力大于水压则不产生突水；岩石破裂压力小于水压则用水压与有效隔水层总阻水能力相比，若有效隔水层总阻水能力大于水压则不发生突水，否则即有突水可能性。

5. 经验公式

我国多数突水矿区，均根据先前承压水体上开采过程中工作面的底板含水层极限水压 p_j 与有效隔水层厚度 h 的关系，统计归纳出经验公式而作为底板突水预测的依据。

例如，淄博矿区在分析总结各矿井突水资料基础上得出的各矿井的经验公式如下：

黑山矿　$p_j = 0.001\,77h^2 + 0.015h - 0.43$；

石谷矿和夏庄矿　$p_j = 0.001\,6h^2 + 0.015h - 0.3$；

洪山矿和寨里矿　$p_j = 0.001h^2 + 0.015h - 0.158$；

双山矿和埠村矿　$p_j = 0.000\,84h^2 + 0.015h - 0.168$；

我国峰峰矿区的经验公式为 $p_j = 0.000\,6h^2 + 0.026h$。

h 表示有效隔水层厚度。

当底板所能承受的极限水压 p_j 大于实际水压 p 时，不会发生突水；否则，需要疏水降压后才能开采，即实际安全开采应满足以下条件：$p_j>p$。

6. 突水预测系统法

考虑采掘条件下的水文地质、工程地质、岩石力学等诸多因素，建立突水预测系统进行突水预测，是一种行之有效的方法。该系统由知识库、数据库、推理机、解释系统和人机接口五部分组成。

（1）知识库——用以存放领域专家提供的知识，可分为 3 个部分：采场典型突水案例，防治水领域的专家经验和研究成果，与防治水有关的专业知识和规程。

（2）数据库——用于存放待求解问题的有关初始数据和系统运行期间产生的所有中间

信息,存放的内容以矿区的水文地质条件及其必需的参数为主。

（3）推理机——在一定的控制策略下对数据库中的信息进行识别和选取,以便与知识库中的知识进行匹配。以底板突水预测为例,包括预测底板突水的"下三带"理论、依据底板典型突水案例的"控制分析、加权推理"方法和专家经验的综合评判等3个方面。

（4）解释系统——用于解答咨询过程中用户提出的疑难问题,并对系统得出结论的求解过程和系统的当前状态提供说明。

（5）人机接口——用于实现人机对话,从用户那里得到系统求解所需要的初始条件,并把推理的结果提供给用户,实现"用户—系统—用户"的输入输出过程。

系统的完成是建立在众多突水因素基础之上的,系统给出结论的可靠程度与用户提供资料的准确程度和全面程度是直接相关的,因而在预测过程中需要用户提供较为翔实的资料或数据。

7. 突水概率指数法

以往在研究底板突水机理时,对各种突水因素在底板突水中所起的作用仅仅有一个定性概念,缺乏定量描述,致使突水的预测预报难以定量化。突水概率指数法,是一种预测底板突水的定量化方法之一。

首先需找出底板突水的影响因素。通过分析区域突水资料,确定各种影响因素在导致突水事件发生中所占的权重。然后建立数学模型求出总的突水权重系数,即突水概率指数。

该法与上述的突水系数不同,突水系数法是一个简单的预测方法,它忽略了许多突水因素;而突水概率指数法则较全面地考虑了突水的影响因素且确定了各种因素在突水中所起的作用。

突水概率指数法预测底板突水时可结合 GIS 技术。先编制各个突水因素的专题图,然后依据突水资料划分不同区域或不同地段或不同点各因素在突水中所占权重,再将各种因素的权重专题图进行配准复合形成一个复合信息层,以此构建突水概率指数的数学模型,通过拟合和调整,建立突水概率指数等值线图,从而对未开采区域进行预测。其流程如图 5-41 所示。

三、底板水的疏水降压

我国的许多煤矿,煤层底板下蕴藏有丰富的地下水,这种地下水常常具有很高的承压水头。在采掘活动中,由于岩层的原始平衡状态遭到破坏,巷道或采煤工作面底板在水压和矿压的共同作用下,底板隔水层开始变形,产生底鼓,继之出现裂缝。当裂缝向下发展延深达到含水层时,高压的地下水便会突破底板涌入矿井,造成突水事故。

底板突水现象,在我国华北型煤田的矿井中屡见不鲜。例如太行山东南麓某矿 12121 工作面底板 L_8 灰岩突水。对于底板水的防治应遵循的方针是:整体研究,逐块分析,因地制宜,先易后难。

目前,常用的底板水疏放方法主要有巷道疏放法、疏放降压钻孔法及其他疏降法等。

（一）巷道疏放法

将巷道布置于强含水层中,利用巷道直接疏放,如煤炭坝煤矿开采龙潭煤组下层煤,底板为茅口灰岩,隔水层很薄,原先将运输巷道布置于煤层中,涌水压力大。后来将运输巷道直接布置在底板茅口灰岩的岩溶发育带中(图 5-42),既收到了很好的疏放水效果,又解决了巷道布置在煤层中经常被压垮的问题。但是,这种方法只有在矿井具有足够的排水能力时才能使用,否则在强含水层中掘进巷道将是不可能的。

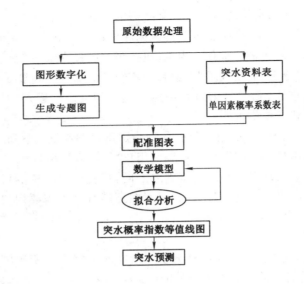

图 5-41 突水概率指数法预测流程图

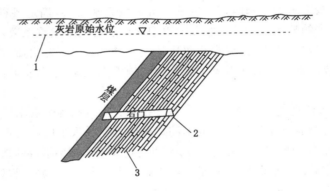

1—灰岩原始水位；2—疏放水巷道；3—石灰岩含水量。

图 5-42 直接布置在含水层中的疏放水巷道

（二）疏放降压钻孔法

根据底板突水的原因分析,不难设想预防底板突水可以从两个方面进行。一是增加隔水层的"抗破坏能力",如用注浆增加隔水层抗拉强度及留设防水煤柱或保护"煤皮"以加大隔水层厚度;另一是降低或消除"破坏力"的影响,如疏放降压等。

根据安全水头的概念,疏放降压并不需要将底板水的水头无限制地降低,乃至完全疏干,只要将底板水的静水压力降至安全水头以下,即可达到防治底板水的目的。

疏放降压钻孔和顶板放水孔一样,是在计划疏降的地段,于采区巷道或专门布置的疏干巷道中,每隔一定距离向底板含水层打钻孔放水,使之形成降落漏斗,逐步将静止水位降至安全水头以下,如图 5-43 所示。

在我国华北型煤田的矿井中,为了疏放太原群灰岩含水层,常常采用疏干石门和疏放降压钻孔相结合的方法,如图 5-44 所示。在石门与疏放降压钻孔的基础上,还发展了具有独特风格的逐层分水平疏放降压方法(图 5-45),即由上而下一个一个水平,一个一个含水层逐步放水降压,以保证石门和矿井的安全延深和煤层的顺利开采。

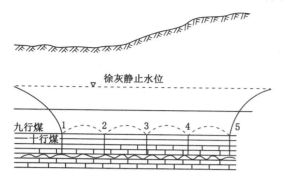

图 5-43 利用疏水钻孔疏放地板水

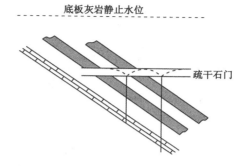

图 5-44 利用疏干石门和疏放降压
钻孔疏放底板水

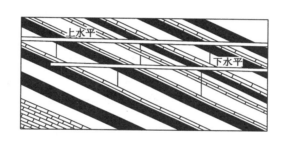

图 5-45 逐层分水平疏放降压示意图

由于底板水通常水压高、水量大,疏放降压钻孔在施工过程中容易发生事故,需要采取必要的安全措施。这些措施有:① 使用反压装置(图 5-46),以防止钻进和退钻时高压水将钻具顶出伤人,同时可提高钻进效率;② 埋设孔口管安装放水安全装置,以便根据井下排水能力,控制疏放水量和测量放水过程中的水压变化(图 5-47)。

为了改善井下施工底板疏放降压钻孔的劳动条件,提高钻进效率,近年来,华东某矿区根据井下施工钻孔放水的实际经验,创造了一种地面施工井下疏放降压钻孔,称为地面穿透式放水孔,其施工方法是:

(1)在井下先掘好和疏放水巷道相联系的放水石门。

(2)根据井上下对照图于石门迎头或一侧 5 m 的地方布置孔位。

(3)用 146 mm 孔径开孔,至第四纪底板以下 2 m 处注入水泥浆,下入 127 mm 套管,扫孔后用 108 mm 钻头钻进至计划疏放降压的含水层顶板上 2 m,注入水泥浆后下 108 mm 套管,在下套管之前预留 1.0~1.5 m 长的活节短管,将活节部分准确地下在放水石门部位。

(4)利用钻孔测斜资料测出活节短管在放水石门附近的准确位置后,从放水石门开短巷找活接短管,找到后,加强支护,卸下活节短管,换上三通放水管,并在三通上安装压力表、防矸罩、水表、闸阀(图 5-48)。

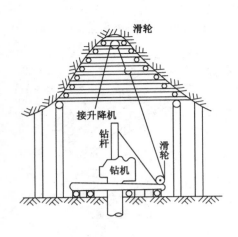

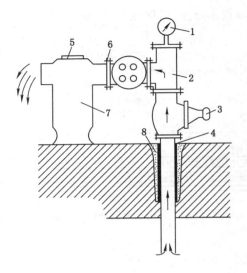

1—水压表;2—三通;3—水门;
4—开口管;5—读数盘;6—法兰盘;
7—流量表;8—水泥。

图 5-46 高压钻进时钻具的反压装置示意图   图 5-47 疏放底板水的开口放水安全装置示意图

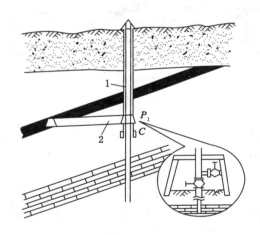

1—套管;2—放水石门。

图 5-48 地面施工的井下放水钻孔示意图

（5）改用 89 mm 孔径继续钻进,直到钻至需要疏放降压的含水层。

需要注意的是,当下伏含水层的水头压力过高(大于 4~5 MPa)时,井下放水钻孔施工就很困难,此时此法不宜采用。

（三）其他疏降法

1. 地面疏水降压

地面疏水降压是指在需要疏降的地段于地面施工大口径钻孔,在钻孔中用深井泵或深井潜水泵进行抽水,预先降低地下水位或水压的一种疏降方法。

适用条件:① 含水层渗透性良好、含水丰富。一般认为渗透系数在 $5\sim10^5$ m/d 的含水层采用地面疏降效果最好;② 疏放降压深度不应超过所用水泵的最大扬程;③ 常用于矿层赋存浅的露天矿。随着大流量高扬程潜水泵的出现,深矿井亦可采用,但在某矿区地面由于深井抽水发生塌陷或强烈沉降而又不易处理时,不宜采用。

2. 联合疏水降压

在地质、水文地质、工程地质条件复杂的矿井,采用单一的疏降方法常常不能满足要求或不经济时,就需要采用两种或两种以上的疏降方法联合使用。可以是同时使用,也可以在不同阶段接替使用。

(1)地表井下联合疏干

在同一矿井(区内),同时采用地表疏水和井下疏水两种方式。地表井下联合疏水一般是在矿井水文地质条件复杂、单一疏干方式效果不好或不够经济合理时采用。

(2)供疏结合的联合疏水

在地面供水紧张,而井下水害又严重的大水矿区,为了解决矿区供水与矿井排水之间的矛盾,可利用矿区疏水系统直接用作矿区供水水源地,实现供疏结合。

例如,湖南煤炭坝煤矿开采的煤层顶部与底部均为灰岩溶隙强含水层,用联合疏干法,使煤层开采段位于已疏干的降位漏斗内,免除强突水威胁。同时加大排水力度,该煤矿安装好的 130 kW 排水泵 26 台,13 台同时工作。煤炭坝煤矿是我国联合疏干后采煤的成功范例。

四、注浆堵水法

对于涌水量很大的矿井,当在地面或井下进行疏降时,随着水位大幅度下降,降落漏斗不断扩大,常常会引起地表沉降、开裂,泉水干涸,农田塌陷等现象,给工农业和人民生活造成很大的影响,为了解决这一矛盾,常常采用注浆改造法。当采用疏降排水法在经济上不合理时,可采用注浆堵水法。

井下注浆改造法,其目的有两个:一是改造含水层为隔水层,增加隔水层厚度(图 5-49);二是提高隔水层的阻水性(图 5-50)。

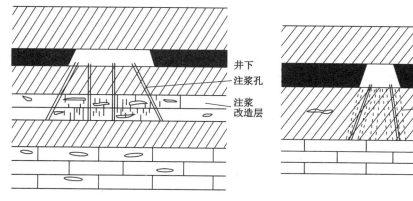
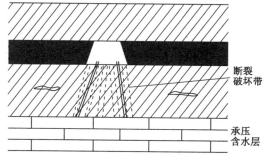

图 5-49 底板含水层注浆改造 技术示意图

图 5-50 煤层底板隔水层破碎带 注浆加固示意图

注浆改造的目的是变强含水层为弱含水层或隔水层,增加隔水层的厚度;堵截奥灰水补给五灰的垂直通道;堵塞底板的导水裂隙,消除导高,强化底板。注浆改造的方法是在工作面的轨中巷打注浆孔,然后通过注浆孔向五灰灌注水泥浆或其他浆液。

五、利用隔水层带压开采

所谓带压开采,即是在底板或顶板具有承压含水层的条件下,当隔水层的厚度稍大于临界隔水层的厚度,或水压值稍小于临界水压值时,不采取其他疏降措施即进行开采。适合于矿区内构造比较简单、隔水层较为完整、厚度符合要求的情形。

通常采取带压开采方法时,必须先明确以下两个方面的问题。

一是查清带压开采区(矿区)的水文地质条件。对主要承压含水层的赋存情况、富水性、边界条件及补给水源、补给量等要探查清楚,对一旦突水时的最大突水量作出预测和估算。查清带压开采区范围内由承压含水层到所采煤层之间隔水层的岩性(隔水性)和厚度变化情况,并按有关公式进行核算。对于顶板承压水,要编制岩性厚度比值等值线图(实际岩柱厚度 $H_实$ 和必要的安全厚度 $H_安$ 的比值等值线图)。其中,$H_实/H_安$ 大于 2.0 者为安全区;1.0~2.0 者为比较安全区;小于 1.0 者为危险区;对于底板承压水,要编制突水系数等值线图,查明地区构造情况,对于落差 5~10 m 的断层带,要计算 $H_实/H_安$ 或突水系数,并在图上注明。

二是制定安全措施,主要应考虑以下几点:

(1)在采煤方法上要控制采高,均匀、间歇开采。对于一般的断裂和破碎带要防止冒落,对于岩柱厚度比值系数小于 1.2 的断层,必须按规程留设断层防水煤柱,内容见本教材项目六任务五。

(2)建立排水系统,准备强有力的排水设备。要考虑突水甚至突大水的可能性,一是准备好必要的排水系统,二是建造或预留水闸门(墙)位置,以便在必要时封闭整个采区。矿井必须参照可能突水时预计最大涌水量准备好足够的备用排水能力,要做到水泵、管路和供电三配套。

(3)必须事先设置含水层的动态观测孔(网),以便临时掌握各含水层的动态变化。

此外,在井下还应该建立报警系统、避灾路线和区域性的水闸门等。

六、其他防治方法

1. 地面防渗堵漏

在煤层底板下伏奥灰含水层的露头部位,如有地面水流(河流、水渠)通过时,地面水往往大量漏失而补给含水层。如河流水量很大,但漏失段不很长时,可在地面进行河床防渗堵漏工作,往往能使矿井突水危险性或矿井涌水量显著减小。

2. 改变采煤方法

对于隔水底板厚度较薄,突水威胁严重,而又无其他有效防治办法的矿井或采区,如改用适当的采煤方法,往往能化险为夷。例如短壁开采、房柱式开采、砌充填带以至充填法采矿,都能减小矿压和提高隔水底板抵抗水压的能力;快速回采、人工放顶,则能缩短悬顶时间,避免或减少底板岩体因蠕变而降低其力学强度的危险。但短壁开采、房柱式开采,会降低采煤效率,损失煤炭资源;充填法采矿会增加采煤成本,一般不宜采用。

 **案例分析**

【案例 5-7】　淮北刘桥一矿 Ⅱ622 工作面底板突水预测与防治。

(一)工作面地质及水文地质概况

1. Ⅱ622 工作面地址概况

刘桥一矿主采二叠系下石盒子组的 4 煤层和山西组的 6 煤层。Ⅱ622 工作面位于二水平北翼 Ⅱ62 采区上部，风巷靠近矿井边界断层（土楼断层，产状 $90°\sim125°\angle70°$，$H=150$ m）保护煤柱线。工作面原切眼揭露 $F_{Ⅱ62-3}$ 断层（产状 $120°\angle65°$，$H=20$ m），$F_{Ⅱ62-2}$ 断层（产状 $140°\sim160°\angle45°$，$H=13$ m），由 Ⅱ62 采区下部 Ⅱ626 工作面向上延至该工作面的机巷、风巷外段。从工作面的联络和切眼揭露的地质资料看，由于受土楼断层的影响，工作面中上部煤层呈阶梯状抬起。工作面回采上限标高为 -455 m，下限标高为 -497 m；工作面走向长 600 m，外段倾向宽 135 m，里段倾向宽 60 m；煤层赋存基本稳定，两极厚度为 $2.0\sim3.0$ m，平均 2.5 m。风巷受土楼断层影响，煤层倾角变化较大（$18°\sim45°$），机巷煤层倾角 $8°\sim20°$，工作面煤层倾角平均为 $20°$。

2. Ⅱ622 工作面水文地质条件

Ⅱ622 工作面风巷距边界土楼断层较近，受其影响次生构造及裂隙发育。工作面风巷揭露 5 个小断层，落差为 $0.5\sim4.0$ m。掘进过程中出现几处顶板淋水及底板渗水现象，水量 $1\sim2$ m^3/h，水质化验为砂岩裂隙水。原切眼揭露 $F_{Ⅱ62-3}$ 断层无出水现象。该工作面机巷、风巷外段过 $F_{Ⅱ62-2}$ 断层时，出现少量的淋水、渗水现象。Ⅱ62 采区下部工作面巷道揭露 $F_{Ⅱ62-2}$ 断层时，出现 $4\sim10$ m^3/h 的底板出水现象，水质为砂岩裂隙水与太灰水的混合水。

Ⅱ622 工作面机巷在掘进过程中，出现局部淋水及地板渗水现象，机巷里段靠切眼位置地板渗水，水量约 $3\sim4$ m^3/d，5 次水质化验结果，硬度为 410 mg/L 左右，与砂岩裂隙水相比，硬度偏高。

（二）底板太灰水威胁程度预测

据 Ⅱ622 工作面附近井下钻探资料：6 煤层底板至太原组灰岩顶板间距 50 m 左右，6 煤层底板下有厚约 25 m 的细砂岩，裂隙较发育。该地段太灰地层厚约 130 m，含灰岩 13 层，1、2 层为薄层灰岩，3、4、5、8、10 层为中厚层灰岩，裂隙溶洞发育。太原组 $1\sim4$ 层灰岩为区域含水层，含水较丰富，对矿井安全生产构成威胁。Ⅱ62 采区下部的 Ⅱ623、Ⅱ626 工作面在回采过程中相继发生了底板太灰水的突出，最大涌水量达 375 m^3/h。

Ⅱ622 工作面回采前，据该工作面较近的地面太灰长观孔水 17 孔水位资料，换算的太灰水水压值为 2.8 MPa。设工作面里段采动底板的破坏深度为 h_1，外段采动对底板的破坏深度为 h_2。

采动对隔水底板的破坏深度用下式计算：

$$h=0.009\,11H+0.044\,8\alpha-0.311\,3f+7.929\,1\cdot\ln\frac{L}{24}$$

式中　h——采动对底板破坏深度，m；

　　　H——采深，取 $H_1=H_2=525$ m；

　　　α——煤层倾角，取 $\alpha_1=20°$，$\alpha_2=15°$；

　　　L——工作面斜长，取 $L_1=130$ m，$L_2=60$ m；

　　　f——岩层坚固性系数，取 $f_1=f_2=4$。

将以上各参数带入隔水底板的破坏深度公式，得：

$$h_1=17.8\text{ m}，h_2=11.5\text{ m}$$

该工作面突水系数用下式计算:

$$T=\frac{P}{M-C_{\mathrm{p}}}$$

式中　T——工作面突水系数,MPa/m;

P——底板隔水层承受的水压,取 $P_1=P_2=2.8$ MPa;

M——底板隔水层厚度,取 $M_1=M_2=50$ m;

C_{p}——采动对地板破坏深度,取 $C_{\mathrm{p}1}=h_1=17.8$ m,$C_{\mathrm{p}2}=h_2=11.5$ m。

将以上各参数带入突水系数公式,得:

$$T_1=0.087,T_2=0.073$$

分析预测:

(1)从突水系数分析,由于该工作面处于地质构造复杂地段,$T=0.073\sim0.087$,大于0.06,具有突水危险。

(2)从物探资料分析,工作面外口向里 100～200 m 范围内存在音频电透视和瞬变电磁异常区,且两种异常区重叠;工作面里段切眼处存在瞬变电磁异常区,说明煤层底板与下部裂隙有一定联系。

(3)从顶板结构分析,工作面直接顶为 10 m 厚的中粒砂岩,上覆为 50 m 厚的细砂岩及粉砂岩互层,放顶难度较大。

(4)从地质构造分析,顶板存在原生裂隙,工作面联络眼及切眼的底板存在波状起伏,表明受土楼断层的影响比较严重,此地段受 F_{II62-2}、F_{II62-3} 及土楼断层的共同影响,地质构造复杂。

(5)从 Ⅱ62 采区下部 Ⅱ623、Ⅱ626 两个工作面出水情况分析,采区岩层受采动破坏影响,原生裂隙易于导通再生裂隙。

基于上述分析,工作面回采过程中太灰水突出的可能性很大。

(三)安全回采措施

1.对断层进行注浆钻孔

F_{II62-2} 采取下部的 Ⅱ623 工作面收线靠近 F_{II62-1} 断层(产状 $65°\sim70°\angle65°$,$H=8.5$ m),收作后一个月工作面滞后突水,最大出水量达 220 m^3/h。F_{II62-2} 断层巷道揭露时造成多处底板渗水,为了保证 Ⅱ622 工作面的安全生产与收作,在 F_{II62} 运输上山上部对 F_{II62-2} 断层采取注浆加固,目标层位为海岸相泥岩,共完成注浆孔 4 个,工程量 369.0 m,注入水泥量13.1 t,注浆钻孔技术参数见表 5-5。

表 5-5　注浆钻孔技术参数

孔号	方位/(°)	倾角/(°)	终孔深度/m	目标层位	注入水泥量/t
1 号	83	−42	91	海相泥岩	3.1
2 号	51	−43	90	海相泥岩	4.5
3 号	0	−31	72	砂岩	3.0
4 号	332	−19	116	海相泥岩	2.5

2. 工作面物探异常区的探注

（1）工作面里段异常区探注情况

根据Ⅱ622工作面里段瞬变电磁物探资料，机巷里段切眼附近在低阻异常区。为保证该工作面的安全回采，在机巷采取钻探验证及注浆加固底板的方法进行处理，终孔层位6煤底板下35 m，共完成探注孔4个，工程量237.6 m，注入水泥量9.1 t，钻探过程中出现少量渗水。探注钻孔参数见表5-6。

表5-6 探注钻孔技术参数

孔号	方位/(°)	倾角/(°)	终孔深度/m	目标层位	注入水泥量/t
1号	322	−29	49.1	煤层底板下35 m	2.5
2号	347	−46	50.0	煤层底板下35 m	1.5
3号	9	−38	65.0	煤层底板下35 m	2.0
4号	33	−41	73.5	煤层底板下35 m	3.1

（2）工作面外段异常区探注情况

Ⅱ622工作面外段存在瞬变电磁低阻异常区及音频电透视电导率异常条带，解释为煤层地板裂隙发育并相对富水所致。为了确保该工作面外段的安全回采，在风巷采取钻探探注手段进行处理，终孔层位海相泥岩，共施工了3个钻孔，总进尺368.8 m，注入水泥量10.0 t。探注钻孔技术参数见表5-7。

表5-7 探注钻孔技术参数

孔号	方位/(°)	倾角/(°)	终孔深度/m	目标层位	注入水泥量/t
1号	154	−27	129.0	海相泥岩	3.0
2号	130	−31	125.0	海相泥岩	3.0
3号	110	−39	114.8	海相泥岩	4.0

3. 近位疏放

Ⅱ622工作面至Ⅱ626工作面底板太灰地层的溶隙连通性较好，在该工作面附近对太灰水进行疏放，工作面太灰水位将下降。根据Ⅱ626工作面外段回采期间太灰水的疏放情况，基本掌握了此处灰岩水的补给与涌出量的关系。北翼太灰涌水量达300 m³/h，长观孔水17孔太灰水位保持在−205 m左右，基本不变。该工作面回采前，在工作面下部的Ⅱ62车场施工了2个太灰水放水孔，在Ⅱ622轨道巷施工了1个太灰水放水孔兼观测孔，观测太灰水位变化情况，同时对地面水17孔等太灰长观孔进行定期观测。北翼太灰水出水量达360 m³/h左右，水位持续下降。当工作面推进至外段异常区前，测得工作面当时太灰水压值为2.2 MPa。回采过程中，在Ⅱ622轨道巷进行了采动对底板破坏深度的测试工作。测试3号孔在施工至77 m处出水，水量为0.3 m³/h，水质化验全硬度为411.17 mg/L。此处位于煤层底板下47 m海相泥岩段，说明太灰水存在原始导高。计算工作面突水系数$T = 0.068$，由于采取了对太灰水的局部控制性疏放措施，降低了水压，使突水系数降至0.06，保证了工作面顺利通过异常区。工作面收作后一个月,对放水钻孔进行关闭,减少了矿井排水费用,提高了经济效益,每月为矿井节约大量排水费用。

Ⅱ622 工作面地质及水文地质条件比较复杂,太灰水严重威胁着工作面的安全回采。采前采取了行之有效的预防措施:对 $F_{Ⅱ62-2}$ 断层采取了注浆手段,加固了破碎带;对物探异常区进行了钻探探注,封堵了裂隙带;对太灰水进行了有控制的近位疏放,掌握了灰岩水的补给与太灰水的疏放关系、放水量与水位下降关系。由于合理的疏放,降低了水压,减小了突水系数;同时工作面里段控制了采高,采取了人工强制放顶等手段,减少了初次来压对工作面底板的破坏程度,保证了工作面的顺利回采,满足了矿井的安全生产,解放了受太灰水威胁的煤炭资源18.5万 t,取得了显著的经济效益,为其他工作面防治水工作的开展总结了宝贵的经验。

 **任务实施**

本任务要求在分析矿区底板突水影响因素的基础上,重点掌握采动条件下底板破坏的规律与预测方法,并掌握底板突水的防治措施。通过案例分析与综合实训,培养学生分析问题、解决问题的能力,提高学生的职业素质;通过拓展资源的学习,让学生开拓视野,了解到矿井底板水防治的新技术、新方法,进一步明确科学技术是第一生产力的内涵,提升学生的工程素养。

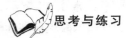 **思考与练习**

1. 简述"下三带"的组成。
2. 影响底板突水的因素有哪些?
3. 底板突水的预测方法有哪些?
4. 简述底板突水的防治措施。
5. 简述注浆堵水法的原理。
6. 在底板水害防治中应用注浆堵水技术是如何进行的

 **综合实训**

1. 工作任务
(1)背景资料分析
① 分析该矿井主要充水因素及突水影响因素。
② 提出开采山西组 2 号煤层时对底板水的初步防治方案。
(2)收集矿区底板水防治案例(每人 1~2 例),并分析、讨论、提出问题,进行总结。
2. 工作方法
分组讨论,独立完成。
3. 背景资料
其背景资料与矿井顶板水对开采的影响分析及防治方案的背景资料相同。

任务五　矿井断层水害防治

【知识要点】　断裂带的划分及充水性规律;断层的水文地质特征;断层的突水特征;断

层水的探放;断层水的治理。

【技能目标】　具有正确识别断裂带类别与分析充水性规律的能力;具有描述断层突水特征的能力;具有进行断层水探放与治理的能力。

【素养目标】　培养学生专业探索的精神;培养学生崇尚科学、科技强国的职业素养;培养学生大国工匠、团结协作的精神。

 **任务导入**

断层破碎带突水水害,本身是矿井一大水害,也可与老空水、矿层顶板含水层、底板承压含水层、地表水体等发生水力联系而引起突水水害,是煤矿水害类型中最普遍的一类。据调查,底板突水事故中大约有80%都与断层有关,因此研究断层突水规律对矿井水害治理至关重要。

 **任务分析**

依据《煤矿安全规程》与《煤矿防治水细则》的有关规定,明确矿井断层水害防治的重要性。通过了解断层对矿井充水的影响,掌握断裂带充水规律与断层水的探放。为此,必须掌握以下知识:

(1) 断裂带的划分及充水性规律;

(2) 断层的水文地质特征;

(3) 断层突水特征;

(4) 断层水的探放;

(5) 断层防水煤(岩)柱的留设;

(6) 断层的注浆堵水;

(7) 水闸墙封堵突水点。

 **相关知识**

一、断裂带的划分及充水性规律

(一)断裂带的划分

断裂带的划分见图5-51。

断裂内带:断裂中心,即断裂的上盘与下盘的接触部位。常由糜棱岩、糜棱化角砾岩或角砾岩等组成。

断裂中带:断裂内带两侧。常由角砾岩等组成。

断裂外带:断裂中带两侧。常为节理裂隙发育带。

(二)不同断裂结构的充水特征

断裂带按其形成力学性质不同,一般可分为张性断裂面、压性断裂面与扭性断裂面。

断层造成突发性
涌水断层的
活化现象

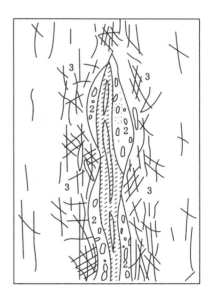

1—断裂内带;2—断裂中带;
3—断裂外带。

图 5-51　断裂构造分带

1. 张性断裂面

张性断裂面主要是由拉伸张力作用产生的。

断裂面的张裂程度大,充填物松散,胶结差。多为尖角状或棱角状大小不等的角砾所组成的角砾岩,孔隙多,孔隙率大,当两侧常伴生的低序次断裂连为一体时,断层带既是富水带,又是水源进入矿井的良好通道。

2. 压性断裂面

压性断裂面所受的压应力最大,断裂面被紧密挤压。充填胶结较好,井巷揭露一般不突水,能起到隔水作用。但当其两侧有低序次羽状断裂发育时,可形成局部富水带。

3. 扭性断裂面

扭性断裂面主要是由剪切作用力产生的(有的也有张应力和压应力)。破裂带内有糜棱岩,两侧破碎角砾岩和棱体呈规律排列。扭裂面一般呈闭合型或较窄的裂缝,延展远,深度大。因此,当扭裂面及其两侧低序次张裂隙较发育时,导水性较强,也可成为水源进入巷道的良好通道。

一般纯属扭性的断层面不多,常见为张扭性和压扭性断裂。其特征和对矿井充水的影响介于二者之间。

(三) 不同性质断裂带的充水特征

1. 阻水断裂带

阻水断裂带包括以下两种情况:

(1) 天然状态下阻水开采后仍然隔水。其特征如下:

断层两侧多为塑性岩层组成,多属压性或压扭性断裂,少数为张性或张扭性,但断裂带充填良好,胶结致密,不透水[图 5-52(a)]。

(2) 天然状态下阻水,开采后变为透水。其特征如下:

断层两侧为不透水的塑性岩层,但距离高压含水层较近,围岩强度较低,井巷开采后,在含水层水压和矿山压力作用下,促使围岩微裂隙扩大,或断裂带充填物被冲蚀、压出而透水[图 5-52(b)]。

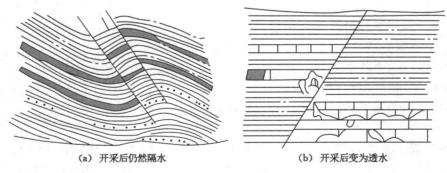

(a) 开采后仍然隔水   (b) 开采后变为透水

图 5-52 阻水断裂带

2. 透水断裂带

透水断裂带包括以下两种情况:

(1) 不沟通其他水源者。其特征如下:

多属张性、张扭性断裂。断层两侧常见脆性岩层组成。断裂带本身含水,但储水量有限。井巷初次揭露可能突水，以后逐渐疏干[图 5-53(a)]。

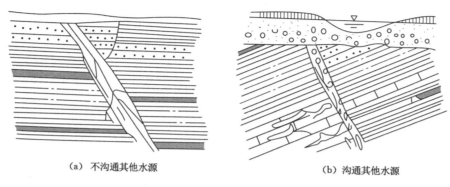

 (a) 不沟通其他水源   (b) 沟通其他水源

图 5-53 透水断裂带

（2）沟通其他水源者。其特征如下：

属张性、张扭性断裂较多，也可以是压性断裂带两侧低序次张性羽状透水断裂带，当与一侧强含水层对接或沟通上部强含水层、地表水时，断层突水量大，水量稳定，不易疏干[图 5-53(b)]。

二、断层的水文地质特征

断层的水文地质特征与断裂两盘的岩石性质及矿层与含水层的对接关系有关。

（一）断层两盘的岩石性质

断层两盘为灰岩、白云岩等可溶性岩石对接时，断裂外带裂隙密集成群、岩溶发育，导水性和含水性强；当两盘为不溶性的脆性岩层（如石英岩、石英砂岩等）对接时，导水性和含水性较强；若两盘为软质塑性岩石（如泥岩、泥质页岩等）对接时，其破碎带的空隙多被泥质充填，孔隙裂隙率低，断层面密合，断层外带裂隙不发育或多为闭合型，故充水性和导水性都很小或不含水。当断层切割含水层时，其断裂带中地下水可以得到含水层的补给，可使富水性大为增强。

针对煤系地层中小型正断层的调查资料表明，断层的水文地质特征与落差和两盘岩性有关。由于煤系地层为不同岩性互层，构造变动形成的断层带为非均质体，使同一条断层不同部位的宽度存在很大差别。由图 5-54 可看出断层落差、两盘岩性与断层带宽度的关系，两盘接触的岩性以柔性为主时，断层带较宽，也较疏松，强度也较低。一些刚性断层错动后构成较窄的断层带。强度低的断层充填物易于被突破，形成导水通道。

（二）断裂两盘含水层和煤层的对接关系类型

断裂两盘含水层和煤层的对接关系类型见表 5-8。

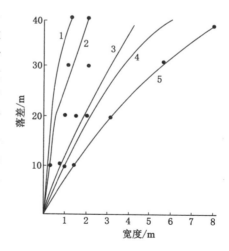

1—砂岩/灰岩；2—砂岩/砂岩；
3—砂质页岩/砂岩；4—砂质页岩/砂质页岩；
5—砂质页岩/煤(注：上盘岩性/下盘岩性)。

图 5-54 断层落差与断层带宽度关系图

表 5-8　断裂两盘含水层和煤层的对接关系类型

煤层与含水层对接类型		断层导水、含水特征	揭露时特点
煤层与含水层直接对接	煤层与厚层强含水层对口时	断层导水、富水性很强	揭露或接近时往往形成突水,突水对矿井威胁大
	煤层与薄层灰岩强含水层对口时	当薄层灰岩含水层与厚层强含水层无水力联系时,断层的导水性和富水性一般	突水时对矿井威胁不大
		当薄层灰岩含水层与厚层强含水层有水力联系时,断层的导水性和富水性强,尤其是在断裂外带富水性更强	突水时对矿井威胁大
煤层与含水层间接对接	煤层与另一盘含水层的垂直距离<6 m	煤层回采前断层含水性和富水性一般	突水时对矿井威胁不大
		煤层回采时,断层带将导水。导水性和富水性与上述两种情况相同	突水时对矿井威胁大

（三）断裂导水或突水条件

（1）中小断裂与含水或导水带断裂交汇或交叉时,中小断裂就具备了导水或突水的条件。

（2）断层切割了含水层或导水陷落柱时,其导水性良好。此时若采掘工作面揭露或接近断层时,往往造成突水。

（3）接近或接触地表水体的断层,富水性强,往往成为矿井突水的导水通道。

（4）采空区内侧剪切带的底板岩石遭受破坏最严重。当周期来压时,剪切带上的断裂可以重新活动而导水,成为底板水突出的通道。

（5）采矿形成的裂隙与切割强含水层的隐伏断层沟通时,裂隙与断层就成为突水的良好通道。

（四）断层的"活化"

有些断层在天然条件下是隔水的,但是当开采矿层时,采场内的断层会由于开采造成的矿山压力（采动后作用于岩层边界上或存在于岩层之中的促使围岩向已采空间运动的力）的变化而"活化",从而引发突水。具体表现为突水发生在初压或周压刚刚过后。统计资料表明,矿山压力造成断层活化而引起的突水约占30%。

一般来说,同样条件下,断层倾角越大,其对围岩影响宽度越小。落差小于 10 m 的正断层,其倾角大于 60°时,断层带宽度一般小于 0.5 m。落差越大,断层带越宽,围岩受损范围越大。在分析断层突水时,不能仅以落差作为衡量断层导致突水的概率相对大小的标准,而应该考虑断层的倾角。往往落差小、角度低的正断层,比落差较大的高角度正断层更易诱发突水。有人建议用断层的落差（H）与倾角（α）的比值（S）来说明断层对突水影响的"规模",即：

$$S = H/\alpha$$

S 反映了断层形成或活化时对断层带的影响,即在一定条件下,S 值越大,断层带越宽。在生产中,常常认为落差小于 5 m 的断层为"小断层"而不够重视,恰恰就因这些所谓的"小断层"而导致较大的突水。因此,在评价正断层突水可能性时,只要两条断层的 S 值相同,它们在突水中所起的作用就一样大。

（五）断层造成突发性涌水（突水）

当矿层底板存在承压含水层时，承压水会有一部分向上导升（也称之为"潜越"）。承压水导升高度是不同的。巷道、工作面以及钻探资料证实，导升形态往往呈束状，导升高度与岩性、承压含水层的水压有关。有观测资料表明，导升高度一般为 0～7 m，但在有断裂构造存在时甚至可导升至 20 余米。一般黏土岩的导升带高度很低，甚至不存在导升带。对于硬脆性岩层来说，在岩性相同的情况下，水压越大其导升高度就越大。当承压水沿导水断层导升时，多呈现为一定宽度的束带状。当此时在断层附近的采掘工作面爆破时，就可造成突水，即所谓"一炮出水"。如图 5-55 所示，突水口与突水源之间虽有一定的距离，但由于断层的存在使突水水源点已潜在矿压破坏带之下，因此承压水随着炮响涌出是必然的。

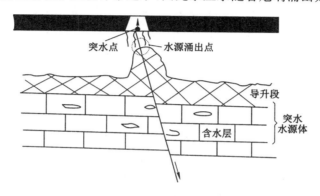

图 5-55　突发性涌水（突水）形成示意图

三、断层构造的突水特征

断层是导致矿井突水的主要因素之一，断层破碎带可以沿断层走向很长一段范围内普遍含（导）水而引发水害，也可以是局部的一小段、一个点导水而诱发突水水害。主要特征如下：

（1）大多数突水位置为正断层的上盘。因为在正断层的上盘开采时，产生的矿山压力通过煤柱作用在断层面上，使断层带裂隙产生剪切运动，而下盘开采产生的矿山压力通过煤柱作用在下伏岩层上，对断层面没有明显的影响。

（2）断层交叉或汇合处，断层尖灭或消失端一带易突水。断层的交汇处和尖灭端是应力集中的地段，由于应力集中，导致裂隙发育，易于突水。

（3）断层密度大的地段，不仅应力集中，且受多次应力作用，造成岩层破碎，裂隙发育，这是地下水运动和赋存的良好场所，一旦采掘工作面接近或通过这些块段时，就易发生突水。

（4）小断层密集带也是易发生突水的部位。主断层派生的次级序次的小断层成群出现时，裂隙发育，有利于导水通道的形成，同时因与主断层构造联系，易诱发突水。

（5）两条及其以上的近距离平行的正断层的上盘易发生突水。由于断层之间的岩层受断层的错动影响，岩石破碎，裂隙发育，断层带较宽，对隔水底板破坏范围较大，因而易突水。

（6）不同力学性质的断裂组成的断裂带，富水性最强，易于发生突水。

（7）采空区周边断层或小断裂地段的岩易发生底鼓突水。

（8）断层带突水水源多为奥灰水，水头压力比较大，往往带有岩石碎屑冲出，有时会发生滞后突水。因为断层不是任何部位都导水,巷道或工作面揭露断层后,也不是立即突水,而是在长时间的矿压作用下,断层带可能活化及相对移动直至与含水层导水裂隙沟通,造成滞后突水。

四、断层水的探放

(一)探放断层水的原则及探查内容

1. 探放断层水的原则

探断层水、强含水层及其他可疑水源的原则基本上与探老空水相同,但探水钻孔的孔数较探老空水的要少。

探断层水的钻孔往往与探断层的构造孔结合起来,在探明断层的位置、产状要素、断层带宽度的同时,着重查明断层带的充水情况、含水层的接触关系和水力连通情况、静水压力及涌水量大小,以达到一孔多用的目的。例如,在正断层上盘巷道内探下盘含水层的钻孔,可布置在上盘巷道内,选择适当地点,向下盘的含水层打钻孔。

在以下几种情况下需要对含水断层进行探放水:

(1)采掘工作面接近已知含水断层 60 m 时。

(2)采掘工作面接近推测含水断层 100 m 时。

(3)采区内小断层使煤层与强含水层的距离缩短时。

(4)采区内构造不明,含水层水压大于 20 kg/cm^2(1.86 MPa)时。

(5)采掘工作面底板隔水层厚度与实际承受的水压都处于临界状态(即等于安全隔水层厚度和安全水压的临界值),在掘进工作面前方和采面影响范围内,是否有断层情况不清,一旦遭遇很可能发生突水时。

(6)断层已为巷道揭露或穿过,暂时没有出水迹象,但由于隔水层厚度和实际水压已接近临界状态,在采动影响下,有可能引起滞后突水,需要探明其深部是否已和强含水层连通,或有底板水的导升高度时。

2. 探查内容

探查的内容包括:

(1)断层的位置、产状要素、断层带宽度(包括内、中、外"三带")及伴生(或派生)构造和其导水性、富水性等;

(2)断层带的充填物及充填程度、胶结物及胶结程度,断层两盘外带裂隙、岩溶发育情况及其富水性;

(3)断层两盘对接部位的岩性及其富水性,煤层与强含水层的实际间距(即隔水层的厚度);

(4)断层与其他含(导)水断层、陷落柱或其他水体交切部位及其富水性;

(5)查明并记录探断层水钻孔在不同深度的水压、水量或冲洗液漏失量,并确定或判断底板水在隔水层中的导升高度。

探明以上内容时,应先提供断层面等高线图及两盘主要煤层、含水层交切关系图,探测断层预想剖面图。断层面等高线及上、下盘煤层,含水层交线图。

断层水探明后,应根据水的来源、水压和水量采取不同措施。若断层水是来自强含水层,则要注浆封闭钻孔,按规定留设煤柱;已进入煤柱的巷道要加以充填或封闭。若断层含水性不强,可以考虑放水疏干。

（二）断层突水涌水量的估算

对区内具有突水危险性的断层，可根据断层突水的"渗流转换"机理进行突（涌）水量初始值和最大值的估算。

1. 突（涌）水量估算

（1）孔隙流阶段突（涌）水量计算

该阶段突（涌）水量对应采掘工作面断层突水初始涌水量，其值 Q 为：

$$Q = \frac{a^2 b^2 \gamma n^2 p_w}{8\pi\mu L} \tag{5-13}$$

式中　a——断层突水通道长度；

　　　b——断层突水通道宽度；

　　　γ——流体的容重；

　　　μ——流体的动力黏滞系数；

　　　n——空隙率；

　　　L——断层突水点距承压含水层的距离；

　　　P_w——突水压力。

（2）管道流阶段突（涌）水量计算

该阶段突（涌）水量对应采掘工作面断层突水中的最大涌水量。

① Hazen-Williams 公式

为了便于计算，Hazen-Williams 粗率系数选用混凝土管的粗率系数，令 $C=120$，则突（涌）水量 Q 为：

$$Q = 120ab\,n \left[\sqrt{\frac{abn}{4\pi}}\,\right]^{0.63} \left(\frac{p_w}{L}\right)^{0.54} \tag{5-14}$$

② Darcy-Weisbach 公式

$$Q \approx \frac{3g^{\frac{5}{9}} J^{\frac{5}{9}} d^{\frac{8}{3}} \rho^{\frac{1}{9}}}{\mu^{\frac{1}{9}}} = 19.05\,\frac{g^{\frac{5}{9}} p_w^{\frac{5}{9}} (abn)^{\frac{4}{3}} \rho^{\frac{1}{9}}}{\mu^{\frac{1}{9}} L^{\frac{5}{9}} \pi^{\frac{4}{3}}} \tag{5-13}$$

式中　ρ——水的密度；

　　　g——重力加速度；

　　　J——水力坡度；

　　　L——承压含水层沿断层带至突水工作面的距离；

　　　n——突（涌）水量达到最大时的突水通道空隙率（与突水通道空隙率值不同）；

　　　其他符号意义同前。

要计算断层突水时的水量，首要任务是确定计算公式中的参数，主要有 6 个参数：断层突水通道长度 a、宽度 b，突水时突水通道空隙率 n_1，突（涌）水量达到最大时的突水通道空隙率 n_2，奥灰承压含水层沿断层带至突水工作面的距离 L 及突水时的压力 p_w。

（三）探放断层水钻孔布置及要求

探放水钻孔布置及要求如下：

（1）探放断裂构造水和岩溶水时，探水钻孔沿掘进方向的前方及下方布置。底板方向的钻孔不得少于 2 个。

（2）煤层内，原则上禁止探放水压高于 1 MPa 的充水断层水、含水层水及陷落柱水。如果确实有需要，可以先建防水闸墙，并在闸墙外向内探放水。

（3）当需要取得断层的走向、倾角、落差、破碎带宽度及含水情况，断层两侧含水层与开采煤层之间的距离等准确资料时，至少布置 3 个孔。

（4）附钻孔布置平面图及每个钻孔的预想剖面图。

（5）水压大时每个钻孔都必须在完整岩层内开孔并安装孔口套管及阀门。

（四）探放断层水的方法

1. 工作面前方已知或预想有含（导）水断层的探查

如图 5-56 所示，一般应先布 1 号孔，尽可能一钻打透断层，然后再分别打 2 号、3 号孔，以确定断层走向、倾向、倾角和断层的落差及两盘的对接关系，其中至少有一个孔打在断层与含水层交面线附近。

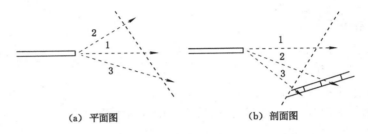

(a) 平面图　　　　　　　(b) 剖面图

图 5-56　工作面前方已知或预想有含（导）水断层的探查

2. 隔水岩柱厚度处于临界状态时，掘进工作面前方有无断层突水危险的探查

如图 5-57 所示，一般应沿巷道掘进方向打 3 个孔，尽量打深，力争一次打透断层，否则就必须留足超前距，边探边掘直至探明断层的确切情况，再决定采用哪种放水措施。

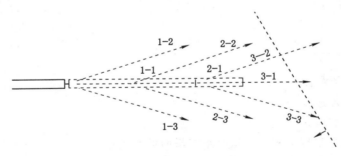

图 5-57　掘进工作面前方有无断层突水危险的探查（平面图）

3. 巷道实见断层，在采动影响后有无突水危险性的探查

如图 5-58 所示，一般应向下盘预计采动影响带内打 1 号孔，探明断层带的含（导）水性和水压、水量等情况。若有水，采后就很可能突水；若无水，则还应向预计采动带以下打 2 号孔，然后根据具体条件分析突水的可能性，采取相应的防水措施。

（五）探放断层水的安全注意事项

（1）开孔层位必须在较坚硬的岩层中，孔口管（即止水套管）的长度、超前距、探断层的起始点距离应符合要求。

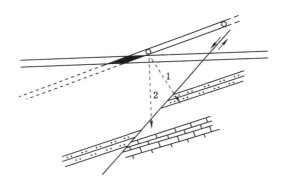

图 5-58　采动影响后有无突水危险性的探查(剖面图)

（2）必须使钻孔在一定的安全深度揭露断层,由孔口至断层之间的岩壁厚度能在关闭孔口阀门时足以抗衡水压的破坏。对于水压大于 2 MPa,中间要穿过矿层的探断层孔,在打穿断层之前,还必须下好第二层孔口管封水护壁,以防止高压水与矿层及上下地层发生水力联系。

（3）揭露断层带或含水层时,孔径应小于 60 mm,同时采用肋骨钻头,以控制孔内涌水量和防止高压水时钻杆射出。

（4）水压超过 2 MPa 的断层,一般不宜沿矿层探放断层水。应选用钻深 200～300 m 的井下大、中型钻机,水泵应能单独起动,水泵压力应大于实际水压的 1.5 倍,以便停钻时可以不停泵;一旦高压水大量喷出,须立即注浆封孔,确保安全。

（5）孔口安全装置要求与探老空水相同。要特别注意各部件组装的密封程度,防止高压水造成的漏水射流使构件冲蚀损坏。发现水压、水量很大时,要用两套闸门控水。平时主要开闭外闸门,内闸门留作备用。一旦外闸门失效,可关闭内闸门,更换外闸门。

（6）在喷高压水的条件下继续钻进时,斜孔可使用孔口防喷逆止阀,钻具可使用防喷接头,上下钻可使用孔口反压装置。

（7）如果井田边界为断层,钻孔开孔位置必须在隔离煤柱以外;探水后的采掘工作面及破坏预留的煤柱,探明情况后,每一个钻孔都要注浆封孔。

（8）沿断层防水煤柱边缘布置的工作面,在煤柱附近开切割眼时,必须边探边掘,随时对防水煤柱进行探查,探查防水煤柱尺寸是否符合设计规定,如不符合规定,按煤柱尺寸要求重新开切割眼。探查后,所有钻孔必须封孔。

（9）巷道掘进时要超前探水,钻孔无水时,用手镐掘进或放小炮通过,但须进行特殊支护,防止滞后突水。水压、水量较大时应预注浆通过断层或留设煤柱绕行。回采一般应按规定留设防水煤柱,并尽可能减小矿压的破坏作用。

（10）钻孔终孔后,孔内有水时应进行放水试验,放水前一定要设置好排水沟和排水系统;孔内无水时应选择一个孔进行压水试验,以检验断层带隔水性能,但压力一般以略大于断层所承受的静水压力为宜。

五、断层防水煤(岩)柱的留设

断层破坏了岩层的完整性,常常成为矿层与含水层之间的联系通道。断层的某一区段是否导水、导水性强弱、是沿破碎带上下连通还是仅仅水平接触导水,取决于断层的力学性质、断层带的成分结构、断层的后期改造、断层两侧岩层接触关系、含水层的水压以及采矿活动引起的围岩压力对断层的重复破坏作用。因此,在没有掌握断层各区段的导水性时,应把整个断层作为导水断层对待。断层防水矿柱一般不得小于 20 m。

(1)当煤层位于导水断层上盘时,含水或导水断层防水煤(岩)柱的留设(图 5-59)可参照下列经验公式计算:

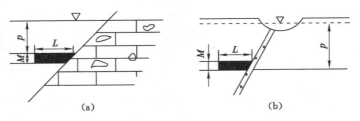

图 5-59　含水或导水断层防隔水煤(岩)柱的留设图

$$L = 0.5AM\sqrt{\frac{3p}{K_p}} \geqslant 20 \text{ m} \tag{5-16}$$

式中　L——顺层防水煤柱宽度,m;

　　　　A——安全系数(一般取 2~5);

　　　　M——煤层厚度或采高,m;

　　　　p——隔水层所承受的水压,MPa;

　　　　K_p——煤的抗张强度,MPa。

(2)当煤层位于导水断层下盘时,煤层与强含水层或导水断层接触时防水煤(岩)柱的留设

煤层与强含水层或导水断层接触,并局部被覆盖时(图 5-60),防水煤(岩)柱的留设要求如下:

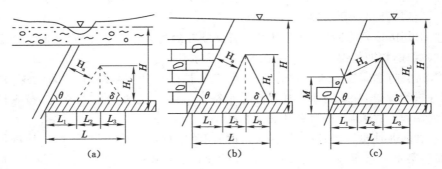

图 5-60　煤层与强含水层或导水断层接触时防水煤(岩)柱留设图

① 当含水层顶面高于导水裂隙带上限时,防水煤(岩)柱可按图 5-60(a)、图 5-60(b)留设。其计算公式为:

$$L = L_1 + L_2 + L_3 = H_a\cos\theta + H_L\cot\theta + H_L\cot\delta$$

② 最高导水裂隙带上限高于断层上盘含水层时,防水煤(岩)柱可按图 5-60(c)留设。其计算公式为:

$$L = L_1 + L_2 + L_3 = H_a(\sin\delta - \cos\delta\cot\theta) + (H_a\cos\delta + M)(\cot\theta + \cot\delta) \geqslant 20 \text{ m}$$

式中　　L——防隔水煤柱宽度,m;

　　　　L_1、L_2、L_3——分段煤柱宽度,m;

　　　　H_L——最大导水裂隙带宽度,m;

　　　　θ——断层倾角,(°);

　　　　δ——岩层塌陷角,(°);

　　　　M——断层上盘含水层层面高出下盘煤层底板的高度,m;

　　　　H_a——断层安全防水煤(岩)柱的宽度,m。

H_a值应当根据矿井实际观测资料来确定,即通过总结本矿区在断层附近开采时发生突水和安全开采的地质、水文地质资料,计算其水压(p)与防水煤(岩)柱厚度(M)的比值($T_s = p/M$),并将各点之值标到以 $T_s = p/M$ 为横轴,以埋藏深度 H_0 为纵轴的坐标纸上,找出 T_s 值的安全临界线(图 5-61)。

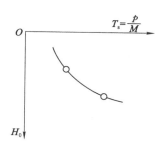

图 5-61　T_s 和 H_0 关系曲线

H_a值也可以按下列公式计算:

$$H_a = \frac{p}{T_s} + 10$$

式中　　p——防水煤(岩)柱所承受的静水压力,MPa;

　　　　T_s——临界突水系数,MPa/m;

　　　　10——保护带厚度,一般取 10 m。

本矿区如无实际突水系数,可参考其他矿区资料,但选用时应当综合考虑隔水层的岩性、物理力学性质、巷道跨度或工作面的空顶距、采煤方法和顶板控制方法等一系列因素。

(3) 当煤层位于含水层上方,且断层又导水时防水煤(岩)柱的留设

当煤层位于含水层上方且断层又导水的情况下(图 5-62),防水煤(岩)柱的留设应当考虑两个方向上的压力:一是煤层底板隔水层能否承受下部含水层水的压力;二是断层水在顺煤层方向上的压力。

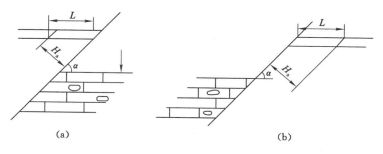

(a)　　　　　　　　　　　　　　　　(b)

图 5-62　煤层位于含水层上方且断层导水时防水煤(岩)柱留设图

当考虑底部压力时,应当使煤层底板到断层面之间的最小垂直距离(垂距)大于安全煤柱的高度计算值 H_a,并不得小于 20 m。其计算公式为

$$L = H_a/\sin\alpha \tag{5-17}$$

式中　　α——断层倾角,(°),其他同上。

当考虑断层水在顺煤层方向上的压力时,按式(5-16)计算煤柱宽度。

根据以上两种方法计算结果,取用较大的数字,但仍不得小于 20 m。

(4) 当煤层位于含水层上方,且断层不导水时防水煤(岩)柱的留设

如果断层不导水(图 5-63),防水煤岩柱的留设尺寸,应当保证含水层顶面与断层面交点至煤层底板间的最小距离,在垂直于断层走向的剖面上大于安全煤柱的高度(H_a)时即可,但不得小于 20 m。

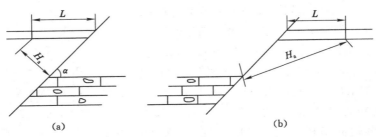

图 5-63 煤层位于含水层上方且断层不导水时防水煤(岩)柱留设图

以断层为边界的井田,其边界防隔水煤(岩)柱的留设必须考虑井田另一侧煤层的情况,以不破坏另一侧所留煤(岩)柱为原则。

六、断层的注浆堵水

通过导水断层的突水一般都会造成较大的危害,经常造成工作面停产、水平停产以至矿井被淹。这种突水灾害发生的原因,主要是由于巷道直接揭露或接近断裂构造形成的局部导水通道或断层,使所掘矿层巷道与强含水层直接遭遇或接近。由于导水构造的复杂性和隐蔽性,很难预先查明矿区所有的导水通道,因此,在矿井建设和生产过程中,往往在没有防护的条件下直接揭露导水断层而发生矿井突水。注浆封堵突水通道是控制断层突水的积极而有效的手段。

1. 断层的预注浆改造措施

导水断层及断裂破碎带往往作为导水通道,将含水层水导入采掘空间,对矿井安全造成威胁。封堵断层导水通道就是利用注浆工程切断这种导水通道而达到预防或治理矿井水害的目的。对于通过各种勘探手段已经查明的有可能发生突水事故并给矿井正常生产带来威胁的导水断层及断裂破碎带,应在采掘工程揭露或发生突水之前进行封堵或注浆改造(图5-64),达到预防突水事故发生的目的。

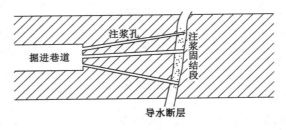

图 5-64 掘进巷道前方导水断层注浆改造工程示意图

如某矿东副巷在 -141 m 标高进行开拓,向东掘进必须穿过 F_6 断层。该正断层组呈阶

梯状,累计落差 27 m。由于断层错动,第八层灰岩与巷道底的垂距只有 23 m(图 5-65),第八层灰岩水作用在巷道底板的实测压力水头为 1.91 MPa,突水系数 0.85 MPa/m,超过了临界值。而且,巷道通过地点正值"帚"状构造收敛部位,地应力集中,突水危险性很大。为此,该矿在巷道欲通过断层的部位即第八层灰岩上下盘进行了钻孔预注浆加固,通过注浆钻孔(注 10、注 16)注入水泥 700 t,使东副巷安全通过了 F_6 断层带。

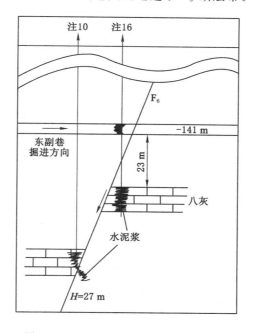

图 5-65　某矿预注浆加固过断层示意图

2. 断层突水的治理方法

对于断层突水,常用的治理方法有以下几种。

(1) 直接封堵法

直接封堵法即直接打钻孔至断裂构造导水带,进行注浆封堵(图 5-66)。钻孔布孔原则是在突水断裂构造和突水点清楚的条件下,直接针对突水点或导水通道的可能来水方向布孔注浆封堵,这种条件下一般都可通过少量的工程取得较好的治水效果。

(2) 间接封堵法

当突水断裂构造的确切部位及其产状不很清楚时,则需要适当多布置注浆工程和探查钻孔。一般是治理工程和突水条件探查工程相结合,在施工中进行突水条件的探查与分析研究,在分析研究中不断地优化和调整治理方案。这种注浆堵水工程一般需要时间较长,但治水效果较好,可以达到根治水害的目的。有时为了实现快速治水复矿,往往通过地面直接施工注浆钻孔揭露过水巷道,以切断突水点水进入矿井采掘区(图 5-67)。

这种注浆堵水方法一般所需工期短,工程施工工艺简单明了,但往往不能根治水害,突水构造依然威胁邻区井巷工程安全。当突水断裂构造发育地点和产状不明确,难以准确布置注浆钻孔时,也可采用封堵揭露断层巷道的方法,即在沟通突水点的过水巷道中大量充填砂石,然后注浆加以固结,起到隔离突水点与矿井工作区的作用。

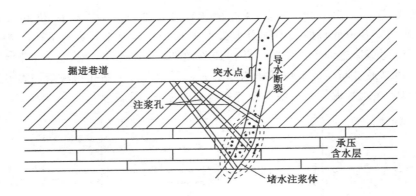

图 5-66　井下封堵突水断层进水口工程示意图

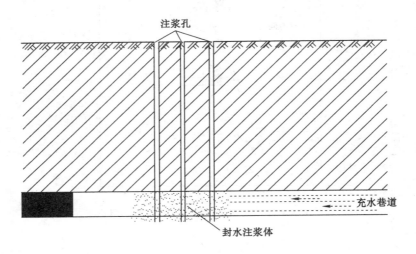

图 5-67　地面封堵过水巷道工程示意图

（3）水闸墙封堵法

在突水口涌水面积大，突水通道又无法查明的情况下，可用水闸墙将突水口附近巷道封闭，采用这种方法时必须考虑封闭后会不会产生顶板采空区绕流等后患。如井陉、淄博、焦作等矿区，为了防止奥灰更大的突水或减少现有出水点水量，采用了这一方法，效果明显。井陉矿区曾先后在三矿、二矿、一矿封闭了 5 个奥陶系灰岩突水点，累计减少 89.7 m³/min 水量，其中最大的一个突水点曾造成矿井淹没，淹井恢复后，不能长期负担这样大量的排水，于是采用水闸墙将突水点封闭，水压 0.91 MPa，大大减少了矿井排水量，长期安全无恙。后来为满足农田灌溉需要又将这部分水作为水源，进行有计划的供水。

为了处理一些大型突水点，也可采用地面打钻灌浆封堵突水通道与井下同时建水闸墙关闭突水的综合防治方法，但治理费用较大。

案例分析

【案例 5-8】　山东肥城杨庄煤矿 9101 上工作面回风巷突水事故。

（一）概况

杨庄煤矿于 1985 年 5 月 27 日 9 时左右发生徐灰岩溶水淹井事故。突水点在已经停止掘进达 4 个月之久的 9101 上采煤工作面回风巷,标高 -32 m 处。初期涌水量为 600 m³/h 左右,17 时增至 4 000 m³/h,最后稳定在 4 409 m³/h。全矿井最大涌水量达 5 237 m³/h。

水害发生后,各种水泵一起开动,并把一部分水引入上组煤的下山采空区。原来只有 1 680 m³/h 的排水能力,虽然经过努力达到 2 360 m³/h,但还远远抵不住 5 000 m³/h 的涌水量,到 5 月 28 日 4 时 35 分,该矿井被淹没,停产半年,井下全部设备被淹没,共损失 2 001.5 万元。

（二）地质构造及突水原因

$9101_{上}$ 采煤工作面处于 F_{III-1}、F_{I-1} 和 F_{I-2} 断层所组成的地堑内(图 5-68、图 5-69)。上部为 F_{III-1} 断层,走向 NE,倾向 NW,倾角 68°,落差 18 m;F_{I-1} 断层走向 NE,倾向 NW,倾角 65°,落差 8 m;下部为 F_{I-2} 断层,走向 NE,倾向 SE,倾角 70°,落差 7 m;该工作面开采 9 煤层,煤层厚 1.2 m 左右,徐灰厚 13.5 m。徐灰至奥灰 12 m 左右。奥灰厚 800 m 左右,徐灰和奥灰含水极为丰富,两者水力联系密切,其水位动态及水质特征基本一致。

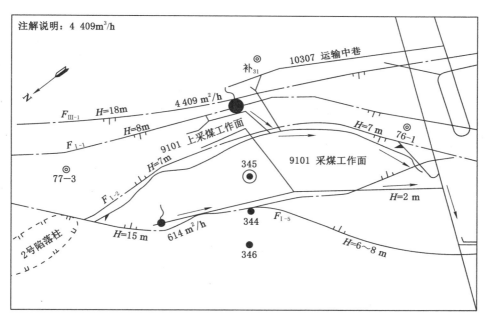

图 5-68　杨庄煤矿 9101 上采煤工作面突水点平面图

突水的主要原因如下:

(1) 巷道揭露断层是突水的主要原因。对 8 煤层已经揭露的断层地质资料没有深入分析和利用,生产管理不严,为按作业规程施工,致使 $9101_{上}$ 采煤工作面回风巷揭露 F_{I-1} 断层后,掘进巷道接近强含水层,形成了一触即发之势。

(2) 对于已揭露断层的点没有采取加固等防水措施,使其长期裸露,而且断层面被水淹没、浸泡,使其附近岩石变软、强度降低,出现了滞后突水。

(3) 9101 采煤工作面的地质构造及水文地质条件极为复杂。该工作面处在 3 条较大断

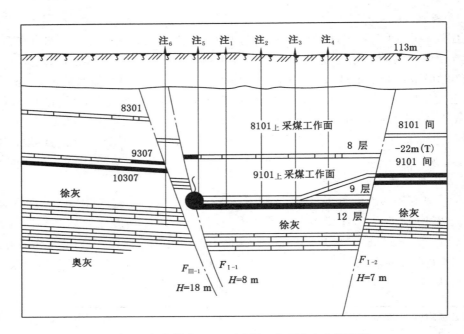

图 5-69 杨庄煤矿 9101 上采煤工作面突水点剖面图

层切割所形成的地堑构造内。同时,在该工作面东北方 230 m 处有 1 个陷落柱和断层密集带,岩石破碎,顶底板裂隙发育,是一个富水地带。

根据地面水文地质观测孔资料,徐灰水与奥灰水水力联系极为密切,两者水位同步下降。奥灰水在近处能大量补给徐灰,所以这次突水水量之大是空前的。

(4)矿井排水能力不足,防水设施不健全,矿井没有防水闸门,这些都是本次淹井的根本原因。

(三)水害治理

淹井后,局、队、矿工程技术人员共同编制了注浆堵水方案,采取先注浆封堵巷道,然后堵出水点,最后再加固断层带的方法。

治水基本工艺流程:对巷道定点打钻孔→注骨料→注浆封堵→旋转喷射水泥浆加固→检查→矿井排水→封堵钻孔。

该堵水工程共打了 6 个钻孔,即注$_1$至注$_6$(图 5-69)。其中,注$_1$、注$_2$、注$_3$、注$_4$为封堵巷道注浆钻孔,注$_5$、注$_6$为封堵水源和加固断层破碎带注浆钻孔。由于多数钻孔要求打入巷道内,因而要求钻孔偏斜度要小。6 台钻机同时施工,因孔位标定准确,钻孔质量高,都达到了预期目标,为注浆堵水打下了良好基础。

为了增加水流的阻力,减少浆液流失,先在注$_1$、注$_4$钻孔注入大量骨料,当骨料堆积至巷道顶板时,下钻具将骨料推到较远的地方,要求充填半径达到 5 m 以上。先后共注入石子 255 m³、砂子 33.57 m³。在注骨料的同时,为了使其固结,防止浆液流失,采用特制钻头在石子堆中自下而上地进行旋转喷射水泥浆,并在水泥浆内加入 0.035‰的三乙醇胺和 0.5‰的食盐作为速凝早强剂。这样,就使堆积在巷道内的骨料形成了固结的阻浆塞。随后,再进行大量的注浆工作。在注浆过程中,以单液浆为主、双液浆为辅,采用间歇式注浆工艺,共注单液浆 59 次、双液浆 27 次,共注入水泥 1 738 t、水玻璃 532 t。

封堵工作基本完成后,为防止巷道淤积物漏水而进行了加固。其方法是:延深钻孔至巷道底板以下 0.5～1.0 m,进行加压注浆,注浆压力超过突水静水压力(0.9 MPa)的 3 倍以上,即泵压达到 3～4 MPa,浆液浓度不宜过大,水灰比为 0.8 左右,使浆液均匀地充填淤积物的空隙,提高其整体强度和防渗效果。

检查堵水效果的方法是:在注浆过程中观测非注浆钻孔的水位变化;每个钻孔注浆后,扫孔取样检查;钻孔与钻孔之间做水的流速试验;每隔钻孔在注浆结束时向孔内注水,观测其消耗量;矿井试排水前,进行钻孔无线电波透视,认为合乎要求后,才进行矿井正式排水。

从 1985 年 6 月 2 日开始打钻,至 7 月 20 日出水点已经堵住,共进行了 3 次试排水。8 月 12 日正式排水,9 月 15 日排水至井底。从打钻注浆到排水,共历时 3 个半月,花费 90 万元。矿井恢复时,出水点水量小于 50 m³/h,堵水效果达 99% 以上。

(四)经验教训

通过对突水点水文地质条件的分析和技术论证,只施工 7 个钻孔就达到了预期目的,说明了堵水技术方案是合理的,堵水效果也很好。在注骨料过程中,水固比例适当,下料均匀,避免了堵孔事故。单液、双液、骨料配合使用,采用歇式注浆方法,控制了浆液的扩散范围,提高了堵水材料的整体强度,采用多种方法检查堵水效果,这些都是实践中积累的治水经验。

此类水害以预防为主,只要采取适当措施,事故是可以避免的。主要经验如下:

(1)对断层一定要留足煤柱。对已经留设煤柱,应打钻验证,以保证煤柱尺寸的准确。

(2)尽量少用巷探形式揭露断层,应采取钻探或物探手段探测断层。如果用巷探,必须事先制定出预防突水的措施。

(3)对已揭露的断层,必须采取措施进行封堵,防止滞后突水。

(4)开采 6-2 煤层要禁止破底板;开采 9 煤层悬顶不能太大,需要及时放顶,以减少顶板压力。一般悬顶不能超过 4 m。

(5)对水压高、隔水层厚度达不到安全开采的,要进行疏水降压,待水压降到安全值时,再进行开采。

(6)应健全防水措施,设置必要的挡水墙、水闸门,装备足够的矿井排水能力,以抗拒水害。

 **任务实施**

本任务要求在了解断裂带充水特征的基础上,掌握断层水害的形成与特点,并提出合理的防治措施。通过案例分析与综合实训,培养学生分析问题、解决问题的能力,提高学生的职业素质;通过拓展资源的学习,让学生开拓视野,了解到矿井断层水防治的新技术、新方法,进一步明确科学技术是第一生产力的内涵,提升学生的工程素养。

 **思考与练习**

1. 简述断裂带的划分。

2. 断裂带的类型有哪些?

3. 简述防断层水煤(岩)柱的留设。

4. 简述断层突水的预测。

5. 治理断层水害有哪些防治措施？

6. 简述断裂带的充水特征。

7. 简述探放断层水的主要探查内容。

综合实训

某煤矿隐伏断层帷幕注浆堵水的实例

某煤矿开采 9 号煤层。该矿在 8101 工作面推进过程中突然揭露一条落差 1.8 m 的隐伏断层，从而引发底板奥灰突水，涌水量达 16 540 m³/h，淹没了 -210 m 水平。

(1) 水文地质条件

井田内对下组煤层开采存在严重威胁的含水层有：太原组四灰含水层、本溪组五灰含水层、奥灰含水层。

井田内五灰含水层与四灰含水层没有直接水力联系，即不存在五灰水垂直方向补给四灰水的通道。浅部四灰含水层露头区为第四系底部的亚黏土层覆盖，黏土层对地表水和第四系潜水具有较好的隔水作用；西部的 F₃ 断层与深部的 F₁ 断层因落差较大，切断了四灰含水层的连续性，均为不导水断层；东部的 F₇₋₁ 断层造成断层下盘奥灰强含水层与区内四灰含水层对口接触，形成极有力的补给条件，为主要突水水源。

(2) 隐伏断层注浆堵水治理

矿井发生突水后，经过地面打钻注浆堵水，恢复生产以后，主采工作面仍为存在突水威胁的采区。随着开采范围的不断扩大，采区内涌水量持续增加，由起初的 50 m³/h 增加到 480 m³/h，大大增加了矿井排水负担。由于 9 号煤层距四灰含水层平均距离仅为 10.2 m，9 号煤层开采势必导致四灰水溃入，影响工作面的正常生产，甚至危及全矿井安全。为保证矿井安全生产，减少矿井排水费用，缓解矿井生产压力，确定采取隐伏断层注浆堵水措施。

(3) 帷幕注浆堵水方案

① 治理方案

8705 工作面于 2003 年 10 月 30 日发生的顶板四灰淋水水量为 3 m³/h，而周边五灰观测孔 N3、N417 孔内无水。11 月 2 日，水位观测孔 N508 孔水位高度为 +15.24 m，N4 孔为 +14.95 m，对应的涌水量为 40 m³/h；此后，随着地下水位的上升，8700 带式输送机机尾出现涌水，最大涌水量达 380 m³/h，据此分析四灰出水点标高约在 +14 m 左右，即四灰露头区水位 +14 m 以上仍存在隐伏断层缺口。由于 F₇₋₁ 断层下盘奥灰水横向补给区内四灰，故总体治理思路是：沿 F₇₋₁ 断层上盘防水煤柱线（四灰 ±0 m 以上）施工帷幕注浆孔并进行注浆，在原地面帷幕衔接，达到封堵四灰过水目的的。

通过多种方案的优化比较，最终确定如下治理方案：在 8700 带式输送机上山回风联络巷内沿倾斜方向延深 7 号煤层石门，然后沿 7 号煤层走向施工至 F₇₋₁ 断层防水煤柱线，到位后沿 F₇₋₁ 断层防水煤柱线施工帷幕上山至 7 号煤层风氧带底界（+16 m），最后施工四灰帷幕注浆孔进行注浆截流。井巷工程量 240 m，钻探工程 50 个孔，总长 1 750 m。采用此方案的优点是：一是钻孔进尺少，能够利用 9 号煤层工作面已有的工程帷幕巷 450 m，其中 210 m 尚可作为 9 号煤层回采巷道使用；二是帷幕巷道工程量仅为 240 m，沿 9

号煤层施工帷幕上山至＋17.5 m,此处施工四灰孔终孔标高＋26 m,超出四灰过水标高(＋14 m)并进入四灰风氧化带,通过注浆能够有效地封堵＋14 m以上过水段及四灰风氧化带与地面帷幕缺口。不足之处是需在9号煤层巷道中施工仰角钻孔,封套管难度大,钻孔水流速度大。

② 工程要求

帷幕注浆孔的施工目的是使四灰注浆钻孔均匀合理地布置在帷幕注浆带上,以期达到与地面帷幕衔接,将帷幕带布置在帷幕东侧,这有利于采区内煤层开采对帷幕带的保护。

帷幕巷道:巷道布置综合考虑地质构造、施工安全、煤层开采等各种因素。

注浆孔个数:注浆孔鱼刺状排列(单排),孔距5 m,如单孔水量超过5 m³/h时,再加密至3.5 m孔距。

注浆接替顺序:分次施工,第1次60 m,主要作过水通道探查;第2次30 m;第3次15 m;第4次7.5 m;第5次以上则主要为过水段加密施工。

技术要求:一次性穿透四灰的钻进方式,如钻透前水量大于100 m³/h,可以注浆后再穿透四灰。根据现场地层裂隙情况,为防止注浆期间钻孔串浆,距注浆钻孔40 m内其他钻孔不能揭露四灰含水层。

③ 帷幕注浆材料

选择黏土、水泥浆作为帷幕注浆的主要材料。鉴于露头区四灰风化严重,裂隙发育,为防止浆液扩散过远,采取添加海带骨料和水泥浆、水玻璃双液注浆。黏土浆相对密度控制在1.12～1.14,黏土水泥浆相对密度控制在1.2～1.3。

双液注浆:水玻璃与水泥浆的体积比为2%。

单孔注浆结束标准:当泵量为80 L/min以下,终压2.0 MPa时,即可结束。

采用井上下结合,黏土水泥浆为主、单液水泥浆为辅,连续注浆为主、间歇注浆为辅,全段注浆为主、分段注浆为辅的方式注浆,试验群孔注浆和引流注浆等快速注浆方法,在确保注浆效果的前提下提高注浆速度。

(4)帷幕注浆堵水效果评价

注浆堵水工程于2005年5月～2005年10月共施工了53孔,总长1 818 m。注水泥浆2 052.2 t,黏土1 212.3 t,海带8 149 kg,水玻璃101.6 t,四灰过水由原来的380 m³/h减少至42 m³/h,减少水量338 m³/h,堵水效果88.9%,仅排水电费一项每年节约成本就达133万元。

帷幕注浆堵水后,解放了七采区东翼露头区9号、10号煤层,可采煤量约29.1万t,按当年吨煤利润400元/t计算,当年可创造效益达1.16亿元。

(5)注浆堵水经验总结

治理矿井水,首先要查明水源和突水通道,据此确定注浆钻孔位置和深度。布置注浆钻孔时,必须与构造裂隙的延深方向斜交,在构造、断层尖灭地点应多布置钻孔。注浆工艺的选择直接影响注浆效果的成败,根据含水层和裂隙程度,合理选择骨料、浆液和化学剂是注浆的关键。帷幕注浆钻孔应揭露岩层裂隙,确保裂隙都在注浆范围以内,以保证钻孔终孔位置在帷幕线上,防止出现缺口。

任务六　岩溶陷落柱水害防治

【知识要点】　岩溶陷落柱的形成；岩溶陷落柱的分布与危害；岩溶陷落柱的基本形态特征；岩溶陷落柱的导水类型与突水方式；岩溶陷落柱水害的预防与治理。

【技能目标】　具有正确探查岩溶陷落柱的分布与描述岩溶陷落柱基本形态特征的能力；具有判定岩溶陷落柱的导水类型与突水方式的能力；具有进行岩溶陷落柱水害预防与治理的能力。

【素养目标】　培养学生的专业探索精神；培养学生崇尚科学、科技强国的职业素养；培养学生大国工匠、团结协作的精神。

任务导入

岩溶陷落柱常成为奥陶系灰岩强含水层地下水和煤系地层之间的联系通道，井巷或采煤工作面接近陷落柱时，则可能产生突水，威胁上部煤层的开采，研究陷落柱的导水性与防治方法是煤矿防治水工作的重要内容之一。

任务分析

依据《煤矿安全规程》与《煤矿防治水细则》的有关规定，明确岩溶陷落柱水害防治的重要性。岩溶陷落柱是华北石炭二叠系煤田中发育的一种重要地质现象，一般情况下不导水。但当采矿中一旦揭露充水陷落柱或者是岩溶陷落柱贯穿煤系地层时，往往会酿成大型水害，所以必须做好岩溶陷落柱水害防治工作。为此，必须掌握以下知识：

（1）岩溶陷落柱的成因；
（2）岩溶陷落柱的分布与危害；
（3）岩溶陷落柱的基本特征；
（4）岩溶陷落柱的导水类型及突水方式；
（5）预防陷落柱导（突）水技术方法；
（6）陷落柱突水的综合治理技术。

陷落柱的成因

相关知识

一、岩溶陷落柱的成因

岩溶陷落柱是我国华北煤田广泛发育的一种极富区域特色的地质现象。它是岩溶洞穴塌陷的产物，是煤系下伏可溶性岩层经地下水强烈溶蚀后，形成较大的溶洞，在各种地质因素作用下，引起上覆岩层的失稳、塌陷，形成筒状柱体，是岩溶引起的一种特殊地质现象，因塌陷体的剖面形状似一柱体，故称陷落柱。

岩溶陷落柱也称喀斯特陷落柱，陷落柱所在岩体呈双层结构，下段为岩溶地层，在我国华北地区即为奥陶纪灰岩（简称奥灰）；上段为石炭二叠纪煤系，主体为非岩溶地层。陷落由奥灰中发育的溶洞引起，如果覆岩陷落限于奥灰岩内，属一般岩溶塌陷。只有当覆岩陷落越过奥灰岩顶界，使石炭二叠纪煤系物质陷落到灰岩溶洞中，同时煤系内形成一段竖井状腔

体,腔体再被上方冒落物填充,这才出现真正意义上的煤田陷落柱。陷落柱高度由数十米至五六百米,多为 200~300 m。

其形成经历了漫长的地质历史时期,是在岩溶充分发育的基础上,受地质构造的控制。其成因是以奥灰岩层中地下水的强烈交替为条件,岩溶发育为基础,岩体自重重力、地应力集中及溶洞内真空负压三重作用为动力,经过迅速垮落、间歇、溶蚀、搬运、塌陷、冒落等周而复始的过程,分阶段逐步形成陷落柱。

二、岩溶陷落柱的分布与危害

岩溶陷落柱广泛分布于我国晋、陕、蒙、冀、鲁、豫、苏、皖等地近 20 个煤田 45 个煤矿区,总数超过 3 000 个。岩溶陷落柱属于隐伏垂向构造,其导致的突水具隐蔽性、突发性且与岩溶水有天然联系,对煤矿安全生产及当地人民生活危害极大。

陷落柱大都在地表没有显现迹象,但对煤矿正常生产,甚至对当地居民生活带来很大危害,可归纳为以下几个方面:

(1)影响煤炭资源的开发利用

岩溶陷落柱不仅给地面工程带来危害,而且也对地下采矿造成严重影响。就煤矿生产而言,岩溶陷落柱的存在,破坏了煤层的连续性,使含煤地层遭受严重破坏,可采煤层在一定范围内失去开采价值,使矿井可采储量减小,给煤矿的井巷工程布置与施工、采煤方法及采掘机械的选择等增加了相当大的困难。同时,将会减少井田的可采储量,使矿井服务年限缩短,甚至可造成报废井巷工程的重大经济损失。

(2)恶化矿坑水文地质工程地质环境

有的陷落柱胶结程度较差,柱体周围岩石破碎,并伴有许多小断裂,因此可能成为沟通地表水或地下水的良好通道,从而影响地下水的水质,造成井下涌水或突水,尤其是隐藏在采区或采煤工作面内的导水陷落柱,更是极大地威胁着煤矿的安全生产。

(3)矿坑突水淹井

中奥陶统灰岩层是北方煤田主要的含水层,具有很高的承压水头,岩溶陷落柱的基底一般又均发育其中,若柱体充填物的压密、胶结程度较差,在开采等外部因素的影响下,陷落柱很可能成为奥灰含水岩层的导水通道,从而危及矿井安全。

(4)使其周围煤炭氧化而失去可采价值

陷落柱附近会有许多断层和褶曲,构造裂隙发育。破碎煤体在自热环境中始终存在热流,引起煤的自热自燃发展过程。煤体被氧化后,若有持续的氧气供应,很容易引起煤的自燃。陷落柱附近煤层受地下水作用发生氧化作用,煤的光泽变暗、灰分增高、强度降低。

其中,以煤矿突水淹井的危害最大。岩溶陷落柱能沟通各含水层,特别是导通煤系地层底部丰富的奥灰高压水,水量溃入矿井造成淹井事故。所以对岩溶陷落柱的发育及分布规律必须加以重视。

三、岩溶陷落柱的基本形态特征

岩溶陷落柱一般呈圆形、椭圆形、不规则的长条形,直径大小不一,一般为几十米至一百多米,最大可达三四百米。塌落岩体时代较周围正常岩层的时代新,岩块形状不规则、大小不一、棱角明显、排列无序。

由于岩溶陷落柱柱体卸载应力释放,地应力重新分布引起局部应力集中,当钻孔钻进裂隙带中时,即出现大量漏水或出水,井下工程揭露则有淋滴水。

主要特征有:产状发生显著变化;煤岩层的裂隙明显增多;小断层增多,陷落柱外围和柱顶上部均有一定范围的裂隙发育带(图 5-70);陷落柱附近水量往往增大,有淋水出现,有时持续时间比较常,当采掘工程接近陷落柱时,地下水涌水量会骤然增加;煤质变化,岩石块成岩时代比围岩新,碎石有明显棱角,形状极不规则,排列紊乱,大小悬殊,软硬不均,颜色混杂,有的被压实胶结,有的松散堆积,有的被风化。

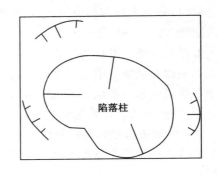

图 5-70　陷落柱周围断层发育形态示意图

四、岩溶陷落柱的导水类型及突水方式

1. 岩溶陷落柱的导水类型

陷落柱导水性主要取决于柱体内物质组成、压实和胶结情况以及承压水压大小。根据导水性能可把陷落柱划分为以下 3 种类型:

(1)疏干型(不导水型陷落柱)

这种类型的岩溶陷落柱,溶洞发育空间不大,陷落岩石碎胀堆积,充满陷落柱空间并压实,阻塞了导水通道,风化程度极强,揭露时有少量滴水或无水,边缘裂隙水已被疏干,采掘工程可由柱内通过,但应加强支护。

(2)边缘充水型(弱导水型陷落柱)

这种类型的岩溶陷落柱,溶洞发育空间较大,充填物滚圆度高,只充填大部分空间,且压实不够紧密,胶结不好,岩溶裂隙较为发育,未全阻塞导水通道,风化程度高,水力联系不好,边缘次生裂隙发育、充水。这类陷落柱一经采掘揭露,即会造成一定量的突水,但出水时涌水量不大。

(3)强充水型(强导水型陷落柱)

这种类型的岩溶陷落柱,溶洞发育空间很大,还有很多空间未被充填,未阻塞导水通道,岩溶强烈,奥灰水充满柱体。陷落柱内充填物尚未胶结,岩块棱角显著、杂乱无章,存在大量空洞或正在发育的陷落柱,其导水性极强,水力联系好,能沟通几个含水层。一般分布于现代地下水强径流带上,一旦揭露,突水量大、来势凶猛。

2. 岩溶陷落柱的突水方式

不同地质和水文地质条件下岩溶陷落柱造成突水的特点有所不同,可大致分为以下 3 种类型:

(1)突发型

在地质和水文地质条件不清时,巷道工程开拓或采煤工作面揭露导水性极强的陷落柱,使大量地下水在短暂的时间内突然溃入坑道,造成淹井事故。

(2)缓冲型

水压很高、水量大,虽留有煤柱但强度不够,在水压、矿压等共同作用下,煤柱破坏形成突水,水量由小逐渐增大,有一缓冲过程。这种突水较易防治。

(3)滞后型

若煤柱强度不够,矿压长期作用,煤柱压酥或应力突然作用,长期完好的采掘工程也可能发生滞后突水。

在采矿作业中,要针对不同突水类型,结合矿区地质和水文地质条件,采取适宜的方法防止岩溶陷落柱突水。

五、预防陷落柱导水的技术方法

对陷落柱的探查,主要是应用地面物探方法探查陷落柱的分布位置和范围,标定疑似导水区,留设防水煤岩柱。

(一)加强陷落柱的充水、导水特征超前探测

对陷落柱进行探测时,必须坚持有疑必探、先探后掘、先探后采的原则,可采用钻孔探放水、钻孔无线电透视仪和坑透视仪透视探测等方法做好超前探测。在进行探放水时,特别是在煤层中探岩溶陷落柱深层高压水,具有很大的危险性,应该采用物探先行、钻探验证的方法,且钻探时,在开孔部位没有可以下好套管的坚硬岩层及不能下好护孔套管的地区,不能盲目探水,只有这样才能达到保证安全的目的。

根据现场条件,合理选择多种探测方法,对采掘工作面进行超前探测。主要方法有:三维物探技术、反射共偏移法技术、无线电磁波透视法技术、瞬变电磁法技术与钻探技术。

巷道掘进时,应根据巷道施工方向布置平行孔或扇形孔,采煤工作面应较多布置扇形孔,孔距一般略小于本矿井已知陷落柱体的平均直径,以能对采面进行最大限度的控制。

【案例 5-9】 1984 年开滦矿务局范各庄矿 2171 工作面陷落柱发生突水事故,造成了巨大的经济损失。在这次突水灾害治理过程中,对陷落柱的空间位置进行勘探,在地表布置了 15 个钻孔,有的钻孔落在陷落柱边缘,有的落在陷落柱中央,比较精细地揭示了一个完整陷落柱的三维空间形态。这种揭露陷落柱三维空间形态的方法花费高,在对生产不造成障碍的情况下,一般不宜采用。

(二)合理留设陷落煤(岩)柱

1. 已封堵陷落柱的煤(岩)柱留设

对于已经查出具有导水性的陷落柱或已经突水造成灾害的陷落柱,一般都必须打钻注浆将其封堵。封堵陷落柱一般采用"止水塞"或"止水帽"等办法。所谓"止水塞",是指选择合适深度,注入一定长度段水泥,形成隔水层(段),将灰岩水与煤层地层隔开。对于已封堵的陷落柱,留设煤柱的主要目的是保护"止水塞",防止其受采动影响而破坏。

因此,这类陷落柱防护煤柱的留设原则是保证采动应力不至于对"止水塞"起破坏作用。如图 5-71 所示,在工作面回采过程中,工作面煤壁前方存在一个超前支承应力影响范围,这个范围分为减压区 A、增压区 B 和稳压区 C,稳压区即为原岩应力区。因此,稳压区边界距工作面煤壁距离乘以安全系数可作为防水煤柱的尺寸。

2. 未封堵导水陷落柱的煤(岩)柱留设

对于一些导水陷落柱,如果所处位置对回采影响不大,可以只留设保护煤柱而不封堵。这类陷落柱突水隐患很大,留设防水煤柱时一定要周密考虑其特征,做到万无一失。

3. 不导水陷落柱的煤(岩)柱留设

不导水陷落柱可分为两种类型:第一种是陷落柱基底的灰岩不含水或含水不丰富,陷落柱无水可导;第二种是陷落柱的局部挤压变质变成了隔水层,从而使陷落柱无法导水。

对于第一种类型的陷落柱,可以不留设保护煤柱,在有些矿区,工作面甚至可以穿越陷落柱。但对于第二种类型的陷落柱,尤其是曾经有过陷落柱导水的矿区出现的不导水陷落柱,如果不留设煤柱而强行通过,在采动应力作用下隔水层可能受到破坏而出现突

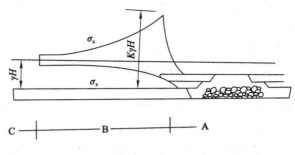

图 5-71 采空区应力分布图

水危险。

【案例 5-10】 河南永城陈四楼煤矿 2102 工作面陷落柱,掘进揭露时未出水,后经物探探查,发现上部隔水性较好,但陷落柱深部含水性较强,因此留设了 50～60 m 宽的保护煤柱。这一类陷落柱,其防水煤柱的留设原则应与已封堵陷落柱相同。

4. 陷落柱防水煤柱的留设原则

陷落柱防水煤柱的留设必须在充分研究陷落柱导水特征的基础上进行,不同类型、不同状态陷落柱应有不同的防水煤柱留设原则:

(1) 基底无水的陷落柱可不留设防水煤柱。

(2) 局部破碎已形成隔水层的陷落柱,留设防水煤柱应保证采动应力不破坏隔水层结构。

(3) 已封堵陷落柱留设防水煤柱时,采动应力不应破坏止水塞。

(4) 未封堵导水陷落柱的煤柱留设,在确定突水边界的基础上比照导水断层留设原则进行。

根据经验,可按矿区导水断层煤(岩)柱留设计算公式进行陷落柱防水煤(岩)柱计算,合理留设陷落柱防水煤(岩)柱,保证矿井的安全生产。

(三)预注浆封堵陷落柱

提前预注浆封堵陷落柱柱内、边缘、围岩裂隙、空隙,改善胶结程度,减小裂隙、空隙率,切断导水通道,以达到预防目的。可采用井下和地面注浆两种方式。

六、陷落柱突水的综合治理技术

1. 巷道截流技术

用钻孔打中巷道,钻孔终孔孔径不小于 110 mm,打透巷道后先投注骨料,再注浆加压,最后引流注浆。适用条件:陷落柱突水点位于独头巷道,巷道加固较好。关键技术:巷道的测量资料准确,钻孔定位正确,打中巷道的概率为 100%,灌注的骨料先粗后细,动水条件下可投注骨料 30～50 mm,静水条件下可投注细砂,注骨料后期要反复捅孔,当吸水系数小于 5～8 L/(min·m)时,方可进行注浆。

【案例 5-11】 徐州张集煤矿 1997 年 2 月 18 日矿井西－300 m 水平 21 号煤层轨道下山发生陷落柱突水,最大突水量为 402 m³/min,从发现淋水到淹井仅 10 h。发生突水后,在轨道下山布置了 3 个透巷孔,注入骨料 210 m³,在 3 个截流孔注入水泥 4 960 t 时,奥灰水水位持续上升,比副井水位高出 19.5 m,表明巷道截流已见成效,水流由"管道流"变为"渗透流"，副井可以开始引流注浆。引流注浆期间，又在 3 个截流孔注入水泥 1 629 t，为了防止陷落柱内部奥灰水对煤系地层的影响，在陷落柱内部相当于奥灰顶界面附近建造止水塞，施工 3 个钻孔，共注入水泥 2 421 t，本工程累计注入水泥 9 010 t，堵水率为 100%，整个工期历时 98 d。

2. 建立止水塞技术

查清陷落柱的基本形态后，沿陷落柱边缘钻进至一定深度后导斜进入陷落柱，在可采煤层之下一定深度建造一定厚度的止水塞，切断奥灰水与煤系地层的水力联系。适用条件：突水构造基本确定，在巷道截流技术不能快速封堵成功的情况下采取止水塞封堵方法。关键技术：首先要确定陷落柱的构造位置，再利用定向导斜技术，使钻孔沿陷落柱的边缘钻进，到一定深度后再导斜，钻探技术的成功是堵水成功的关键。

【案例 5-12】　皖北任楼煤矿 1996 年 3 月 4 日发生特大陷落柱突水，最大突水量达到 576 m³/min，从发生滴淋水到淹井仅 8.5 h。淹井后，考虑突水点附近巷道为煤巷，利用巷道截流不能确保矿井排水后巷道截流的安全可靠性，为尽快恢复生产，制定了在陷落柱中建立止水塞快速切断水源的方案。止水塞位置选在最下部可采煤层以下 15～75 m 的砂岩段，厚 60 m。沿陷落柱边缘施工的 4 个钻孔，从不同方向导斜进入陷落柱进行注浆，注入 7 600 t 水泥后，经计算 60 m 厚的止水塞已基本形成，若继续加压注浆，浆液将大量流失，对止水塞附近的细小裂隙也起不到加固作用。为了对止水塞进行加固，在副井实施引流排水，各注浆孔正常注浆，并根据副井和长观孔的水位调节注浆量。引流注浆期间，又注入水泥 7 432 t，各注浆孔均达标，副井水位已降至井底，堵水率为 100%。本工程共施工探查孔 5 个、截流孔 1 个、注浆孔 5 个、检查加固孔 2 个，注骨料 130 m³、注水泥 15 032 t，实现了当年突水、当年治理、当年恢复生产。

3. 陷落柱"三段式"堵水技术

陷落柱突水后，在顶部留下空洞，且在动水条件下，打钻先命中陷落柱顶部的空洞，充填骨料将动水流变为渗透流，再在陷落柱下部建立止水段和加固段，俗称"三段式"堵水技术。

【案例 5-13】　1984 年 6 月 2 日，开滦范各庄矿 2171 工作面发生特大陷落柱突水，高峰期平均突水量为 2 053 m³/min，全矿停产，同时造成吕家坨矿和林西矿淹井，与其相邻的赵各庄矿、唐家庄矿也受到地下水的严重威胁。经勘探查明，该陷落柱体积大，柱内水流速度快，顶部又有空洞，决定采用上部灌注骨料充填压实，中部注浆堵截通道，下部充填灌注拦截水源的"三段式"综合治水技术。首先对陷落柱顶部 8～32 m 高的空洞充填骨料 30 681 m³，通过充填骨料使得陷落柱中被水流冲动的破碎岩块在上部荷重加大的情况下得到压实，增强了阻水能力；上部充填骨料完成之后，在 12# 煤层以下到唐山灰岩之间（该段高 100 m 左右，这一段的注浆孔在 400 m 深处进入陷落柱）用下行法注浆到深 500 m 左右处；由于开始在动水条件下注浆，故从下部奥灰含水层部位进行骨料充填，以增加阻力，拦截水源，降低流速，为中段注浆堵水创造条件，并对中段的堵水塞起到支撑、防止松动坍塌破坏作用。本工程共打钻 24 829 m，注浆水泥 62 900 t、砂子 4 756 m³、石渣 2 595 m³、水玻璃 4 269 t、粉煤灰 300 t，合计注入约 100 000 m³ 的充填物，堵水率为 100%。

4. 直接封堵技术

陷落柱的发育高度较低时（一般发育到奥灰上部的石炭纪地层），可直接从地面打钻命中陷落柱采用下行法直接注浆封堵。

【**案例 5-14**】 河南安阳铜冶矿 1965 年发生陷落柱突水,最大突水量为 23 m³/min,造成全井淹没。突水后直接在陷落柱上部打钻,命中陷落柱后,通过钻孔充填砂石形成砂垫后进行注浆加固。为了封堵陷落柱体内形态多样和大小不一的空隙,通过在不同位置的钻孔和同一钻孔不同深度反复多次灌注砂石和水泥浆,共注入砂石 1 622 m³、水泥 2 454 t,堵水率为 100%。这种注浆工艺适合于静水条件下岩溶陷落柱的导水通道注浆。

5. 返流注浆技术

陷落柱突水在截流基本成功后,为了减少钻孔数量,加快堵水进程,在陷落柱构造范围不确定的情况下,可在截流堵水段与突水陷落柱之间打 1~2 个钻孔,通过下行法加压注浆返流加固陷落柱的空隙。

【**案例 5-15**】 辉县市吴村煤矿 32031 工作面,1999 年 11 月 15 日发生隐伏陷落柱突水,最大突水量为 40 m³/min,突水后陷落柱冲出的岩石破碎物堵死了下副巷,突水从上副巷流入一水平。堵水工程布置 3 个钻孔,其中注$_1$孔布设在工作面上安全口下侧 3 m 处,主要是打中棚架区进行骨料注浆,对上副巷进行截流,迅速降低水量,防止全井淹没,使水流由管道流变为渗透流;查$_1$孔步设在上安全口下侧 20 m 处突$_1$附近,查$_2$孔布设在工作面下安全口上侧 5 m 处突$_2$附近。在注$_1$孔截流成功后利用查$_1$孔和查$_2$孔进行返流注浆,注$_1$孔注骨料 1 123 m³、水泥 307 t;查$_1$孔注骨料 100 m³ 后,突水点突水量减小了 32 m³/min;查$_1$孔和查$_2$孔在注$_1$孔截流成功后分别返流注入水泥 405 t 和 1 561 t,井下突水点封堵成功,堵水率达 100%。工程累注骨料 1 535 m³、水泥 2 273 t,仅用时 70 d(扣除天气、停电等因素影响),创造了显著的经济效益。

6. 引流注浆技术

在注浆封堵导水陷落柱通道基本成功后,为了防止加压注浆条件下浆液大量流失,利用井筒排水,既可对注浆堵水进行检验,同时还可以加固突水点附近的细小裂隙,加快注浆堵水进度和复矿速度。引流注浆时和注浆期间若长观孔水位下降,则可根据钻孔吸浆情况继续注浆加固。

【**案例 5-16**】 邢台东庞矿二水平南翼 2903 工作面下副巷于 2003 年 4 月 12 日发生特大陷落柱突水,最大突水量为 1 167 m³/min,造成全井淹没。为了尽快恢复生产,拟在突水点以外的巷道布置透巷孔进行巷道封堵。布设原则:在突水巷道的突破口向外 5 m 处布置 1 号钻孔,自 1 号孔以外每 15 m 布 1 个孔,共布 8 个孔进行骨料充填注浆,以便形成 105 m 长的巷内堵水段,截断过水通道。第一阶段依次施工了 1 号、6 号、8 号、7 号、3 号、4 号孔,其中 1 号孔提前遇见陷落柱,作为注浆期间的水文观测孔,其他 5 个孔透巷后,充填骨料和加压注浆。由于陷落柱突水冲出的破碎岩石较多,在巷道累注骨料 4 586 m³,比设计注骨料减少 2/3。注浆采用气动射流搅拌系统,最高日注灰量达 634 t,大大加快了堵水进度,5 个透巷截流孔共注入水泥 17 214 t,对巷内和巷顶以上裂隙进行了反复多次的高压注浆,终压达 10 MPa。第二阶段施工了 2 号和 5 号孔,其中 5 号孔为截流段中部的检查加固孔,2 号孔为截流段尾部的检查加固孔,5 号孔又加压注浆 476 t,达到终压终量,副井水位持续下降,奥灰长观孔水位持续上升,表明巷道基本封死。第三阶段开始引流注浆,利用副井排水,2 号孔注浆,若巷道彻底封死,则 2 号孔所注的浆液将返流进入陷落柱,起到加固陷落柱的作用,2 号孔累计注入水泥 9 176 t,大部分水泥进入了陷落柱,少部分水泥通过引流注浆对巷道的薄弱地带也进行了加固。工程累注水泥 26 866 t、骨料 4 586 m³、锯末 196 袋,仅用 5

个多月就完成了注浆堵水任务,堵水率达100%。

任务实施

本任务要求在了解岩溶陷落柱的形成、分布与危害的基础上,掌握岩溶陷落柱的导水类型及突水方式,掌握岩溶陷落柱水害的预防技术与综合治理技术。通过案例分析,培养学生分析问题、解决问题的能力,提高学生的职业素质;通过拓展资源的学习,让学生开拓视野,了解到岩溶陷落柱水害防治的新技术、新方法,进一步明确科学技术是第一生产力的内涵,提升学生的工程素养。

思考与练习

1. 什么是岩溶陷落柱?
2. 简述岩溶陷落柱的成因和基本形态特征。
3. 岩溶陷落柱对矿井生产会产生哪些危害?
4. 简述岩溶陷落柱的导水类型及突水方式。
5. 预防陷落柱导(突)水的技术方法有哪些?
6. 岩溶陷落柱突水的综合治理技术有哪些?

任务七　矿井钻孔水害防治

【知识要点】　钻孔水水害形成;钻孔水害的防治;导水钻孔的治理。

【技能目标】　具有分析钻孔水害形成的能力;具有进行钻孔水害防治与导水钻孔治理的能力。

【素养目标】　培养学生的专业探索精神;培养学生的质量意识;培养学生崇尚科学、科技强国的职业素养。

任务导入

因钻孔封孔不良造成虚孔,沟通煤层顶板或底板强含水层。当采掘工作面揭露虚孔发生突水时,往往造成局部淹井和局部停产事故。因此,矿井钻孔水防治也应该引起重视。

任务分析

依据《煤矿安全规程》与《煤矿防治水细则》的有关规定,明确矿井钻孔水害防治的重要性。地质勘探时施工的钻孔,按规定做二段封孔,即上段封堵冲积层间地层,下段封堵煤系地层及以上20 m区间范围,整孔封闭处理的较少。这些钻孔由于受后期采动影响,尤其是全部垮落式控制顶板的采煤方法的影响,下段封堵区段有时可能处于垮落带或导水断裂带之中,失去阻水性能,钻孔就会成为导水通道,上部积水或含水层水在动压和静压作用下溃入井下,造成水灾事故。如果钻孔沟通地表水体,其危害会更大。为此,必须掌握以下知识:

（1）钻孔水水害;

钻孔导水

（2）钻孔水害的防治；

（3）导水钻孔的处理。

 **相关知识**

一、钻孔水水害的形成

地面勘探施工的地质孔和水文孔，如果封孔质量不良，可沟通煤层顶板或底板强含水层，而成为导水通道。当掘进巷道或采区工作面触及此类封孔不良钻孔时，煤层顶、底板充水含水层地下水将沿着钻孔突入采掘工作面，即形成封孔质量不佳钻孔通道型矿井水害，这是人为条件造成矿井水文地质条件复杂化的一种类型。

二、钻孔水害的防治

（1）确定钻孔在采掘工作面的位置，核实钻孔的封孔质量。可通过查阅全部穿越煤层顶底板强含水层的钻孔封孔报告书或资料，判定封孔质量的可靠性。

（2）如果钻孔穿透含水层，且封孔不良，应当在地面重新套孔、封孔，并在回采前的 20 天处理完毕。

（3）在地面无条件重封的钻孔，或钻孔质量判定不清的钻孔，应在井下采用钻探的方法，查清其导水情况，并采取井下注浆封堵或留设防水煤柱等相应措施。

（4）对井下揭露出的虚孔，要及时封堵，防止滞后突水。

（5）对无封孔资料可查的钻孔，应按孔口坐标实地测出孔位，开挖孔口，查看实际封孔状况，对未封闭钻孔按封孔不良处理。

三、导水钻孔的处理

导水钻孔往往贯穿多个含水层，有的可能穿透老空积水区、含水断层等水体，成为人为导水通道，使矿井充水条件复杂化，也可能成为直接导水通道。因此，必须对导水钻孔进行处理。

（1）按现行规范全面评价钻孔封孔质量，建立钻孔封孔质量台账和数据库。对于封孔不良的钻孔要单独建账，并分析钻孔封闭不良的孔段、穿透含水层或其他水体的情况，确定导水钻孔。

（2）绘制钻孔分布图。矿井必须绘制钻孔分布图，将井田内的各类钻孔标注在采掘工程平面图、充水性图、综合水文地质图和水害预测图等图件上。封孔不良钻孔要用专门图例标注，导水钻孔要圈定采掘工程的警戒线、探水线。

（3）对于能够在地面找到的导水钻孔，应根据钻孔或其"暗标"的位置在地面安装钻机进行透孔处理。一般采用导向钻头扫孔到需要重新封闭的深度，进行重新封孔。

（4）不便在地面找孔启封的导水钻孔，可以从井下探水找孔封堵。找孔封堵的步骤如下：

① 预测钻孔涌水量。根据钻孔穿透含水层的参数、井下揭露钻孔的水压、钻孔直径等情况，预计揭露钻孔时的正常涌水量和最大涌水量，只有涌水量小于抗灾能力的导水钻孔，才能在井下揭露钻孔。

② 施工探水巷道。布置一条岩层巷道并向导水钻孔施工，逐步接近警戒线或探水线。探水巷道要具有抗水流冲击的能力和良好的泄水条件，水流直接流向水仓。

③ 提高排水系统能力。按照预计钻孔最大涌水量的 1.5～2 倍的要求，调整和增强水

泵、排水管路、供电和水仓容水能力。

④ 施工探水钻孔。在探水巷接近探水线时布置扇形探水孔向导水钻孔钻进,利用探水钻孔涌水量对比或孔间透视等物探方法,确定导水钻孔位置,然后布孔,进一步探查。

⑤ 放水检验。若探水孔揭露导水钻孔,可利用探水孔的孔口控制装置进行放水检验,确定导水钻孔的水压、水量。对于水压、水量过大,不能采用巷道直接揭露的导水钻孔,可利用探水孔连续注浆的方法间接封堵;对于水压、水量不大,巷道揭露无安全威胁的导水钻孔,可采用巷道揭露直接封堵的方式。

⑥ 封堵导水钻孔。巷道揭露导水钻孔后,分别在上、下孔内安装止水器(移动式孔口安全装置)控制涌水,然后采用连续注浆方式封堵上、下孔段。止水器类型有双层管止水胶囊同径止水器、单管止水胶囊异径止水器、单管膨胀橡胶(牛皮)止水器等。如遇水压较高、水量较大,止水器对孔下置困难时,可使用前后、左右、上下均可移动的套管支架支撑止水器,强行对孔压入孔内。

⑦ 扫孔封堵。对于涌水量小,出现塌孔、充填堵塞的导水钻孔,要安装钻机进行全段扫孔,然后安装止水器注浆封堵。

⑧ 连续注浆施工注意事项:备足水泥,保证供水、供电正常,检修设备保持完好,尽量减少注浆间断时间,保证全孔段水泥结石体完整不留空隙。

案例分析

【案例 5-17】 江苏徐州权台煤矿钻孔突水事故。

1962 年 2 月 19 日,徐州矿务局权台煤矿原二号井-520 m 708 工作面回采过程中,遇Ⅳ-1 钻孔发生突水事故,最大突水量为 540 m^3/h,不但使工作面停止回采,而且造成-71 m 水平运输巷道被淹,导致原二号井停产 40 天。

水害发生经过:708 工作面由北向南回采,在 2 月 19 日早班,当工作面推进到距离Ⅳ-1地质勘探钻孔 5 m 时,发现采空区有水涌出,开始时水量为 42 m^3/h,后来增大到 90~210 m^3/h,致使-71 m 水平运输巷道积水,工作面被迫停采。至 1962 年 3 月 7 日,涌水量突增至 540 m^3/h,出现了几乎淹井的局面。后来测量到采场太原组小井水位下降,井下水质经化验属石灰岩水,以及在井下打钻探Ⅳ-1 钻孔时,水从探水孔喷出等情况,完全证实这是因为Ⅳ-1 钻孔封堵不良而发生的突水事故。所以决定从地面用钻机对Ⅳ-1 钻孔进行套孔、扫孔和封孔。当套管下至一至四灰时,井下水量马上减少。到 3 月 19 日封孔结束,井下水量为 9 m^3/h,3 月底全井恢复了生产,如图 5-72 所示。

水害发生原因:708 工作面位于原二号井北侧,开采山西组(小湖系)7 层煤,煤厚为 2.3 m,倾角为 30°,顶板为砂质泥岩,底板为泥岩和砂质泥岩。上方和南部均为采空区。Ⅳ-1 钻孔在工作面内,是煤田地质勘探中的地质孔,孔深为 273.2 m,穿过山西组煤系至太原组(屯头系)21 层煤底板终孔。

事故发生的主要原因:地质勘探时期钻孔没有封好,工作面回采前地质部门没有查阅钻孔资料,分析封孔质量,排查钻孔水害因素,提出钻孔水害预报,采取防治水措施。

水害处理:2 月 19 日当工作面涌水量达 108 m^3/h 时,停止了回采,20 日涌水量超过 210 m^3/h,-71 m 水平大巷开始积水,水位每小时上升 5~6 cm,此时采取的第一个处理措施是增加排水能力,抢装 75 kW、115 kW、135 kW 水泵各 1 台,4 英寸排水管路 3 趟,总计增

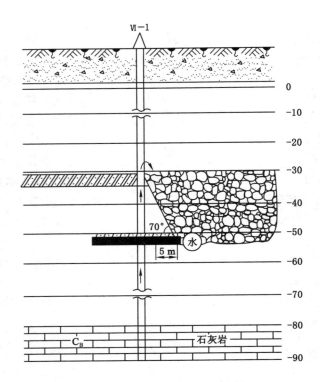

图 5-72　权台煤矿Ⅳ-1 钻孔突水事故示意图

加排水能力为 378 m³/h。所以 3 月 7 日最大涌水量达 540 m³/h 时虽造成全井（原二号井）停产，但矿井未被淹没。第二个处理措施是治本，决定从地面用钻孔对Ⅳ-1 钻孔进行套孔、扫孔和重新封孔，并采取套管内灌满水泥浆代木塞使用，3 月 17 日当套管下至太原组 4 层灰岩时，涌水量很快减少到 42 m³/h，19 日封孔结束后，钻孔无水涌出，全井涌水量为 9 m³/h，于 3 月底恢复了生产。

经验教训：地质探勘期间没有封好孔，没有严格检查验收封孔质量；生产期间没有查阅钻孔资料，分析封孔质量，排查和预防钻孔水害。

【案例 5-18】　山东新汶良庄煤矿钻孔突水事故。

1962 年 7 月 14 日 15 时，良庄煤矿±0 m 水平三采区 11 煤层下山掘进中，遇 35 号钻孔突水，突水来势凶猛，最大涌水量 288 m³/h，后水量逐渐减少，5 天后稳定在 72 m³/h。造成矿井局部停产 16 h，少出原煤 520 t；下山开拓推迟两个月，多掘石门 60 m。

水害发生经过：在沿±0 m 水平三采区 11 煤层开拓下山时，掘至大巷以下 61.3 m（标高－13.10 m）时，遇 35 号钻孔。初揭露时，发现顶板钻孔中往下漏砂，没有引起重视。稍后便出现滴水，随即突水。水带着泥、砂从钻孔中涌出，发出响声。1 h 后淹没整个下山。水沿大巷泄出，致使大巷水深过膝，无法运输，矿井局部停产。16 h 后，除下山外，其他地区都恢复了正常生产。

水害发生原因：该区 11 层煤距上部主要含水层一灰 68.29 m（如图 5-73），距下部主要含水层四灰 39.17 m，含水层水位均为＋165 m 左右，正常情况下无突水危险。但不可忽视的是 35 号钻孔。该孔在本井田勘探阶段施工（1952 年），孔深 232.99 m，终孔层位于四灰以下。穿透了流砂层、一灰和四灰 3 个主要含水层,特别是一灰,厚 3~4 m,岩溶发育,补给条件良好,为强含水层。而 35 号钻孔封孔材料为砂子及黄泥,根本起不到封堵含水层的作用,采掘中揭露该孔,突水是必然的。

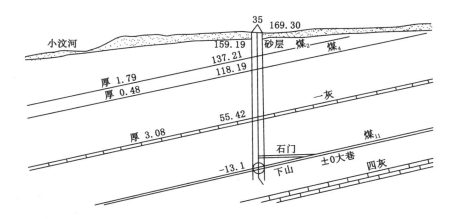

图 5-73　良庄矿三采区十一层煤剖面图

由于当时管理混乱,无人过问矿井安全,更无人过问防水问题,下山开拓是在一无地质说明书,二无开拓设计的情况下,由生产管理人员仓促指挥开工的。尽管下山开拓区有封孔质量根本不合格的 35 号钻孔,却无人注意,更没有采取任何防范措施,致使掘进中揭露钻孔,造成突水事故。

水害治理:由于封孔质量差,导致钻孔突水。因此,重新封孔堵水是可行方案。

为了给下山开拓争取时间,第一步先由 ±0 m 水平大巷掘一引水石门至 35 号孔,将水引入 ±0 m 大巷,下山就可以继续掘进。接着在地面找到钻孔位置封孔。具体做法是:先将木锥从孔口放入十一层煤底板处,再将水泥砂浆注入孔内。封孔后,井下立即无水,效果良好。

经验教训:

(1) 事故的处理方案是合理的,处理效果良好。先掘石门,将水引入大巷,避免了下山排水,为下山开拓争取了时间,保证了矿井生产持续。从地面封堵钻孔,避免了井下长期排水,提高了经济效益。

(2) 这次事故再次说明,技术管理不可忽视,矿井水文地质工作极为重要,水文地质人员必不可少。如果当时对该地区水文地质条件稍加分析,采取相应措施,事故是完全可以避免的。

 **任务实施**

本任务要求在学习矿井钻孔水害形成的基础上,掌握矿井钻孔水害的防治与导水钻孔的治理。通过案例分析,培养学生分析问题、解决问题的能力,提高学生的职业素质;通过拓展资源的学习,让学生开拓视野,了解到矿井钻孔水防治的新技术、新方法,进一步明确科学技术是第一生产力的内涵,提升学生的工程素养。

 思考与练习

1. 简述钻孔水水害的形成。
2. 简述钻孔水害的防治措施。
3. 导水钻孔如何进行处理？

任务八　矿井突水事故救援与恢复

【知识要点】　矿井发生突水前的征兆；矿井突水的形成原因；水害应急救援预案及实施；矿井突水抢险救灾；抢险救灾中的水文地质工作；被淹井巷的恢复。

【技能目标】　具有正确判别矿井突水前征兆的能力；具有分析矿井突水形成原因的能力；具有进行矿井水害事故应急救援实施的能力；具有进行矿井突水抢险救灾与开展被淹井巷恢复工作的能力。

【素养目标】　培养学生的专业探索精神；培养学生的法律意识；培养学生良好的心理素质，团结互助的人文精神；培养学生的责任担当与爱国情怀。

 任务导入

矿山生产过程中，经常会受到水害的威胁，一旦发生透水事故，就会造成一定的经济损失或人员伤亡，其危害十分严重，当发生突水时，掌握水害应急救援预案及实施，掌握矿井抢险救灾中的水文地质工作，可及时控制涌水量，减少损失，将造成的损失降到最低程度，以保证淹没矿井的快速恢复。

《煤矿防治水细则》第十条规定：煤炭企业、煤矿应当对井下职工进行防治水知识的教育和培训，对防治水专业人员进行新技术、新方法的再教育，提高防治水工作技能和有效处置水灾的应急能力。

《煤矿防治水细则》第十一条规定：煤炭企业、煤矿和相关单位应当加强防治水技术研究和科技攻关，推广使用防治水的新技术、新装备和新工艺，提高防治水工作的科技水平。

《煤矿防治水细则》第一百二十二条规定：煤炭企业、煤矿应当开展水害风险评估和应急资源调查工作，根据风险评估结论及应急资源状况，制定水害应急专项预案和现场处置方案，并组织评审，形成书面评审纪要，由本单位主要负责人批准后实施。应急预案内容应当具有针对性、科学性和可操作性。

《煤矿防治水细则》第一百二十三条规定：煤炭企业、煤矿应当组织开展水害应急预案、应急知识、自救互救和避险逃生技能的培训，使矿井管理人员、调度室人员和其他相关作业人员熟悉预案内容、应急职责、应急处置程序和措施。

 任务分析

矿井突水会给企业带来不同程度的损失，轻者停工停产，重者可造成局部或全矿井淹没及重大伤亡，所以当矿井发生突水时，紧急组织抢险救灾是关键。及时组织和合理调配抢救队伍，采取科学合理的技术措施和安全措施，使灾害控制在最小范围，使矿井早

日恢复生产。经验证明,很多情况下,抢险指挥得力、措施得当,使可能造成淹井的事故最终得到控制。

必须掌握以下知识:

(1) 矿井发生突水前的征兆;

(2) 矿井突水的形成原因;

(3) 水害应急救援预案及实施;

(4) 矿井突水抢险救灾;

(5) 抢险救灾中的水文地质工作;

(6) 被淹井巷的恢复。

矿井突水事故

 相关知识

一、矿井发生突水前的征兆

每个矿井必须做好水害分析预报工作,超前探水是最好的水灾预报手段,另外,采掘工作面透水前,一般都会出现一些征兆,根据这些征兆,做出水害的预报,及时采取预防措施,防止水灾事故的发生。

1. 突水一般征兆

采掘工作面透水前,一般有如下预兆:

(1) 煤壁发潮、松软、发暗;煤帮出现滴水、淋水现象,且淋水由小变大;有时煤壁出现铁锈色水迹;煤层本来是干燥的,由于水的渗入,就变得潮湿、发暗,如果挖去一层,还是如此,说明附近有积水。

(2) 煤壁或巷道壁"挂汗""挂红"。这是由于积水透过微孔裂隙而凝聚于岩石或煤层表面。顶板"挂汗"多呈尖形水珠,有"承压欲滴"之势,这可以区别自燃征兆中的"挂汗",后者常是平形水珠,为蒸汽凝结于顶板所形成。

(3) 巷道中气温降低、变冷、出现雾气、有硫化氢气味或臭鸡蛋味;工作面有害气体增加,一般从积水区散发出来的气体是瓦斯、H_2S 或 CO_2 等;水的酸度大,味发涩。

(4) 有时可听到有水声,一种是受挤压发出的"嘶嘶"声,另一种是空洞泄水声,这都是离水体很近的预兆。

(5) 矿压增大,发生片帮、冒顶及底鼓现象。顶板来压,顶板淋水加大,犹如落雨状,或底板鼓起有渗水;当出现压力水线时,这是离水源很近的现象。

2. 工作面底板灰岩含水层突水征兆

(1) 工作面压力增大,底板鼓起,底鼓量有时可达 500 mm 以上。

(2) 工作面底板产生裂隙,并逐渐增大。

(3) 沿裂隙或煤帮向外渗水,随着裂隙的增大,水量增加,当底板渗水量增大到一定程度时,煤帮渗水可能停止,此时水色时清时浊,底板活动时水变浑浊,底板稳定时水色变清。

这是离水源很近的征兆。若出现清净水,说明水源还稍远,若出现浑浊水,表明已接近水源。

(4) 底板发生"底爆",伴有巨响,地下水大量涌出,水色呈乳白或黄色。

3. 松散孔隙含水层突水征兆

(1) 突水部位发潮、滴水,且滴水现象逐渐增大,仔细观察可以发现水中含有少量

细砂。

（2）底板破裂，沿裂缝有高压水喷出，并伴有"嘶嘶"声或刺耳水声；出现压力水流。

（3）发生局部冒顶，水量突增并出现流砂，流砂常呈间歇性，水色时清时浑，总的趋势是水量、砂量增加，直至流砂大量涌出。

（4）顶板发生溃水、溃砂，这种现象可能影响到地表，致使地表出现塌陷坑。

当发现工作面有透水预兆时，说明已接近水体，此时应停止作业，并报告矿调度室，采取有效措施，以防止透水事故的发生。

二、矿井突水的形成原因

矿井发生突水的影响因素是多方面的，但以充水源和充水通道的有机配合为基础。通常情况下，矿井发生突水，有一个逐步演变的过程。从以往矿井透水事故的分析，可以看出，造成事故的原因主要有以下几种：

1. 直接原因

直接原因主要有：对矿井水文地质条件了解不清、盲目开采；在水体下采煤防治措施不落实；超层越界开采，破坏防、隔水煤柱；防治水技术力量及从业人员相关知识匮乏；对已有水患未采取有力措施；雨季暴雨期井上下水情监测不够；未进行或者违章探放水。

2. 间接原因

间接原因主要有：防治水工作管理滑坡；煤矿水害防治监管制度不落实；部分煤矿被动进行矿井防治水害工作；部分煤矿"三违"现象时有发生。

三、水害事故应急救援预案及实施

（1）煤炭企业、矿井应当根据本单位的主要水害类型和可能发生的水害事故，制定水害应急预案和现场处置方案。应急预案内容应当具有针对性、科学性和可操作性。处置方案应当包括发生不可预见性水害事故时，人员安全撤离的具体措施，每年都应当对应急预案修订完善并进行 1 次救灾演练。

（2）矿井管理人员和调度室人员应当熟悉水害应急预案和现场处置方案。

（3）矿井应当设置安全出口，规定避水灾路线，设置贴有发光膜的清晰路标，并让全体职工熟知，以便一旦突水，能够安全撤离。避免意外伤亡事故。

（4）井下泵房应当积极推广无人值守和远程监控集控系统，加强排水系统检测与维修，时刻保持水仓容量不小于 50％ 和排水系统运转正常。受水威胁严重的矿井，应当实现井下泵房无人值守和地面远程监控，推广使用地面操控的潜水泵排水系统。

（5）现场发现水情的作业人员，应当立即向矿井调度室报告有关突水地点及水情，并通知周围有关人员撤离到安全地点或升井。

（6）矿井调度室接到水情报告后，应当立即启动本矿井水害应急预案，根据来水方向、地点、水量等因素，确定人员安全撤离的路径，通知井下受水患影响地点的人员马上撤离到安全地点或者升井，向值班负责人和矿井主要负责人汇报，并将水患情况通报周边所有矿井。

（7）当发生突水时，矿井应当立即做好关闭防水闸门的准备，在确认人员全部撤离后，方可关闭防水闸门。

（8）矿井应当根据水患的影响程度，及时调整井下通风系统，避免风流紊乱、有害气体超限。

　　（9）矿井应当将防范暴雨洪水引发煤矿事故灾难的情况纳入《事故应急救援预案》和《灾害预防处理计划》中，落实防范暴雨洪水所需的物资、设备和资金，建立专业抢险救灾队伍，或者与专业抢险救灾队伍签订协议。

　　（10）矿井应当加强与各级抢险救灾机构的联系，掌握抢救技术装备情况，一旦发生水害事故，立即启动相应的应急预案，争取社会救援，实施事故抢救。

　　（11）水害事故发生后，矿井应当依照有关规定报告政府有关部门，不得迟报、漏报、谎报或者瞒报。

四、矿井突水抢险救灾

1. 现场紧急处理抢险

　　矿井发生突水时，无论其水量大小，危害程度如何，现场管理人员都必须在保证自身安全的条件下迅速组织抢险工作。如停止工作面施工、组织抢救遇难者、有序撤离无关人员。有条件时，组织进行加固巷道等防止事故扩大的技术处理，组织水情观测，并报告矿调度室。灾情严重时，现场管理人员有权指挥或带领工人主动撤离现场。

　　在现场紧急处理、抢险中，根据水情发展和突水现场条件，可以采取构筑临时水闸墙控制水情、紧急投入强排水等措施。特别是当水势较猛、水压较大，有可能发生出水口破坏扩大或发生冲毁流水巷道情况时，快速构筑临时挡水闸墙非常重要，一方面可以使涌水按照人为规定的路线流泻，另一方面又可以对出水口和巷道加固保护。紧急建闸可以选择袋装水泥码砌垛办法。袋装水泥重量适中，搬运方便，码砌比较规整，并且在涌水的喷射下和温度大的环境中，可以逐渐固结，对巷道顶底板起到一定的支撑作用。

　　【案例 5-19】　开滦矿区曾先后两次使用码放水泥袋建临时水闸墙控水的方法控制了水流的漫流：一是 1990 年范各庄煤矿 208 巷道平七孔突水，突水量为 26.68 m^3/min，水压达 4.7 MPa，高压射流对煤层巷道强烈冲击，出水口不断扩大，一旦巷道冲垮，则涌水有可能危及相邻区域而使灾害扩大，在指挥部统一指挥下，调动了一个开拓区的工力，向出水点附近运送袋装水泥，码砌水泥袋墙，及时地保护了巷道，控制住了出水口扩大，为构筑永久闸墙，实现分区隔离赢得了时间；二是 1991 年 2 月 20 日林南仓煤矿 −240 风道突水，突水量 10.69 m^3/min，并伴随着巷道急剧底鼓，为控制流水和巷道底鼓，采用了码砌袋装水泥闸墙的办法控制水情。

　　利用袋装水泥码砌水闸墙，也应留设泄水管路，以便大部分涌水由管路泄出，避免闸墙即刻受压。码砌长度应视涌水对巷道可能造成破坏的范围而定，袋装水泥闸墙码砌一定高度（0.5～1.0 m）后，闸墙中部的水泥袋划破，在有少量涌水条件下形成水泥浓浆，其扩散性能好，对闸墙有充填作用。

　　在矿井突水时的紧急抢险中，抢排水是控制水势漫延、防止灾情恶化的另一有效措施。除了充分利用突水水平和未被淹水平排水外，也可以采用非正常作业条件下抢排水，如立井卧泵排水、立井潜水泵群强排水、斜井卧泵排水、斜井潜水泵群排水等，形成综合强排水能力，联合排水以减缓或控制矿井淹没水位上涨。当联合排水能力超过突水量时，同时可以进行追水，减少矿井损失，恢复被淹井巷。

2. 抢险救灾指挥

　　当发生可能淹矿、淹水平或多人遇难的重大水害事故时，矿井应建立抢险救灾指挥系统。矿（公司）调度室接到突水水情报告后，必须立即通知矿长（经理）、总工程师、主管矿长

（副经理）、安全矿长、救护队长及有关部门，由矿长（经理）负责全权指挥，组织有关人员立即赶赴现场进行抢险，并立即报告煤炭局（总公司）总调度室。

　　煤炭局（总公司）总调度室接到重大突水灾害事故报告后，必须立即向局长（总经理）及有关领导报告，通知附近矿井的矿山救护队和局救护大队待命，准备支援抢险救灾，并向上级主管部门报告。煤炭局（总公司）及上级主管部门应立即派出有经验的技术人员和管理人员及部门负责人赶赴现场参加抢险救灾工作。根据灾情发展，必要时可以成立高一级的抢险救灾指挥系统，以便于动员全局及全省乃至全国的力量进行抢险保矿或治水复矿。

　　3. 抢险救灾方案

　　矿井发生大的突水后，处理工作一般分为抢险救灾、治水保矿、治水复矿 3 个阶段。

　　主要的抢险治水方案有打闸封水、强排水、注浆堵水等方法，一般情况下 3 种方式结合进行，会起到更好更快的效果。

　　无论采取哪种抢险救灾方案，都应突出以下几个方面：

　　（1）水情要掌握清楚，并且对水情的发展变化趋势做出预测，这样才能根据水情变化，有针对性地采取措施，编制方案。因此突水期间加强水文地质工作十分重要。

　　（2）无论采取任何方案。必须根据变化了的情况对方案随时进行调整。

　　（3）无论编制何种方案，必须因地制宜，符合现场实际。有条件时尽量采用比较成熟的新设备、新技术。

　　（4）抢险救灾方案编制的主导思想应立足于一个快字，只有争取时间，才能尽可能地减少损失。

　　（5）无论采取何种抢险救灾方案，均应尽量避免给后期矿井恢复工作留下后遗症或困难，一般在编制抢险救灾方案时，就应该提前考虑矿井恢复生产问题。

　　（6）采取综合方法抢险救灾时，各方法间必须协调联动，互相配合，互相创造条件。

　　五、抢险救灾中的水文地质工作

　　矿井突水后需要做的水文地质工作很多，但最紧急、最关键的工作主要有以下几个方面。

　　（一）测定水量及预测变化

　　测定突水量及预测变化为制订抢险救灾保矿、增设排水能力、紧急救护人员等措施提供了可靠的依据，是指挥部抢险救灾决策指挥的基础，矿井突水量测定要快并力求准确，要加强观测，掌握突水量的发展变化规律，对可能变大或变小的情况做出必要的预测。突水量测定方法很多，可根据不同条件选用。

　　（1）用流速仪或浮标在流水巷道中实测，方法简单，测量速度快，数据也基本可靠，但工作人员必须进入突水点附近水流必经的巷道，水深不能过膝，流速不能过急，有些大的突水为跳跃式增加，所以一旦水量突增，测水人员要能迅速撤至安全地点。因此当突水量特大时，难以使用此法。

　　（2）用淹没法计算突水量是特大突水时常采用的一种方法，只要能测量矿井淹没水位，对采掘情况基础资料清楚就可计算突水量。用淹没法计算突水量的关键是井巷及采空区充水系数的确定，特别是采空区充水系数情况比较复杂时，很难准确确定。

　　【案例 5-20】　1984 年范各庄煤矿发生特大突水，在计算突水量时，采用矿井淹没水位曲线图与矿井容积曲线图相对照，求出不同标高段的淹没容积和淹没时间，确定矿井突水量。其中矿井最大平均突水量是依据矿井淹没水位上升速度与奥灰水位下降速率曲线互相对照确定的,其值为 2 053 m³/min,经与淹没法计算核实,两种办法计算结果大致接近。

（二）被淹井巷突水量的估算

为了确定排水设备能力和恢复生产所需的时间,应正确地估算被淹井巷中的水量。被淹井巷的水量包括静水量和动水量。

（1）静水量

矿井透水时一次涌入被淹井巷的水量为静止水量。由于在被淹井巷的不同深度上静水体积是不同的,并且在淹没井巷的同时,也使周围的岩石孔洞、裂隙充水,这使估算静水量变得复杂了。一般来说,静水体积与被淹井巷体积成正比,但在数值上小于被淹井巷的体积。这是因为在被淹井巷中常积存一些被压缩的空气而占据一些空间,另外由于岩石垮落和沉降使井巷空间减小。相比之下围岩孔洞、空隙充水空间较小。

实际计算时用淹没系数来概算被淹井巷的静水量。淹没系数即被淹井巷中水的体积与井巷体积之比,可用地质类比法或观测井巷被淹没过程中水位变化情况求得。

（2）动水量

动水量是指井巷被淹后单位时间内涌水量。井巷被淹后矿井水文地质状况发生了变化,井巷内水位的变化会引起动水量的变化。可以根据水泵排水量计算动水量。

被淹井巷水位变化与动水量变化成正比,短时间内涌水量可以近似地看作在一定的情况下,观测相同的时间间隔内水泵不同排水量时的水位降低量,然后按下式计算该期间的动水量 Q_D：

$$Q_D = \frac{q_2 h_1 - q_1 h_2}{h_1 - h_2}$$

式中　q_1——第一次观测的水泵排水量,m³/h;

　　　q_2——第二次观测的水泵排水量,m³/h;

　　　h_1——第一次观测的水位降低量,cm;

　　　h_2——第二次观测的水位降低量,cm。

根据需要,可以定期地进行这样的观测和计算。

应该注意,在被淹井巷的积水被全部排净之后,在一定时间内围岩空洞、裂隙中的水会逐渐流出来,涌水量较被淹之前稍高些。

被淹井巷排水所需要的时间可按下式计算：

$$T = \frac{Q_j}{Q_B - Q_D}$$

式中　T——排水所需要的时间,d;

　　　Q_j——被淹井巷的静水量,m³;

　　　Q_B——排水设备的排水能力,m³/h;

　　　Q_D——被淹井巷的动水量,m³/h。

应该注意的是排水设备工作是断续的,所以这里时间单位是 d。

通过对突水量的连续监测或计算,在基本掌握突水量增长变化趋势的基础上,对淹没水位的上涨速度及淹没某个关键性水平的时间做出大体的预计,协助有关部门划定危险区域,并为未淹井巷的抢险措施制订提供依据。

【案例 5-21】 1978 年范各庄煤矿二水平 204 开拓巷道突水 59.7 m³/min(含原有突水点出 12.9 m³/min)。利用淹没法计算不同标高淹没水量,预测淹没到一水平(−310 m)时的突水量为 26.6~28.3 m³/min,分析核实一水平排水能力可以排出涌水,且泵房也做好了充分准备。涌水上涨到一水平时的实测涌水量为 29.3 m³/min。经淹没水位与淹没水量相关曲线核实,二者结果相近,使一水平强排水工作得以有序正常进行。

(三)确定直接水源和补给水源

根据当时所得的有关资料进一步确定突水直接水源、突水通道和间接补给水源,为分析预测水情变化及治理打下基础,主要应进行以下工作:

1. 地下水位动态变化观测

突水后,必须立即组织力量对地面各含水层观测孔水位进行观测,一般情况下,突水后水位下降幅度最大,下降速率最快,影响时间最早的含水层应属于突水的直接水源含水层,但动静储量均十分丰富的强含水层(如奥灰、冲积层)虽然降幅不甚大,也可能是直接突水水源或主要补给水源。对于突水时表现水位降幅、速率较小、影响时间较晚,则可认为已受到本次突水的影响,但不是突水的直接补给水源。

2. 根据突水的水质监测确定突水水源

矿井突水后,设法立即取得突水点水质资料,并进行长期监测。一旦发生突水,通过对日常工作中所收集的地下水化学资料的分析,进行水质分析对比,辅助地下水位变化记录,就能很快确定突水水源。

开滦矿区范各庄煤矿自 1984 年突水后,加强了水化学勘探工作,建立了各含水层离子含量的本底值和特征离子档案,对分析水源起到了重要作用。但是仅靠水化学资料单项指标判断水源有可能出现误判,有时各含水层的离子成分差别不大,也有时受构造影响造成突水水质为混合型,所以水质判别法只能作为辅助手段。

3. 突水通道的确定

大的突水案例,一般都与构造突水有关,如大的导水裂隙、断层破碎带、陷落柱等。也有的是由于采煤工作面回采时顶板冒裂突水,这种情况比较容易判断。构造引起的突水其通道可以利用突水期间地下水位流场变化趋势图概略推测,也可以按照突水点附近的地质构造条件来推测,或采用物探方法推测。

(四)建立专项图纸资料台账

准确记载突水后井上下各种有关观测数据,及时绘制各种分析图纸。

(1)绘制突水量和各主要含水层水位变化曲线图,用以分析可能的补给关系,以及对突水量变化作出预测。

(2)绘制强排水量、淹没水位、淹没体积历时关系曲线图,用以分析计算各个不同时间的突水量变化。

(3)绘制主要含水层突水前后的水位线图,分析比较可能发生的变化。

(4)建立各种专项资料台账,为条件分析提供依据。

(五)编制突水淹井报告

恢复被淹井巷前,应当编制突水淹井调查报告。报告应当包括下列内容:

(1)突水淹井过程,突水点位置,突水时间,突水形式,水源分析,淹没速度和涌水量变化等。

（2）突水淹没范围，估算积水量。

（3）预计排水中的涌水量。查清淹没前井巷各个部分的涌水量，推算突水点的最大涌水量和稳定涌水量，预计恢复中各不同标高段的涌水量，并设计恢复过程中排水量曲线。

（4）提供分析突水原因用的有关水文地质点（孔、井、泉）的动态资料和曲线，水文地质平面图、剖面图，矿井充水性图和水化学资料等。

（六）加强资料分析，制定突水方案

根据历史资料和突水后的有关资料，对突水构造和突水原因做出初步分析，并在此基础上，制定突水治理方案。

（1）开拓岩巷突水。一般属于独头，只要排水能力适应，最好采用边强排边建筑永久水闸墙控水的方案，如林西煤矿四水平 23 南石门开拓突水，范各庄煤矿二水平 204 开拓突水，都采用此种方法治理成功。

（2）采煤造成的突水。由于突水口空间关系比较复杂，老采空区四通八达，很难用水闸墙封水，所以必须查明突水原因和具体条件，有针对性地采取措施，当突水量不大且补给水源不充裕时，可以采用疏层降压方式治理突水。若是断层突水或陷落柱突水，则可采用井上或井下注浆方法治理，其重点钻孔前期的布设应放在主要构造出水部位上。

六、被淹井巷的恢复

1. 被淹井巷的排水方法

排除被淹井巷的积水有 4 种方法：直接排水法、先堵后排法、边排边堵和先堵后排法。

直接排水法适用于在涌水量不大或补给水源有限时，增加排水能力，直接将静水量和动水量全部排出；先堵后排法适用于有补给水源，且涌水量特别大，增加排水能力也不能将水排干时，应先堵塞涌水通道，截断补给水源，然后再排水。

具体在井巷恢复时，应在进行具体技术经济分析后确定，但就排水方案而言，一般有以下几种。

（1）竖井悬吊卧泵追排水

这种方式的优点是开泵率比较高，机械事故少。缺点是吊挂设备较多，安装和吊挂技术复杂，安装工程量较大，并且由于井筒断面空间所限，总排水能力受到一定限制。

（2）竖井箕斗提水

其优点是可以充分发挥原有设备的作用，收效快，操作简单，事故少，改装方法也较为简单。缺点是如果绞车为摩擦轮绞车，在箕斗接触水面时，浮力较大，摩擦轮打滑，箕斗进水的速度较慢，以及钢丝绳罐道摆动，使主绳和尾绳打圈，易于勾住井筒内的其他设备，影响排水效果。并且在进入泵房时，对井底水窝容量也有较高要求。曾有矿井用此方法，排水能力达到 400 m^3/h。

（3）竖井压气排水

此种形式的优点是，占有井筒空间小，安装简单，设备运行可靠。不足之处是排水效率低，耗电量大，排水扬程较低，排水能力较小，并且混合器必须有一定的沉没比，故本身无法将井底的积水排干，所以只能作为矿井追排水的一种辅助设备，曾有矿井用此方法，排水能力达到 250 m^3/h。

（4）斜井卧泵追排水

这种形式的优点是安装技术比较简单，初期安装工程量小，不需要大型吊挂设备，可以人拉肩扛,占用设备少,大水小水都可以利用,收效快。缺点是随着水位下降而移泵,接管的工作量大,管理复杂,运行条件较竖井差,开泵的台时利用率也比竖井低。尤为重要的是在井下涌水量较大并且巷道塌方严重和巷道布置复杂时,这种方法受到很大限制。

(5) 深井泵排水

这种方法是水泵与电机分离,通过长轴传动。优点是水泵可以伸入水中,不怕水患,远距离控制;缺点是由于传动轴限制,传动功率有限,扬程较低。

(6) 潜水泵竖井(斜井)排水

随着我国潜水泵制造技术的日益成熟,我国已能够制造出各种规格型号的潜水泵,单台最大功率已达 2 300 kW,还可以制造出立、卧两用大功率潜水电泵,因此在矿山抢险排水中,潜水泵已成为主力排水设备。近 20 年的抢险排水实践证明,潜水电泵使用维护方便,运行安全可靠,性能稳定,振动噪声小,效率高,可实现远距离控制,加装接力泵后可一次排干积水,是理想的排水复矿设备。

2. 排水设备的选择

根据被淹井巷的具体情况,可以因地制宜地采用排水设备,常用的有吊桶、水箱、箕斗、离心式水泵(包括离心式吊泵和窝心式离心泵)、气泡泵等。

利用矿井提升机使用大吊桶、水箱、箕斗等排除井筒内积水。方法简单安全,但排水能力有限。离心泵扬程高,排水量大,可长时间连续排水。气泡泵轻便可上下移动,排水速度快,但耗电量比离心泵高出 50%~150%。

3. 恢复被淹井巷的其他工作

(1) 矿井恢复时,应当设有专人跟班定时测定涌水量和下降水面高程,并做好记录。

(2) 观察记录恢复后井巷的冒顶、片帮和淋水等情况。

(3) 观察记录突水点的具体位置、涌水量和水温等,并作突水点素描。

(4) 定时对地面观测孔、井、泉等水文地质点进行动态观测,并观察地面有无塌陷、裂缝现象等。

(5) 排除井筒和下山的积水及恢复被淹井巷前,应当制定防止被水封住的有害气体突然涌出的安全措施。排水过程中,应当有矿山救护队检查水面上的空气成分;发现有害气体,及时处理。

4. 恢复被淹井巷的安全措施

(1) 在恢复被淹井巷全过程中,要特别加强矿井通风工作,当水位下降时,可能有大量有害气体排出,所以要及时地检查有害气体的成分,如有瓦斯要采取措施防止瓦斯爆炸和人员窒息事故。

(2) 因井巷长时间被水浸泡,在修复井巷时防止冒顶、片帮事故发生。

(3) 在井筒内装、拆水泵、排水管等作业时,工作人员必须佩戴安全带与自救器,防止坠井和中毒、窒息事故发生。

(4) 为了协调井上下工作,必须有联系信号,在水泵设备附近必须有良好的照明。

(5) 严禁在井筒内或井口附近用明火灯或有其他火源。

矿井恢复后,应当全面整理淹没和恢复两个过程的图纸和资料,确定突水原因,提出避免发生重复事故的措施意见,并总结排水恢复中水文地质工作的经验与教训。

 **案例分析**

【案例 5-22】 河南省三门峡市陕县支建煤矿"7·29"淹井事故。

1. 事故发生经过

2007 年 7 月 28 日 20 时至 29 日 8 时,河南省三门峡地区急降暴雨,降雨量达 115 mm,引起山洪暴发。洪水造成流经陕县支建矿业有限公司(支建煤矿)的铁炉沟河河水暴涨。29 日 8 时 40 分左右,洪水涌入一废弃充填不严实的铝土矿井(紧临中铝矿业分公司联办的露天采矿大坑旁边),冲垮三道密闭,泄入支建煤矿井下,导致垂深 173 m 的巷道被淹。该矿井下当班作业人员 102 人,其中 33 人脱险升井,69 人被困。

2. 救援经过

事故发生后,支建煤矿、中铝矿业分公司和当地政府立即组织抢险自救,查找、封堵泄水点,组织向被困人员通风。国家安全监管总局 29 日下午 14:00 接到事故报告后,立即启动应急预案,与现场通话了解情况,要求首先堵死水源,向井下通风,尽快组织排水营救。经过各方共同努力,采用"一堵、二排、三送"的抢险方案,通过 76 个小时的艰苦奋战,克服困难,排除险情,最终取得了救援成功。截至 8 月 1 日 12 时 53 分,69 名被困矿工全部获救。

"一堵"即堵住地表洪水泄露点。调援武警在河床透水地段,堵实了河床泄露通道,保证了井下水位的稳定,为井下及时开展抢救工作创造了安全条件。

"二排"即在井下安装水泵排除洪水和淤积物。在井下原透水通道仍有一定的水量从一水平流向二水平被困人员灾区的情况下,在一水平车场进行堵截,并在车场架泵排水,有效减少了井下水量,为抢险救援工作争取了宝贵时间;对巷道 5 处局部塌方进行了修复,清理巷道 45 m,安装管道 3 条、水泵 3 台,形成 210 m^3/h 的排水能力,累计排水 4 860 m^3,水位下降 1.5 m。

"三送"即向井下送压风、送氧、送牛奶。通过巷道里的压风管向井下压送新鲜空气和牛奶,保证了井下被困人员的生存需要。

3. 抢救成功的经验

一是有一个"人命大于天"的处理理念,事故发生后,各级部门高度重视,集中各方面力量,全力进行抢救。

二是有一套科学缜密的救援方案。抢险指挥部和专家在科学分析后果断决策,制定了"一堵、二排、三送风"的救援方案。

三是有一支顽强拼搏的救援队伍。

四是有一批训练有素的煤矿工人。被困 69 名矿工在突如其来的巨大灾难面前没有惊慌失措,而是团结起来开展自救,集中保管食物,集中使用矿灯,分组做思想工作,互相鼓励,坚定信心,有效地配合了地面救援抢险工作。

4. 事故原因分析

该事故是一起矿坑老巷导水事故,教训十分深刻。造成事故的根本原因:一是在于防治水安全意识淡薄,把水闸墙建成了密闭墙,一水平垂深只有 50 m,0.5 MPa 的水压就冲垮了三道"水闸墙";二是技术资料严重缺失和失真,开采过的铝土矿找不到技术图纸资料,井下煤层开采采用地质罗盘定位,据矿方技术人员估计,被困人员的实际受困地点与图纸误差 30 m 左右,原定地面打孔施救方案无法进行;三是防治水工作欠缺,没有进行井下突水演练,在这次矿坑老空透水事故发生时没有使部分人员及时撤退,造成69人被困。

【案例5-23】 湖南省益阳市安化县皮井煤矿"4·27"突水事故。

2009年4月27日10时20分左右,益阳市安化县皮井煤矿副井2上山发生突水事故,事故发生后,经30个小时的救援,1人脱险生还,5人遇难。

1. 矿井概况

皮井煤矿坐落在安化县梅城镇清水村,属渣渡矿区。可开采面积0.977 5 km²,有村水泥公路16 km与207国道相连。该矿1995年建成投产,2006年核定生产能力3万t/a,2007年扩界与胡家欣荣煤矿(硐探井)整合,保有储量76万t,设计生产能力6万t/a。事故井为副井,斜井开拓,局部通风机通风,低瓦斯矿井,已探采的2个上山均已见煤,煤层倾角16°左右,厚度1.3~1.6 m。

2. 救援经过

事故发生后,该矿立即启动应急预案组织救援,并向政府及相关部门报告了事故情况。

27日14时前,救援指挥部从邻近矿井调集10~30 m³/h的潜水泵、农用泵5台开始排水,并用压风机向突水区压风供给新鲜空气,开启局部通风机向排水地点供风,至21时,排出水量约600 m³。

27日13时许,省矿山救援邵阳基地暨省煤矿水灾事故救援中心立即组织救援人员装运排水设备,派出2个战斗小队和3辆救援车携带排水量100~150 m³/h、扬程90~180 m的潜水泵3台及排水管、电缆、变压器等救援设备、仪器等,于15时30分出警,19时到达事故现场。21时完成设备安装,但在调试设备时排水泵发生故障中断排水。指挥部研究决定:一是维修故障水泵;二是调换新水泵;三是恢复原小流量的排水泵。经邵阳基地救援人员与矿机电技术人员共同商议维修,于28日上午10时15分,重新开始排水,流量150 m³/h,水位以每小时0.3~0.4 m的速度下降。18时,增加10 m³/h的潜水泵一台,20时,增加10 m³/h的潜水泵和30 m³/h的农用水泵各一台,排水总量达到200 m³/h。

排水过程中,加强了排水地点的通风,现场检测气体浓度分别为:O_2:20%,H_2S:0%,CH_4:0.5%,CO_2:0.3%。28日23时20分,井底车场水位下降,距巷道顶板约40 cm,此时,救援人员发现,距井底车场变坡点10 m左右的地点有矿灯光,片刻只见一名遇险人员游泳过来,邵阳基地救援人员将该遇险人员搀扶到斜井,并给他更换衣服保温,于23时40分抬运到地面。

23时35分,邵阳基地救援6名指战员按照遇险人员撤退路线,游泳进入灾区侦察与救人。涉水至距井底110 m处,巷道内浮满了支架,通行困难;此时,发现1号遇难人员(按发现顺序排号)俯卧在被突水急流冲翻的矿车上。救援人员扒开浮木前进10 m处,发现2号遇难人员,再往前行5 m处,发现3号遇难人员,3名遇难人员卧姿:头向井底方向,脚朝大巷当头。检测该岩石运输大巷气体分别为:O_2:20%,H_2S:0%,CH_4:0.5%,CO_2:0.3%,SO_2:0%,空气清新无老窑气味。从3号遇难者处再前行约35 m,巷道垮落,被水冲击的浮木与支架堵塞了巷道,进入困难,侦察人员在刺骨寒水中实在难忍的情况下撤离灾区。

指挥部根据侦察情况分析,一上山的2名遇险矿工未找到,仍有生存空间,决定再次组织侦察,由熟悉情况的人员带路,邵阳基地人员负责搜救全部巷道。

29日凌晨1时30分,大巷水深仍有1.3 m,此时,由皮井煤矿副矿长带路,3名侦察人员进入灾区侦察,邵阳基地副大队长等4名人员在斜井底接应待机。侦察人员对一上山处的所有巷道进行了全面侦察:巷道支架完好、空气清新,未发现遇险矿工。在一上山往大巷当头寻找时,有 10 m 左右的上山与一上山连通,支架完好、空气清新,未发现遇险矿工,往大巷当头处大面积垮落,撤离灾区。

指挥部根据二次侦察情况分析,一上山的 2 名遇险矿工已进入大巷无生存希望,决定搬运遇难人员。邵阳基地再次组织指战员进入灾区搬运遇难矿工,于 29 日 6 时 30 分,将 3 名遇难矿工搬运出井。水继续在排,每小时约 140 m³/h。29 日 14 时 30 分,井底水位已降至 0.5 m 深。指挥部决定由邵阳基地队员负责气体和顶底板监控,组织矿工全面搜索。29 日 15 时,岩石运输大巷仅有 0.2 m 的积水。15 时 10 分左右,搜救中,在 1 号遇难者处(进入方向的矿车右侧下)发现 4 号遇难矿工,头向大巷当头,脚朝巷道左侧(呈横卧状态)。

15 时 20 分左右,搜救人员在二上山往大巷当头前 5 m 左右处,拔开零乱的支架,发现 5 号遇难者,卧姿为:头向井底方向,脚朝大巷当头。16 时 30 分,搜救人员将 2 名遇难矿工搬运出井,16 时 40 分开始拆救援排水设备,17 时 30 分完成救援工作。

3. 经验教训

"4·27"突水事故的抢险成功主要得益于以下几个方面:

(1)制定了正确的救援方案,并得以实施。

(2)矿领导、矿及邻近矿的救援人员,在抢险救援中积极主动,听从指挥,为本次救援做出了积极的努力。

(3)邵阳基地主动分析事故水源,计算的有关数据确切,为救援工作提供了可靠依据。

(4)本次涌水量约 6 000~7 000 m³,排水量约 6 000 m³。在排水量与事故发生时预计数增加的情况下,及时增加排水设备,保证了顺利的救援。

4. 事故分析

(1)事故性质

本次为突水事故,表现在:事故后的存水量大大超过了平时存水量,排水设备被淹;运输大巷道中有大量水流冲击的泥、矸、支架和杂物;遇难矿工有被水冲击和淹没的迹象。

(2)水源

"4·27"突水事故的水源有两类,一是老窑水,排出的水呈褐黄色;二是地表水或断层水,突水巷道中最后水流清澈,现场空气清新。

(3)突水地点

本次突水地点在二上山的平巷探矿头,沿平巷以下 30 m 到岩石运输大巷呈上窄下宽喇叭形的垮塌,支架完全被冲毁,见顶、底板良好。

(4)事故原因

① 直接原因:探矿掘进时发现透水预兆,没有立即停止生产,违章指挥、违章作业。

② 间接原因:缺乏安全思想和救援知识,没有按照《煤矿安全规程》开展防治水工作,对矿井水的存在没有采取强力的安全措施。一上山的 2 名遇难矿工按当时的状况分析完全可以避免伤害,但由于缺乏自救常识,造成死亡。

【案例 5-24】　山西美锦集团东于煤业有限公司"5·22"突水事故。

2017 年 5 月 22 日 23 时 38 分,太原市清徐县山西美锦集团东于煤业有限公司(以下简称"东于煤业")井下三采区 03304 鉴定巷(切眼)发生透水事故,造成 11 人被困,经全力抢险救援,其中 5 人获救,6 人死亡,直接经济损失 505.50 万元。截至 5 月 24 日 6 时 27 分,11

名被困矿工全部找到,其中5人生还,6人遇难,现场抢险救援工作结束。

1. 煤矿概况

东于煤业隶属于山西美锦能源股份有限公司所属的山西美锦矿业投资管理有限公司,属资源重组整合矿井。该矿于2014年6月16日由淮南矿业(集团)有限责任公司所属平安煤炭开采工程技术研究院有限公司(独立法人单位)组成成建制队伍,进行整体托管。

山西美锦能源集团有限公司(以下简称"美锦集团")创建于1981年,公司总部位于太原市清徐县,下设三十五个全资和控股子公司,十六个参股公司。

2. 事故发生经过

5月22日中班(14:00~22:00)井下接班时,作业人员发现03304井巷(切眼)工作面有积水,排完水后,约19时40分左右掘进了两排(约1.6 m),班长易××带队去支护顶板,同时跟班副队长盛××带队去钻场打木剁防止顶板来压,大约20时易××发现工作面水变大了,就找盛××汇报情况,然后盛××向调度室、综掘一区区长焦××汇报说平巷带式输送机机尾处水大,水泵排不完(水泵排水能力12 m^3/h)。

焦××接到盛××的汇报后,打电话给掘进副总张×汇报,张×安排地测科副科长罗×下井观察水情。罗×向地测科科长詹××汇报情况后下井,约21时10分,罗×到达03304井巷切眼口,在此处测得水量20 m^3/h并伴有臭鸡蛋味。罗×顺着切眼往里走遇到下班出来的盛××,罗×让盛××协助他测量渗水情况,约21时45分,罗×向调度室汇报"03304右钻场10 m范围内零星状分布出水,总水量在20 m^3左右,有臭味"。约22时10分,罗×和盛××就一起出去,在03304井巷(顺槽中部)碰到夜班跟班副区长徐××。

5月22日20时30分,综掘一区一队夜班在队部安教室召开班前会,参会人员共9人。当班工作的具体内容是安排9名职工抬水泵到03304切眼掘进面,安装好后排水。约21时开始入井,约22时到达工作面。不久,安全员也到现场。约23时,水泵到位后,综掘一区一队当班班长安排工人到平巷外关闭静压水管的阀门,其余人员安装水泵、连接管路。

约23时30分,积水点水量突然增大,徐××将此情况向调度室汇报,并安排人马上将水泵抬到积水处,安装并准备抽水,工人们正在抬水泵,忽然听到"砰"的一声巨响,工人们就被水冲倒。

23时38分,调度屏幕显示03304迎头甲烷传感器报警,随后井下一名瓦检员向调度室汇报03304一个局部通风机反转、出现异常,调度员向03304迎头打电话询问情况但未打通。调度室接到采煤队在井下的汇报:轨道大巷六联巷水大、人员无法通行。

在此期间,约22时30分,矿长陈×得知03304迎头水大后,通知总工程师、掘进一区区长、调度主任、地测科科长4人到调度室,在听取了井下现场情况的汇报、夜班工作的安排等情况后,又对排水工作进行了安排。

约23时40分,矿长在办公室接到调度员电话汇报称井下透水,才安排调度立即撤人,并随后赶到调度室安排启动应急预案。

事故发生后,经清点,该矿当班入井人数67人,安全升井42人,安排留守井下救援人员14人,11人被困事发区域。23日1时50分,在03304井巷躲避硐室(距离三采区西回风巷口579 m)被困的4个人通过电话与调度中心取得联系,其余7人失联。

3. 事故后果及处理建议

依据煤矿伤亡事故分类规定,本次事故为水害事故,特征为底板老空透水。经调查认定,本次事故是一起较大生产安全责任事故。

问题:

(1) 简要分析该突水事故的原因。

(2) 试问在这起事故中,应该对哪些人员进行处罚? 其依据是什么? 分组进行讨论。

(3) 根据已学的知识,编制救援方案。

 **任务实施**

本任务要求在学习矿井水害防治基本知识的基础上,掌握矿井水害事故救援预案与实施,并掌握矿井突水抢险救灾与被淹井巷恢复的技术工作。通过案例分析与综合实训,培养学生分析问题、解决问题的能力,提高学生的职业素质;通过拓展资源的学习,让学生开拓视野,了解到矿井安全生产是一个系统的工程,安全生产工作应当以人为本,提高矿井自身本质安全化水平,意识到事故预防的重要性,进一步体会安全第一、预防为主、综合治理的安全生产方针的内涵,提升学生的工程素养。

 **思考与练习**

1. 简述矿井突水的形成原因。

2. 煤矿水害应急救援预案及实施的要求有哪些?

3. 在抢险救灾中,需要开展的水文地质工作有哪些?

4. 矿井发生透水突水后,如何恢复被淹的井巷?

5. 简述矿井水灾的一般征兆。

6. 矿井突水时,如何进行抢险救灾?

项目六　矿井水资源化

任务一　矿井排水类型的划分

【知识要点】 矿井水的概念;矿井水产生的影响与危害;矿井排水类型;矿井水的水质特征。

【技能目标】 具备简要分析矿井水产生影响与危害的能力;具备判别矿井排水类型的能力;具备描述矿井水质特征的能力。

【素养目标】 培养学生安全、绿色生产的意识;树立保护生态环境的理念。

 **任务导入**

随着采矿活动的进行,矿井水的排放引起的矿区环境问题日益突出。矿井水大量排放,一方面浪费了水资源,另一方面造成了环境污染。本任务着重了解矿井排水类型、特征与产生的影响。

 **任务分析**

矿井排水的成分复杂,影响因素很多,包括水文地质条件、矸石场的位置和组分及井下污染物的排放。从矿井水资源化的角度,根据其物理、化学性质可将矿井水划分为 5 种类型。学习本任务,必须掌握以下知识:

(1)矿井水的概念;

(2)矿井水产生的影响与危害;

(3)矿井排水的类型;

(4)矿井水的水质特征。

 **相关知识**

一、矿井水的概述

矿井水是一种特殊的水资源,是指在矿产开采过程中所有渗入井下采掘空间的水。矿井水是煤炭工业具有行业特点的污染源之一,量大面广。我国煤炭开发每年矿井的涌水量为 20 多亿立方米。据不完全统计,平均吨煤涌水量为 4 m^3,但不同地区差异较大,我国东北地区一般矿井吨煤涌水量在 2~3 m^3;华北、华东及河南等大部分矿区一般为 3~5 m^3,其中峰峰、淄博、邯郸、开滦等矿区在 10 m^3 左右;南方矿区平均吨煤涌水量也在 10 m^3 以上;西部矿区吨煤涌水量在 1.6 m^3 以下。在煤炭开采过程中为了保证矿井安全,必须将涌出水排出矿井,这部分水中含大量悬浮物,需要进一步处理,以净化矿井水和回收煤泥,减少环境污染。

二、矿井水产生的影响与危害

目前,矿井水的排放引起的矿区环境问题日益突出,不良效应也日益明显,严重污染着矿区环境,影响人们的健康和自然生态的平衡。

1. 对周边地表水及地下水的影响

(1)对周围地表水的影响

矿产开采后,矿产资源层顶板以上含水层遭破坏和疏干,采空区由于生产排水,无法形成有效的储水空间,使地下水调储空间减少,导致了天然基流大量转化为矿坑水迅速排出,使得流域地下水调储功能减弱,流域水资源时空分布更加不均衡。

(2)矿井水引起地下水位下降

随着矿井排水量逐年加大,地下水位急剧下降,相应地所形成的地下水降落漏斗范围和幅度也越来越大,地下水的流场也发生了明显的变化。矿开采区含水层水位变化主要是由矿产资源开采引起的。地下开采破坏了原有的力学平衡,使得上覆岩层产生移动变形和断裂破坏。当导水裂隙带波及上覆含水层时,含水层中的水就会沿采动裂隙流向采空区,造成岩土体中水位下降。

(3)污染地下水系统

酸性水大量排放到地表,并且泄入河流、湖泊或潜水中,将造成水体污染。

由于酸性矿井水在井下与围岩裂隙水存在着一定的水力联系,因此有可能在未排放前,直接污染地下水。另外,受酸性矿井水污染的地表水,如果直接补给浅层地下水,将导致地下水不同程度的污染,主要表现在铁离子和硫酸根离子超标,且地下水污染的治理尤为困难。

2. 对生态环境的影响

矿井水对生态环境的影响,以高矿化矿井水为例。矿区开发后,大量的高矿化度矿井水外排对周围环境产生一定的影响。

对于本来就受干旱、风沙气候和土壤盐碱化影响的地区,在地下水位较高时,高矿化度矿井水的大量排放使浅层地下水位相对上升,使附近土壤水分及可溶性盐类含量增高,加剧了土壤盐碱化,对农作物和林木种植带来一定影响。

3. 对周边居民生活及健康的影响

(1)山区矿区的地下采矿引起的导水裂隙带高度及疏干影响高度可达煤层采高的 45～100 倍(一般为 20 倍),疏干影响范围要比采空区实际面积大得多,即影响范围可达数千米以外。矿井排水疏干了裂隙水,同时在矿产开采过程中出现了大量的地面裂缝,井下涌水量明显增大,地表泉眼及小溪流量逐渐衰减,使得山区裂隙小泉水漏失,造成许多人畜吃水困难。

(2)恶化井下施工环境,危害人体健康

在酸性矿井水在向深部排泄过程中,可能发生脱硫酸作用,生成的硫化氢毒性很强,其含量达万分之一时,就能闻到难闻的气味;达万分之二时,人的眼睛、喉头就会受到严重刺激;达千分之一时,就会导致死亡。由此可知,酸性水的形成,极有可能对井下工人身体健康造成损害。

三、矿井排水的类型

矿井水本身的水质主要受当地水文地质、气候、地理等自然条件的影响。当矿井水流经采煤工作面时,将带入大量的煤粉、岩粒等悬浮物;由于受到井下矿工的生产生活等人为因素的影响,矿井水往往含有较多的细菌。根据矿井水含污染物的特性不同,一般可将其划分为以下5种类型:洁净矿井水、含悬浮物矿井水、高矿化度矿井水、酸性矿井水及含有毒有害元素矿井水,包括含氟矿井水,含铁、锰和某些重金属离子(如铜、锌、铅)矿井水及含放射性元素(如铀、镭)矿井水。

其中,洁净矿井水即未被污染的地下水,一般是指灰岩水(如寒武-奥陶系灰岩水、石炭二叠系太原组灰岩水)和砂岩裂隙水,主要分布在我国的东北和华北地区。此类矿井水水质好,值偏中性、不含有毒和有害离子、低浑浊度,有的矿井水含有多种微量元素,可开发为矿泉水。一般采用清污分流方式,即利用各自单设的排水系统,将洁净矿井水和已被污染的矿井水分而排之。洁净矿井水经简单处理后作为某些工业用水,或经消毒处理后供生活饮用。采取清污分流法,设备投资少,运行成本低,并可减少矿井污水处理量及外排量。对此类矿井水要在其源头处妥善截流,单独布置排水管路,避免与其他矿井水混排。其余四种类型的矿井水,虽然均遭到了不同程度的污染,但经过相关工艺的处理后,可用于工农业生产或生活用水。

四、矿井水的水质特征

不同煤矿的矿井水水质有很大差异,其水质与普通地表水和地下水的水质有明显的差异,具有明显的煤炭行业的特征,主要有:

(1)煤矿矿井水的悬浮物含量明显高于地表水,且很不稳定,感官性状差,使得矿井水浑浊、色度明显。悬浮物含量一般多在 500 mg/L 以下,多为煤尘和岩尘,以及胶态氢氧化铁,使水呈灰黑色。对酸性矿井水,多为黑色和黄褐色。

(2)悬浮物粒度小、比重轻、沉降速度慢,矿井水中悬浮颗粒直径较小,平均只有 2~8 μm,总悬浮物中约 85% 以上的粒径在 50 um 以下;煤粉的平均密度一般只有 1.3~1.6 g/cm³,明显小于地表水中泥沙颗粒物的平均密度 1.9~2.6 g/cm³。

(3)含有机污染物。地表水中一般不含有有机物,而在矿井水中,除了煤粉本身就是有机物以外,水体中还含有少量的废机油、乳化油、腐烂废坑木、井下粪便等有机物。

(4)混凝过程中矾花形成困难,沉降效果差。矿井水中悬浮固体多为有机物(煤粉)和无机物(岩粉)的复合体,且不同煤化阶段的煤分子结构大不相同,煤粒表面所带电荷数量也不相同,因而其亲水程度差异较大。因此含悬浮物矿井水中煤粉表面与水和无机混凝剂的亲和能力要比地表水系中的泥砂差得多。

(5)矿井水中的煤粉仅为悬浮物,并不是耗氧有机污染物。不同的含悬浮物矿井水化学需氧量(CODcr)差异大,但 CODcr 是由于煤屑中有机碳分子的还原性所致,故一般需要进行生化处理。

(6)矿井水通常含盐量高、矿化度大、硬度大,化学需氧量(COD)高于地下水。我国矿井水的含盐量一般多在 1 000 mg/L 以上,其盐类成分主要是硫酸盐、重碳酸盐、氯化物等。而且含盐量将随开采深度的加大而增加。其总硬度一般在 30 德国度以上,属极硬水范畴,硬度中永久硬度所占比重远大于暂时硬度;高矿化占 50%。

**任务实施**

在了解矿井水概念的基础上,掌握矿井排水类型并进行划分,分析矿井水水质特征。

思考与练习

1. 什么是矿井水?
2. 简述矿井水产生的影响与危害。
3. 简述矿井排水类型。
4. 矿井水有哪些特征?

任务二　高悬浮物矿井水的处理

【知识要点】　高悬浮物矿井水的特征;高悬浮物矿井水的处理技术与工艺流程;主要系统单元及构筑物。

【技能目标】　具备简单分析高悬浮物矿井水特征的能力;具备简要描述高悬浮物矿井水处理技术与工艺设备的能力。

【素养目标】　培养学生崇尚科学,合理利用水资源的职业素养;树立保护生态环境的理念。

**任务导入**

矿井水水质受矿区水文地质条件、井下开采运输、围岩与煤质及人类活动等多种因素的影响,由于主要的影响因素不同,水质复杂,表现特征不同。不同类型的矿井水,在进行净化处理时,所采用的处理工艺也不同。矿井水流经采掘空间时带入了大量的煤粉、岩粉、煤粒、岩粒等悬浮物,从而形成了含悬浮物的矿井水,在我国矿井水中占有很大的比例,本任务将介绍高悬浮物矿井水的处理技术及工艺。

**任务分析**

通过分析高悬浮物矿井水的水质特征,进一步掌握高悬浮物矿井水的处理技术与工艺流程。为此,必须掌握以下知识:
(1)高悬浮物矿井水的特征;
(2)高悬浮物矿井水的处理技术与工艺流程;
(3)主要系统单元及构筑物。

**相关知识**

一、高悬浮物矿井水的特征

含悬浮物的矿井水,属煤系砂岩等裂隙水,一般水质呈中性,矿化度小于 1 g/L。金属离子微量或未检出,或基本上不含有毒有害离子,含有大量悬浮物、有机物及菌类,悬浮物的主要成分是粒径极为细小的煤粉和岩尘。经沉淀、过滤、消毒等常规处理可作为工业及生活用水。主要分布在我国东北、华北部分矿区,如开滦、峰峰、邯郸、焦作、平顶山等。

含高悬浮物矿井水的污染物,来自矿井水流经采掘工作面时带入的煤粒、煤粉、岩粒、岩粉等悬浮物,为此,煤矿矿井水多呈灰黑色,带一定异味,浑浊度较高。其次,井下工人的生产活动导致矿井水中的细菌含量较多。另外,矿井水中煤粉的粒径小,在强氧化剂的作用下被氧化而显示出较高的化学需氧量(COD),但随着煤粒等悬浮物的去除,COD 值随之降低。

由于煤岩粉粒径极为细小,因此利用自然沉淀方式去除是困难的,必须借助混凝剂,采用混凝沉淀的处理方法以实现对悬浮物的去除。

二、高悬浮物矿井水的处理技术

针对不同水质的矿井水的处理技术不同,对于高悬浮物矿井水的处理,可分为以下 3 种类型:

1. 常规处理

采用混凝、沉淀和澄清、过滤和消毒的工艺进行处理,基本工艺流程图见图 6-1。其出水水质即能达到生产使用和生活饮用标准的要求。

矿井水混凝阶段所处理的对象主要是煤粉、岩粉等悬浮物及胶体杂质,它是矿井水处理工艺中一个十分重要的环节。

沉淀和澄清:在煤矿矿井水处理中所采用的主要有平流式沉淀池、竖流式沉淀池和斜板(管式)沉淀池。澄清池主要有机械搅拌、水力循环和脉冲等。

在煤矿矿井水处理过程中,过滤一般是指以石英砂等粒状滤料层截留水中悬浮物。去除化学澄清和生物过程未能去除的细微颗粒和胶体物质,提高出水水质。矿井水处理可以采用过滤池。过滤池有普通快滤池、双层滤料滤池、无阀滤池和虹吸滤池等。常采用的滤料有石英砂、无烟煤、石榴石粒、磁铁矿粒、白云石粒、花岗岩粒等。

水净化处理后,细菌、病毒、有机物及臭味等并不能得到较好去除。所以,必须进行消毒处理。消毒的目的在于杀灭水中的有害病原微生物(病原菌、病毒等),防止水致传染病的危害。在以煤矿矿井水为生活水源水处理中,目前主要采用的是氯消毒法。消毒剂主要有:液氯、漂白粉、氯胺、次氯酸钠等。

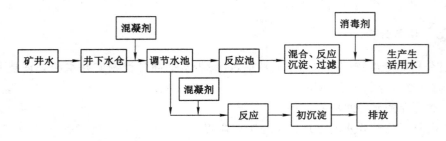

图 6-1　高悬浮物矿井水处理基本工艺流程图

2. 井下水仓混凝沉淀处理

井下水仓混凝沉淀处理是使矿井水在井下水仓停留较长时间(大于 30 min),在距离水仓前 50 m 左右的排水沟中投药,并在沟中铺设大块矸石,人为制造水力湍流,使混凝剂充分混合反应;在水仓设置多层挡板,清水溢流后从集水井外排;实行井下主副水仓定期交替清泥,从而取得更好的效果。

3. 氧化塘净化矿井水

将矿区塌陷坑改造成氧化塘,利用自然条件下的微生物处理原理净化矿井水(图 6-2)。氧化塘水面还可放养各种水生生物及种植水面作物,利用生物塘提高矿井水的水质,使出水水质达到渔业水域及农灌用水的要求,同时也增加了经济效益。

矿井水 → 沉淀池 → 滤床沟 → 综合利用氧化塘 → 出水

图 6-2　氧化塘净化矿井水工艺流程

三、主要系统单元及构筑物

1. 预沉调节池

在矿井排水处理中,煤矿井下排水的水质、水量既具有相对的稳定性又存在一定的波动性。在实际运行中,经常会发现井下排水短时悬浮物含量异常波动的现象,悬浮物含量瞬时可高达平均值的几倍甚至数十倍,为了缓冲、调节水量,均衡水质,确保处理站的安全稳定运行,水处理工艺的前端往往设有调节池,由于该构筑物还具有一定的沉淀作用,故常常被称为预沉调节池。合理的设置预沉调节池不仅能保证处理站安全、稳定、灵活地运行,而且能优化水处理设备能力,降低工程投资。

另外,井下涌水一般是通过井下排水系统排至地面,而井下排水系统与井下排水处理站的工况往往存在不一致,通过调节池的设置不仅可协调井下排水系统与井下排水处理站的不同工况,而且可通过池容调节优化水处理设备能力使之更趋于合理。由此看出,该构筑物是水处理工艺中较为重要的一个环节,在水处理工艺前端设置预沉调节池是十分必要的。设计中应引起足够的重视。

预沉调节池的池容与井下小时排水量、井下排水时间以及处理站小时处理水量等因素有关。当井下排水系统设计工况一定时,其井下小时排水量、排水时间就是一定的,预沉调节池的池容仅与处理站小时处理水量有关,当水处理设备的小时能力越大时,调节池的池容就越小,反之就越大。在利用上式计算时,预沉调节池的池容大小还应结合处理场地的大小、工程投资等因素综合予以考虑,设计中既要防止预沉调节池偏小造成水处理设备偏大,水处理设备长时间"闲置"的状况,又要防止预沉、调节池偏大造成占地面积过大的现象。

2. 混凝沉淀系统

煤矿矿井水主要污染物为悬浮物,处理悬浮物主要采用混凝沉淀法,这部分矿井煤泥水的主要特征是浓度高,所含固体颗粒细、灰分高,颗粒表面多带有负电荷。由于颗粒带同号电荷,阻止颗粒间彼此接近聚合成大颗粒下沉,同时颗粒同周围水分子发生水化作用,形成水化膜,也阻止颗粒聚合,使颗粒在水中保持分散状态,此外,煤泥颗粒在水中还受布朗运动的影响。煤泥水在颗粒界面间的相互作用下性质复杂化,不但有悬浮液的特性,还有胶体的某些性质,集中了最细最难处理的微细粒级颗粒。

混凝处理是目前处理高悬浮物矿井水的主要技术之一。混凝是一项重要的物理化学水处理技术,在水处理、化工、选矿等行业中是关键的分离过程。特别是在水处理工艺中,混凝技术无论是作为主体澄清工艺,还是作为生化处理前的预处理或是生化处理后的深度处理手段,都是一个必不可少的步骤。混凝包括凝聚和絮凝过程,凝聚过程主要是通过加入的絮凝剂与水中胶体颗粒迅速发生电中和、双电层压缩而凝聚脱稳,脱稳颗粒再相互聚结而形成初级微絮凝体。絮凝过程则是促使微絮凝体继续增长形成粗大而密实的沉降絮体。混凝作用过程是水中胶体粒子聚集的过程，也就是胶粒成长的过程，而这个过程是在混凝剂的水解作用下进行的。因此，混凝作用机理与以下 3 个因素有关：胶粒性质、不同混凝剂在不同条件下的水解产物、胶粒与混凝剂水解产物之间的相互作用。混凝剂水解产物与胶粒之间的作用有 4 种，即压缩双电层、吸附-电中和作用、吸附-架桥作用和卷扫作用。

3. 高密度沉淀池

高密度沉淀池属于水处理领域中最先进的技术一族。高密度沉淀池是沉淀技术进化和发展的最新阶段，在水处理技术中，属于三代沉淀池中最新的一代。20 世纪二三十年代采用的是第一代沉淀技术——"静态车垫"；50 年代开发了称为"污泥接触层"的第二代沉淀池并投入使用；80 年代被称为"污泥循环型"的第三代沉底池登上了历史舞台，以密度沉淀池为代表。

高密度沉淀池自 20 世纪 90 年代中期从欧洲引入国内，它是在传统的平流沉淀池基础上，充分利用了动态混凝、加速絮凝原理和浅池理论，对混凝、强化絮凝、斜管沉淀 3 个过程进行优化，通过投加不同的药剂，可以去除部分悬浮物和有机污染物，以降低后续处理构筑物的负荷。具有水力负荷高（就相同沉淀面积而言）、沉淀效率高、占地面积少、启动时间短（一般小于 30 min）、出水水质稳定、耐冲击负荷、污泥易于浓缩和脱水等优点，其特点是集良好的机械混合、絮凝、澄清和高效混合于一体，是世界上结构最紧凑的沉淀池，结构简单、紧凑，减少了土建造价，并且节约安装用地，越来越受到水处理行业的青睐。

4. 砂滤系统设备

重力式无阀滤池，是因过滤过程依靠水的重力自动流入滤池进行过滤或反洗，且滤池没有阀门而得名的。含有一定浊度的原水通过高位进水分配槽由进水管经挡板进入滤料层，过滤后的水由连通渠进入水箱并从出水管排出净化水。当滤层截留物多，阻力变大时，水由虹吸上升管上升，当水位达到虹吸辅助管口时，水便从此管中急剧下落，并将虹吸管内的空气抽走，使管内形成真空，虹吸上升管中水位继续上升。此时虹吸下降管将水封井中的水也吸上至一定高度，当虹吸上升管中水与虹吸下降管中上升的水相汇合时，虹吸即形成，水流便冲出管口流入水封井排出，反冲洗即开始。因为虹吸流量远远大于进水流量，一旦虹吸形成，进水管来的水立即被带入虹吸管，水箱中水也立即通过连通渠沿着过滤相反的方向，自下而上地经过滤池，自动进行冲洗。冲洗水经虹吸上升管流到水封井中排出。当水箱中水位降到虹吸破坏斗缘口以下时，虹吸破坏管即将斗中水吸光，管口露出水面，空气便大量由破坏管进入虹吸管，破坏虹吸，反冲洗即停止，过滤又重新开始。

重力式无阀滤池的运行全部自动进行，操作方便，工作稳定可靠，结构简单，造价也较低，较适用于工矿、小型水处理工程以及较大型循环冷却水系统中做旁滤池用。该滤池的缺点是冲洗时自耗水量较大。

5. 消毒系统

矿井水净化处理后作为生活用水必须经过消毒处理，一般采用二氧化氯消毒，次氯酸钠和液氯采用较少。

 **任务实施**

在了解高悬浮物矿井水的水质特征的基础上，掌握高悬浮物矿井水的处理技术及工艺

流程。

思考与练习

1. 高悬浮物矿井水有哪些特征?
2. 简述高悬浮物矿井水的处理技术与工艺流程。
3. 简述高悬浮物矿井水处理的主要系统单元及构筑物。

任务三　高矿化度矿井水的处理

【知识要点】　高矿化度矿井水的特征;高矿化度矿井水的处理技术;高矿化度矿井水的工艺流程。

【技能目标】　具备简单分析高矿化度矿井水特征的能力;具备简要描述高矿化度矿井水处理技术与工艺流程的能力。

【素养目标】　培养学生崇尚科学,合理利用水资源的职业素养;树立保护生态环境的理念。

任务导入

当地下水与煤系地层中碳酸盐和硫酸盐类岩层接触时,矿物质的溶解使得矿井水中钙离子、镁离子、碳酸根等离子含量增多,导致矿化度增大,从而形成高矿化度水。在一些矿区高矿化度水存在非常普遍,是矿井水资源化的主要对象。

任务分析

通过分析高矿化度矿井水的水质特征,进一步掌握高矿化度矿井水的处理技术与工艺流程。为此,必须掌握以下知识:
(1) 高矿化度矿井水的特征;
(2) 高矿化度矿井水的处理技术;
(3) 高矿化度矿井水处理的工艺流程。

相关知识

一、高矿化度矿井水的特征

煤矿高矿化度矿井水的含盐量较高,矿化度大于 1 g/L,一般在 1 000～3 000 mg/L 之间,个别矿区如靖远矿大于 4 g/L,这种情况主要是由煤系地层中碳酸盐类岩层及石膏层溶解于地下水造成的。在东部沿海,由于地下咸水混入,地下水矿化度增高,属于我国大部分地区的苦咸水含盐量范围,所以,有些煤矿也称高矿化度矿井水为苦咸水。

高矿化度矿井水主要分布在我国西北的靖远、窑街、华亭、阿干镇、山丹,内蒙古的乌海,东北的抚顺、阜新,以及山东、苏北、两淮的部分矿井。

二、高矿化度矿井水的处理技术

高矿化度矿井水除采用传统工艺去除悬浮物和消毒外,其关键工序就是脱盐。经过适

当的技术,脱盐后的水可以作为生活饮用水。

高矿化度矿井水处理的工艺流程一般分成两个部分:第一部分是预处理,主要是去除矿井水中的悬浮物,采用常规混凝沉淀技术;第二部分是脱盐处理,使处理后出水含盐量符合我国生活饮用水卫生标准。

1. 预处理方法

采用一般的处理方法将其所含的悬浮物去除后排入水体,依靠水体的稀释作用降低盐类物质的浓度。若需要作为水资源利用,则须做进一步的深度处理——脱盐。

2. 深度处理的技术方法

(1) 化学方法(离子交换法)

离子交换法是化学脱盐的主要方法,这是一种比较简单的方法,就是利用阴阳离子交换剂去除水中的离子,以降低水的含盐量。此法用在进水含盐量小于 500 mg/L 时比较经济,可用于高矿化度水经膜分离法处理后的进一步除盐工序。

(2) 膜分离法

膜分离法是利用选择性透过膜分离介质,当膜两侧存在某种推动力(如压力差、浓度差、电位差)时,使溶剂(通常是水)与溶质或微粒分离的方法。

膜分离法的主要特点是:低耗、高效、不发生相变、常温进行、适用范围广、装置简单、易操作和易控制等。而膜分离法水处理则具有适应性强、效率高、占地面积小、运行经济等特点。

反渗透和电渗析脱盐技术均属于膜分离技术,是我国目前苦咸水脱盐淡化处理的主要方法。但是膜分离法的一个主要问题是膜易污染,为了防止膜污染,一般这两种技术对进水水质均有严格的要求。因此进水必须经过一般的预处理,即经过沉淀、过滤、吸附和消毒等几个步骤方可。

① 反渗透法

反渗透法(简称 RO)是借助于半透膜在压力差(一般为 3 070 kg/cm)作用下进行物质分离的方法。它可有效地去除无机盐类、低分子有机物、病毒和细菌等。适用于含盐量大于 4 000 mg/L 的水,脱盐处理较经济。此法与电渗析法相比,其优点是:产品回收率高,脱盐率和水的纯度高,投资费用低,无污染等。缺点是:操作压力高,能耗大,设备较复杂,对进水水质要求高等。

目前反渗透膜与组件的生产已经相当成熟,膜的脱盐率高于 99.3%,透水通量增加,抗污染和抗氧化能力不断提高,销售价格稳中有降;反渗透的给水预处理工艺经过多年探索,基本可保证膜组件的安全运行;高压泵和能量回收装置的效率也在不断提高。以上措施使得反渗透淡化的投资费用不断降低,淡化水的成本明显降低。随着科技的进步,反渗透法将在高矿化度矿井水处理中具有更加广阔的发展前景。

与常规的水处理技术如离子交换、加药、电渗析相比,反渗透装置单位体积内膜面积比大,脱盐离高达 99% 以上;在分离过程中无相变化及相变化引起的化学反应,能耗低;膜分离过程是清洁的生产过程,不使用化学试剂,不排放再生废液,不污染环境;工艺流程简单,有利于实现水处理的连续化、自动化;结构紧凑、占地面积小,适用于大规模连续供水的水处理系统;水的回收率较高,一般为 75%～80%。

但是,在反渗透运行过程中,除了对原水进行严格处理外,还要控制进水 pH 值,以防止膜的水解,同时要定期清洗膜组件,以避免膜表面污染和结垢阻塞。

② 电渗析法

电渗析脱盐技术简称为电渗析(ED)法,是在外加直流电场的作用下,利用离子交换膜对溶液中离子的选择透过性,使溶质和溶剂分离的一种物理化学过程。含盐原水经过电渗析器后,便可得到淡化水和浓缩液(浓水)。

电渗析法除盐有基本两个条件:一是离子的带电性——水中离子是带电的,在直流电场中,阴、阳离子作定向迁移,根据同性相斥、异性相吸的原则,阳离子移向阴极,阴离子移向阳极;二是离子交换具有选择透过性——离子交换膜用于电渗分离,离子交换膜是一种由高分子材料制成的具有离子交换基团的薄膜,分为阳膜和阴膜两类,阳膜只允许水中的阳离子透过,阻挡阴离子,而阴膜只允许水中的阴离子透过而阻挡阳离子。

良好的离子交换膜应具备下列各种条件:① 具有较高的离子选择透过性;② 具有低的渗水性;③ 具有较低的膜电阻;④ 化学稳定性良好,能耐高浓度的酸碱和一定的温度;⑤ 具有高的机械强度和适当的厚度;⑥ 膜的全部结构应均匀一致,表面光滑。

电渗析法一般淡化水量为总进水量的 $50\%\sim70\%$。当进水含盐量小于 4 000 mg/L 时用此法较为经济。

电渗析除盐法的优点是工作介质不需要再生,可连续出水;不需要消耗化学药品,设备简单,操作方便;工艺简单,除盐率高,制水成本低、不污染环境;与离子交换法串联使用可制取纯水等。此法存在的主要问题有:水回收率较低(一般为50%左右),采用浓水循环工艺虽可使水回收率提高,但其循环方法及控垢药剂的投加,目前尚少成熟经验;易发生极化结垢和膜寿命短。电渗析操作电流、电压直接受原水水质、水量的影响,过程稳定性差,电耗较大。另外,必须对其进水进行深度预处理,并使铁化合物含量不超过 100 μg/L。

(3) 蒸馏淡化法(热力法)

使用高温(蒸馏)和低温(冷冻)的处理过程均属热力法淡化。蒸馏法是对含盐水进行热力脱盐淡化处理的有效方法。采用多效多级蒸发的方法制取淡水并进行盐类浓缩。此法以消耗热能为代价,一般适用于含盐量超过 3 000 mg/L 矿井水的处理。该方法所制取的淡水可直接利用。主要问题是防止热交换表面结垢。

蒸馏法与其他处理方法不同,其最大的弱点是高能消耗,这也成为阻碍其推广的主要原因。但它有独特的优点:① 由于这种方法是依靠能源加热原水,经蒸发提取淡水,故不需任何化学药品或离子分离膜;② 适应原水的含盐量的范围广,含盐每升数百至数万毫克的矿井水均可处理;③ 对原水的预处理要求低,只需进行普通预处理悬浮物即可;④ 由于蒸馏法得到的是蒸馏水,故水质品质高;⑤ 淡化率较高。

为了降低成本,蒸馏法可考虑用煤矸石作为廉价燃料,故在煤矿区得到广泛推广。若是利用煤矸石和低热值煤为燃料,采用蒸馏法处理高矿化度矿井水,会受益多多:一是增加了煤矸石的利用程度,减少了占用土地和征地费用;二是有利于改善矿区大气环境质量、水环境质量和土壤环境质量;三是可以变废为宝,大大降低高矿化度矿井水处理费用;四是燃烧后的煤矸石仍然可作建筑材料和水泥拌料。

三、高矿化度矿井水处理的工艺流程

高矿化度矿井水的工艺流程见图 6-3。该工艺有效地保证了脱盐处理的顺利进行。

反渗透和电渗析均属于膜分离技术,对进水水质均有严格要求,以防膜污染。产生膜污

图 6-3   高矿化度矿井水处理的基本工艺流程图

染的因素主要来自 3 个方面——悬浮物、胶体和微粒,溶解性总固体,溶解性有机物。针对这 3 种污染物质,一般有下列几种处理方法:

(1) 利用混凝、沉淀、过滤,去除水中的悬浮固体微粒和胶体物质。

(2) 利用活性炭等吸附剂进行过滤,去除水中油类等可溶性有机物。

(3) 利用接触氧化等方法,防止产生 $CaCO_3$、$Mg(OH)_2$ 沉淀等污垢。

(4) 利用氯气消毒,杀灭细菌、藻类等微生物。防止这些微生物及其分泌的黏状物质在膜表面产生软垢。

上述这些预处理步骤,对于电渗析和反渗透脱盐技术一般都是必要的。

总之,高矿化度矿井水处理是一项较为复杂的系统工程,涉及范围广,影响因素多,投资大。从各种处理工艺及运行结果来看,用蒸馏法淡化苦咸水,可以充分利用煤矿充裕的低值能源,处理同等规模的苦咸水水量时,投资大体与电渗析相当,但运行费用要低于电渗析,在煤矿处理高矿化度矿井水方面具有广泛的前景;反渗透技术优越的价格性能比在煤矿苦咸水淡化中将发挥其更大的作用,无论出水水质、电耗、脱盐效率、占地面积、自动化程度都是其他工艺所无法比的,但由于一次性投资较大,在目前的煤矿经济条件下,还不可能广泛推广应用;电渗析技术是目前处理高矿化度矿井水较为成熟也较为经济的一种方法,虽然还存在一些问题,但仍是使用最广泛的一种技术,我国目前处理高矿化度矿井水大多使用电渗析技术。

**任务实施**

在了解高矿化度矿井水的水质特征的基础上,掌握高矿化度矿井水的处理技术及工艺流程。

**思考与练习**

1. 高矿化度矿井水有哪些特征?

2. 简述高矿化度矿井水的处理技术。

3. 简述高矿化度矿井水的工艺流程。

任务四   酸性矿井水的处理

【知识要点】   酸性矿井水的形成与危害;酸性矿井水的处理技术与预防措施。

【技能目标】   具备分析酸性矿井水形成与危害的能力;具备简要描述酸性矿井水处理技术与预防措施的能力。

【素养目标】   培养学生崇尚科学,合理利用水资源的职业素养;树立保护生态环境的理念。

任务导入

　　酸性矿井水主要是由硫化物矿床的氧化产生的,在其演化过程中,对围岩的溶蚀作用会使得水的总硬度偏大,同时,煤层和围岩中的重金属离子,会溶入水体,以毒性更强的离子状态存在,对生态环境的影响巨大,所以对于酸性矿井水的处理要高度重视。

任务分析

　　通过了解酸性矿井水的形成与危害,进一步掌握酸性矿井水的处理技术与措施。为此,必须掌握以下知识:
　　(1) 酸性矿井水的形成与危害;
　　(2) 酸性矿井水的预防措施;
　　(3) 酸性矿井水的处理技术。

相关知识

一、酸性矿井水的形成与危害

　　酸性矿井水是指含硫矿产在开发过程中,由于开采活动等人为因素的影响,促使地下水酸化而形成的矿井水。一般 pH 值小于 6.5,多介于 2~4 之间。酸性矿井水含 SO_4^{2-}、Fe^{2+}、Fe^{3+}、Mn^{2+} 及其他金属离子,其溶解性总固体和总硬度也因酸的作用而增高。主要分布在南方川、贵、湘、鄂等矿区,西北及蒙西部分矿区。

　　1. 酸性矿井水的形成

　　酸性矿井水主要起因于富含硫的矿产的开采。以煤矿为例,天然状态下,煤层埋藏于地下还原环境,含硫矿物在封闭的体系中是稳定的。而在开发过程中,煤层暴露在空气中破坏了原有的还原环境,为含硫成分的氧化创造了条件;同时受疏干排水影响,地下水位明显下降,包气带范围显著扩大,大气降水对地下水补给量增加的同时亦导致地下水中溶解氧增加,从而加重了地下水的氧化作用强度。因此,水的渗入和空气中氧的参与导致煤层及其顶底板中的硫铁矿、有机硫通过化学和生物作用而形成游离硫酸或硫酸盐,从而使矿井水呈酸性。

　　2. 酸性矿井水的危害

　　(1) 污染地表水体

　　酸性矿井水污染地表水体,破坏生态环境,含硫酸盐酸性废水不经处理直接排入地表水体污染环境,将使受纳水体酸化,降低 pH 值,危害水生生物,并产生潜在的腐蚀性。这类酸性废水也会破坏土壤结构,减少农作物产量。

　　(2) 污染地下水系统

　　由于酸性矿井水在井下与围岩裂隙水存在一定水力联系,因此有可能在未排放前直接污染地下水。另外,受酸性矿井水污染的地表水,如果直接补给浅层地下水,将同样导致地下水受到不同程度污染。

　　(3) 腐蚀破坏作用剧烈

　　酸性矿井水 pH 值较低,因而具有极强的腐蚀性,能腐蚀排水泵、排水管路和井下钢轨、

钢丝绳等金属设备设施。在苏联的布里亚矿区,经精确测量,由于酸性水的作用 8 h 内使钻杆直径减小 1 mm。在我国的福建龙岩、山西大同和贵州六盘水也不乏酸性水腐蚀水泵配件、管材、坑道设备的实例。酸性矿井水甚至会影响下游桥梁安全。

（4）恶化井下施工环境

酸性水在向深部排泄过程中,可能发生脱硫酸作用,生成的硫化氢是一种毒性很强的化合物,其含量达万分之一时,就能闻到难闻的气味;达万分之二时,人的眼睛会受到严重刺激;达千分之一时,会导致死亡,达到 6% 时有爆炸危险。由此可知,酸性水的形成极有可能造成对井下工人身体健康的损害。

（5）影响自然景观

酸性矿井水在排放过程中,由于产生 $Fe(OH)_3$ 沉淀,使水体两岸和底部变成令人厌恶的红褐色,不仅破坏了当地的自然环境景观,而且也影响附近的旅游观光产业。

二、酸性矿井水的预防措施

控制酸性矿井水产生速率的主要因素有:水体的 pH 值、温度、溶解氧、水的饱和度、Fe^{3+} 化学活动性、暴露的金属硫化物表面面积、酸产生所需的化学活动能和细菌活动。因此,预防必须从其控制因素加以考虑。

1. 封闭矿坑

封闭矿坑的方法,是通过建筑封闭墙来防止硫化物与空气接触,从而抑制硫的氧化反应。设计时,所有通矿坑的巷道都要采用垒石砌筑方法加以封闭,要求隔墙做成风门状,既能阻止空气进入又能让水流出,为此可设计一条保留巷道使其不断被水充满。有时,要在封闭墙下面灌注泥浆帷幕防止漏水,同时为了使巷道在充满水后能释放压力而打钻孔。

能否采用矿坑封闭墙,应根据现场水文地质勘查而确定,关键问题在于是否会发生空气和地下水的泄漏以及能否有效地防止和控制泄漏。

2. 控制矿坑水补给源

在一定的水文地质条件下,尽量减少地下水、地表水和大气降水对矿井水的补给,从而达到减少酸性废水产出量。具体的控制方式是在露天煤矿阻止地表水进入采场;对于坑采矿井,阻止断层、塌陷裂缝形成的导水通道渗水;在采空区采取相应的防渗措施以减少酸性水产量;在塌陷区复垦范围植树造林拦截地表水,减少地下水渗滤,控制黄铁矿氧化;在井下回填矸石,控制顶板以防止地面水沿塌陷裂缝浸入老空区,应留好浅部保护煤柱防止大气降水沿煤层露头带渗入。以上措施必须建立在对地下水详细调查的基础上。

3. 疏干地下水系统

是指在地下水进入矿坑使硫化物发生氧化之前,就将这些地下水排至地表。在有利的水文地质条件下,在开采中和开采后都可以把不断向深井渗透的水源含水层疏干。适合于地下水疏干的岩层条件为:矿层上覆（或下伏）很薄的透水岩层,在含水层和需开采的矿层之间有较高的水位差,且渗透和补给率很有限。设计疏干量大小时应以将含水层疏干或抽水量恰好与进入含水层的补给量基本相当为目的。从经济角度看,钻井疏干与传统的矿山酸性废水处理方法相比费用较低,而且疏干工程可以和市政或工业供水结合起来,从而达到综合利用的目的。

三、酸性矿井水的处理技术

1. 中和法

目前,对酸性矿井水的处理方法很多,一般多采用石灰石、石灰等为中和剂进行处理。中和后的水一般可以直接排放或者作为生活工业用水,若含有其他成分则进一步处理以达到回用目的。

(1)石灰石中和法。以石灰石为中和剂的处理方法,主要有石灰石滚筒式中和过滤法和升流式膨化中和过滤法两种(图 6-4 和图 6-5)。滚筒中和法处理法是目前煤矿经常采用的酸性矿井水处理工艺。

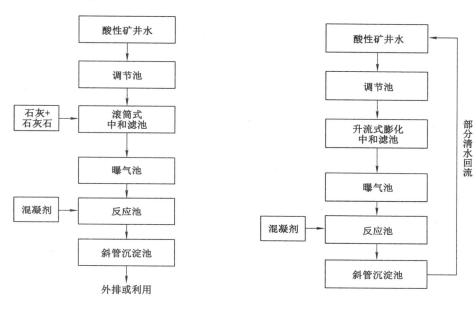

图 6-4 石灰石滚筒中和
曝气-混凝-沉淀联合处理工艺流程

图 6-5 升流式膨化中
和过滤处理工艺流程

石灰石中和过滤法均采用石灰石作为中和剂与酸性矿井水中 H_2SO_4 进行中和反应,产生微溶的 $CaSO_4$ 和易分解的 H_2CO_3。由于滤料处于不断滚动和摩擦状态,不断产生新的反应表面,从而使反应能够连续进行。其优点是操作简单、管理方便、处理费用低。其缺点是在中和出水后的 pH 值难以达到排放标准,一般只能维持在 $4.0 \sim 4.5$;对二价铁去除效果差。在中和滚筒过滤法中,因大量 $CaSO_4$ 在滚筒内壁和出水口产生沉淀,常造成滚筒内径有效尺寸减小,堵塞滚筒出水口,因此需经常清洗,即增加劳动量、降低设备利用率,又需消耗大量酸而使处理成本提高。

在石灰石中和过滤池的过程中,因酸性矿井水中含有大量悬浮物,这些悬浮颗粒常同微溶 $CaSO_4$ 相互包裹结成较大的颗粒而造成滤池堵塞。解决这类问题的办法是对中和出水进行曝气处理,曝气的作用一是驱赶溶解于水中的 CO_2、使出水 pH 值升高,达到国家排放标准;二是随着出水 pH 值升高,溶解氧能促使 Fe^{2+} 氧化成 Fe^{3+},而后生成 $Fe(OH)_3$ 沉淀,使铁离子得以去除。

滚筒式中和过滤法在石灰石中需掺入部分石灰,这样可提高石灰石粒度,即保证酸性矿

井水通过滚筒时 H_2SO_4 被彻底消耗掉,又能使大颗粒石灰石在随滚筒转动过程中对滚筒产生摩擦作用,使 $CaSO_4$ 难以在内壁产生沉淀。对于升流式膨胀滤池,可以采用部分回流中和后出水的方法稀释原水。

【案例 6-1】 图 6-6 为川埠煤矿石灰石中和滚筒法处理该矿酸性水的工艺流程。酸性水经过耐酸泵提升并进行扬水曝气去除 CO_2 后,进入滚筒,滚筒直径为 1.0 m,长度为 6.0 m,转速为 12 r/min,处理能力为 50 m^3/h。酸性水在滚筒中与粒径 $20\sim100$ mm 石灰石反应,出水在旋流式反应池中进一步与石灰石颗粒接触反应,经沉淀池处理后,出水达标排放。

图 6-6   川埠煤矿石灰石中和滚筒法处理酸性水工艺流程

（2）石灰中和法。在矿井水处理中采用来源方便、价格便宜的石灰作为中和剂。使用时需先将石灰（CaO）调制成石灰乳后形成熟石灰[$Ca(OH)_2$],其具体工艺流程见流程图 6-7 所示。

石灰中和处理法是利用石灰与酸性矿井水中 H_2SO_4 产生反应、生成 $CaSO_4$ 沉淀而使酸性矿井水得到中和。石灰中和法的优点是操作方便、价格合理。其缺点是目前反应池一般采用隔板式,由于矿井水中的悬浮物（SS）浓度高,这些颗粒将同石灰乳包裹在一起而形成较大颗粒沉淀于池底,从而降低实际利用率。此外,由于不设搅拌器,石灰在反应池内仅仅靠水力作用与 H_2SO_4 产生反应,混合不均匀造成出水 PH 仍然达不到排放标准,可以在反应池内设置机械搅拌器解决这类问题。

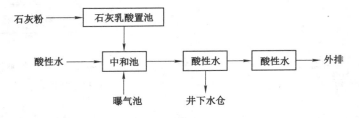

图 6-7   石灰中和法处理工艺流程

（3）石灰石-石灰联合中和法。该法是将石灰石中和法与石灰中和法经优化组合而形成的一种处理工艺,因而兼具前两种工艺的优点,其工艺流程见图 6-8 所示。废水先流经石灰石滚筒,以中和水中大部分的游离酸,然后再用石灰或石灰乳中和,使水的 pH 值进一步提高,一般控制在 8.0 左右。在此条件下 Fe 离子水解并产生沉淀,形成的絮状物可以起到混凝作用,有利于悬浮固体的去除。

图 6-8   石灰石-石灰联合中和法处理工艺流程

（4）石灰乳中和法。石灰乳中和法是将生石灰加水，调配成石灰乳状液（约含 5%～10% 的活性氧化钙），将该液体注入井下酸性水中与 H_2SO_4 进行反应，中和反应在中和池内进行。

优点是设备简单，管理方便，对水量、水质的适应性强。在井下就消耗掉 H_2SO_4，避免了酸性矿井水对排水泵等机电设备的腐蚀，但在处理水量大时因石灰的用量大，运转费用较高。

（5）生物-化学中和法。生物化学中和法是利用氧化亚铁硫杆菌在酸性条件下将 Fe^{2+} 转化成 Fe^{3+}，然后用石灰石进行中和，可同时实现对酸性矿井水的除铁以及中和处理。具体工艺流程如图 6-9 所示。

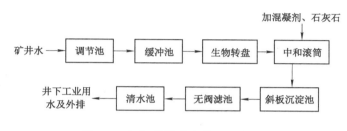

图 6-9 生物-化学联合处理工艺流程

（6）粉煤灰中和法。粉煤灰不仅含有碱性氧化物，而且具有一定的吸附特性。该处理方法尚处于试验阶段，但粉煤灰的来源广泛、取材容易、价格低廉，用它处理酸性矿井水，无疑又开辟了一条以废治废、充满希望的环保之路。

2. 人工湿地法

人工湿地酸性矿井水处理方法是 20 世纪 70 年代末在国外发展起来的一种污水处理方法。它利用自然生态系统中的物理、化学和生物的三重协同作用，通过过滤、吸附、沉淀、离子交换、植物吸收和微生物分解来实现对污水的高效净化。

与中和法等传统酸性矿井水处理方法相比，人工湿地法的优点主要有：出水水质稳定；对 N、P 等营养物质去除能力强；基建和运行费用低、技术含量低；运行可靠，易于管理，投资省，无须处理污泥，高效低耗；维护管理方便、耐冲击负荷强，适用于处理间歇排放的污水和具美学价值。

利用湿地生态工程处理系统处理煤矿酸性矿井水，在客观上和技术上均被论证是可能的，但是在工程上实现这种工艺仍存在很大差距，主要表现在下列几个问题上：

（1）湿地生态工程要求进水的 pH 值高于 4.0，当低于 4.0 时意味着要改善基质和腐殖土层并有必要添加石灰石。煤矿酸性水 pH 值一般为 2.0～4.0，为了保持湿地系统中基质和腐殖土层特性，以满足植物生长要求，必须添加石灰石，结果会导致成本提高和工艺复杂化。

（2）湿地生态工程系统处理酸性水速度非常慢、停留时间长，一般要求 5～10 d，因此需要占用大量土地面积。而且大片塌陷区改造成具有处理能力的湿地生态系统，势必耗费巨大的投资。另外由于占地面积大，将来管理和维护亦非常困难。同时，寒冷地区冬季的处理效果差。

案例分析

【案例 6-2】 枣庄矿务局朱子埠煤矿酸性水处理实例。

(1) 概况

枣庄矿务局朱子埠煤矿是 1959 年简易投产的年生产能力为 30 万 t 的矿井,矿井排水量 3.0 t/min,正常日排水量为 2 500～3 000 t,由于该矿井田含煤地层为石炭系太原组与二叠系山西组,煤层和围岩中含有较多的黄铁矿结核,使矿井水呈酸性,pH 值为 3.92～3.89,低于国家规定排放标准值 6～9 的要求。自 1976 年开始,枣庄市环保局对朱子埠矿实行超标准征收排污费,平均每年征收排污费 13.70 万元,造成该矿严重的负担。1989 年朱子埠矿投资建造酸性矿井水处理站,中和剂采用电石渣(一种碱性废渣,相当于石灰),1994 年和 1995 年两年投资 8 万元,引进一套酸性水处理自动监测 pH 值控制系统,经过半年多 100 多次运行测试,效果良好,pH 值数字监测显示灵敏、可靠,提高了矿井水处理效果,节约了中和剂,处理后出水达到了工业回用水要求。

(2) 工艺流程

图 6-10 为朱子埠矿酸性水处理工艺流程图。酸性水经水泵提升至地面,一部分进入调节池,作为配制电石渣碱性水的用水,其余大部分则直接进入静态混合器,与碱性水进行中和反应,出水经沉淀池沉淀处理后,pH 值达到排放标准。当需要回用这部分出水时,需投加聚合氯化铝混凝剂进行混凝沉淀处理,出水进入清水池,可回用于工艺用水。

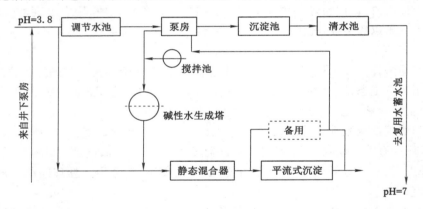

图 6-10   朱子埠矿酸性矿井水处理工艺流程图

1995 年 10 月份开始,该矿安装 pH 值自动监测控制系统,经过半年运行,结果表明,pH 值数字监测显示灵敏、可靠,pH 值控制范围达到 (7±0.5)pH 要求,解决了电石渣投加量的控制问题,节约电石渣达 20%,降低了投渣人员的劳动强度。

(3) 效益分析

朱子埠煤矿在 1989 年兴建酸性水处理站之前,由于酸性水直接外排,造成严重污染,每年缴纳 13.70 万元的排污费。酸性水处理站建成后的 1992 年,就免缴排污费 19.80 万元,同时还回用处理后出水而节约水资源费 7.76 万元,扣除全年水处理运行费 17.6 万元,则年创经济效益 9.96 万元。

此外,由于酸性水的处理和回用,改善了环境,缓和矿与地方农民及环保局的关系,收到

明显经济效益、环境效益和社会效益。

在了解酸性矿井水的水质特征的基础上，通过案例分析，掌握酸性矿井水的处理技术及工艺流程。

1. 什么是酸性矿井水？有哪些危害？
2. 酸性矿井水如何进行预防？
3. 酸性矿井水的处理技术有哪些？

任务五　含有毒有害元素矿井水的处理

【知识要点】　含有毒有害元素矿井水利用技术；含有毒有害元素矿井水处理工艺；煤泥水处理技术；煤矿生活污水处理技术及主要系统单元与设备。

【技能目标】　具备简要描述含有毒有害元素矿井水利用技术与处理工艺的能力；具备简要描述煤泥水处理技术、煤矿生活污水处理技术与工艺设备的能力。

【素养目标】　培养学生崇尚科学，合理利用水资源的职业素养；树立保护生态环境的理念。

含微量元素或放射性元素矿井水，虽不为多见，但毒害大，应引起重视。煤矿生活污水处理技术已经发展成熟，为矿井水的回收利用开辟了一条新的途径。

通过分析有毒有害元素矿井水与煤矿生活污水的特征，进一步掌握其处理技术与工艺流程。为此，必须掌握以下知识：

（1）含有毒有害元素矿井水利用技术；
（2）含有毒有害元素矿井水处理工艺；
（3）煤泥水处理技术；
（4）煤矿生活污水处理技术及主要系统单元与设备。

一、含有毒有害元素矿井水利用技术

一般地，将含氟矿井水，含铁、锰或某些重金属离子（如铜、锌、铅）矿井水及含放射性元素矿井水统称为含有毒有害元素矿井水。含氟矿井水主要来源于含氟较高的地下水区域或煤与围岩中含有氟矿物萤石 CaF_2 或氟磷灰石的地区。饮用高氟水，容易产生骨质疏松，氟斑牙等病症。我国北方一些煤矿矿井水含氟超过 1 mg/L。含铁、锰矿井水一般是在地下水还原条件下形成的,大多呈现 Fe^{2+}、Mn^{2+} 的低价状态,有铁腥味,容易变混浊,可使地表水的溶解氧降低,这类水需要经过处理后才能使用或外排。含重金属矿井水主要指含有 Cu、Zn、Pd 等元素的矿井水,这些元素浓度符合排放标准,但超过生活饮用水标准,所以不宜直接饮用。在油煤共生地层中矿井水含油质,放射性元素水主要指含有超过生活饮用水标准的 U、Ra 等天然放射性核素及其衰变产物氡 Rn 的矿井水,还有个别矿井水中含 α、β 等放射性粒子。

目前这类矿井水发现量还不多,主要分布在华北、东北、西北及华东部分矿区的少数矿井。此类矿井水根据所含污染物的不同,分别有与其相对应的处理方法。首先应去除悬浮物,然后对其中不符合目标水质的污染物进行处理。对含氟水,可用活性氧化铝吸附加以去除或在电渗析法除盐的同时除氟,主要方法有混凝法、吸附法、离子交换法、电凝聚法和膜法等。含油矿井水可采用气浮法处理。含铁、锰等重金属离子的矿井水,可采用曝气充氧和锰矿过滤加以去除,通常采用混凝、沉淀、吸附、离子交换和膜技术等处理方法。此类矿井水经处理后一般直接排放,在有些情况下可作为工业用水。含放射性元素的矿井水是由于煤系地层含有放射性物质溶入地下水而形成的。含放射性物质的煤矿开采受严格限制。

二、含有毒有害元素矿井水处理工艺

1. 含重金属矿井水处理工艺

含重金属矿井水是指矿井水中 Hg、As、Pb、Cr 等元素的含量超过我国生活饮用水卫生标准,对自然环境和人类健康危害最大的一种工业废水。我国大部分矿区的矿井水中不含重金属或重金属含量很低,只有东北、华北北部、淮南等矿区部分矿井的矿井水含铁、锰离子较多,同时也含有少量的重金属离子,且超过生活饮用水的标准。由于无论采用何种方法处理重金属污水均不能分解破坏重金属,所以只能通过转移其存在的位置、改变其物理或化学形态的方法对其进行处理。一般采用的方法有沉降法(如离子交换法、氧化还原法、硫化法等)和分离法(如反渗透法、电渗析法等),处理后的矿井水可直接排放,而处理遗留物如沉淀污泥或浓缩产物等,还要经过进一步的工序进行处理,以防二次污染。含重金属矿井水处理工艺如图 6-11 所示。

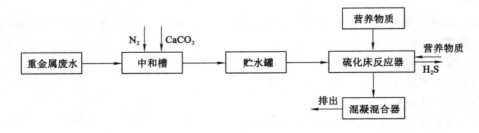

图 6-11   含重金属矿井水处理工艺流程

2. 含放射性污染物矿井水处理工艺

随着人们对矿井污水成分的深入研究,我国越来越多的矿区发现含放射性污染物。据检测,我国矿井污水放射性超标的主要是 α 粒子,少量为 β 粒子和 γ 射线。这些放射性物质会损害人体组织,在体内大量蓄积会引起畸形、突变,诱发癌症等,严重者可导致死亡。因此,矿区应该加强对该类矿井水的综合治理。一般采用的处理方法有化学沉淀法、离子交换法和蒸发法。化学沉淀法(图6-12)多用于低放和中放废水处理;离子交换法技术在处理污水上的成效已经日益突出;蒸发法虽然耗能较多,但在煤矿区,可以开发利用煤矸石和低热值煤做供热原料。但总体而言,矿井水中的天然放射性核素经历了漫长的地质时期,放射性衰变产物与其母体达到放射性平衡状态,处于低放射性水平,放射性核素的浓度一般低于生活饮用水的标准,不影响生活饮用水。

图6-12 化学沉淀法处理放射性污染物矿井水工艺流程

3. 高氟矿井水处理工艺

高氟矿井水是指含氟量超过我国饮用水卫生标准1.0 mg/L的矿井水。其主要来源有含氟矿物的溶解、地质构造的影响、人类的生产活动等。在我国,含氟矿井水分布较为广泛,含量一般低于工业废水最高排放浓度,但氟元素的过多摄入又会导致氟中毒,因此矿区应注重对此类污水的处理。高氟污水的处理方法较多,按其原理可分为沉淀法(图6-13)和吸附法。在含氟水量较小的矿区可采用吸附剂吸附的方法;水量较大时可采用加钙盐并联合使用镁盐、磷酸盐等工艺,形成含氟沉淀而除去。采用上述方法的同时,还应综合考虑除氟的技术可行性和经济可行性,因地制宜,选择合理的工艺。

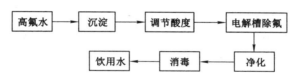

图6-13 含氟矿井水处理流程图

4. 含有机污染物矿井水处理技术

我国矿井水中有机污染物含量普遍不高,其中污染物主要来自开采过程中人类的生产活动、芳烃类物质的溶入等。一般去除有机污染物的方法主要包括生物预处理法、混凝沉淀法、电解气浮法、吸附处理法、氧化法、生物氧化塘处理法等。

三、煤泥水处理技术

含有煤泥等轻度污染的矿井水,这类矿井水水量不大稳定,常采用一体化净水器进行处理,该净水器是一种新型重力式自动冲洗式一体化净水器,适合进水浊度不大于3 000 mg/L,出水浊度不大于3 mg/L。该净水器集絮凝、反应、沉淀、排污、反冲、污泥浓缩、集水过滤于一体,自动排泥、自动反冲洗。处理后的水质达到生产和生活用水的要求。

四、煤矿生活污水处理技术

煤矿生活污水的净化工艺装置包括以下几个主要环节:隔栅、破碎机、砂石捕集器、初级沉淀池、生物净化装置、次级沉淀池、加药剂、消毒、再净化、沉渣加工。在相应流程中各个环节的组合取决于污水的数量、污染组分的浓度和组成,对净化水质量的要求以及其他条件。现以某一矿区为例,说明煤矿生活污水处理技术的实际应用。其工艺流程图如图6-14所示。

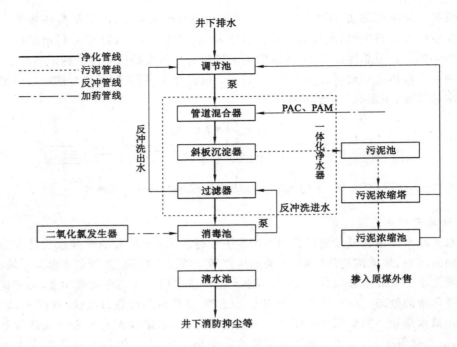

图 6-14　污水处理工艺流程图

当含有致病物质的污水时要进行消毒。消毒可采用氯化法、臭氧法或者利用强氧化剂以及用灭菌灯照射。采用液氯和次氯酸钠的氯化消毒法在煤炭工业得到最广泛的应用。

五、煤矿生活污水主要系统单元与设备

1. 调节池

调节池起到均匀水质、调节流量的作用。根据进水量的变化及工艺运行情况,应调节水量,保证处理效果;调节池每年至少清洗 1 次。清洗调节池时,应根据实际情况,事先制定操作规程,定期检查调节池浮球运行情况。

2. 一体化净水器系统

(1) 进水过程

当调节池水位高于高液位时,电控柜自动启动调节池水泵,将废水泵入一体化净水器,直至调节池水位低于低液位,调节池水泵自动停止运行,进水结束。通过调节回流阀控制流量,进水流量不得高于一定标准。

(2) 加药过程

污水进入一体化设备后开启 PAC、PAM 加药装置,对废水进行絮凝反应,进水结束后关闭加药装置。

(3) 排水过程

斜板沉淀池出水自流进入消毒池。

(4) 排泥过程

定期开启污泥排放阀,污泥排入污泥池,进行下一步处理。

(5) 反冲洗过程

打开反冲洗进水阀,开启反冲洗水泵,冲洗 15 min 后结束反冲洗,反冲洗水进入调节池。

3. 消毒及排水过程

一体化净水器出水进入清水池,清水池安装有二氧化氯发生器及浮球(位于高液位)、反冲洗水泵,二氧化氯发生器与二级提升泵联动,提升泵运行时,二氧化氯发生器开启,进行消毒,提升泵停止运行,消毒结束。

反冲洗水泵与浮球联动,当水位高于高液位,反冲洗水泵自动开启,将处理后的水通过出水管网达标排出站外。

4. 污泥脱水过程

当污泥池水位高于高液位时,电控柜自动启动气动隔膜泵,空压机与之联动,自动开启,为气动隔膜泵充气,气动隔膜泵将污泥抽至厢式压滤机,污泥经过厢式压滤机进行泥水分离,直至污泥池水位低于低液位,气动隔膜泵、空压机自动停止运行,污泥脱水过程结束。所脱的水流至调节池再一次进行循环处理。

 任务实施

在了解含有毒有害元素的矿井水与煤矿生活污水的水质特征的基础上,掌握其相应的处理技术及工艺单元。

 思考与练习

1. 简述含有毒有害元素矿井水的利用技术。
2. 简述含有毒有害元素矿井水的处理工艺。
3. 简述煤矿生活污水处理技术及主要系统单元。

任务六　矿井水资源综合利用

【知识要点】 矿井水资源化的概念与意义;矿井水资源化的形式与可行性分析;矿床疏干与排供相结合;矿井排水分质利用。

【技能目标】 具备明确矿井水资源化的形式与可行性分析的能力;具备矿井排水综合利用的能力。

【素养目标】 培养学生崇尚科学、科技强国的意识,合理利用水资源的职业素养;树立保护生态环境的理念。

 **任务导入**

大量未经处理的矿井水直接排放,不仅污染了环境,而且还浪费了宝贵的矿井水资源。将矿井水作为矿井水害加以防治,应进行统筹规划,综合开发利用和保护并举,从而实现矿井水资源化,以提高矿区水资源的利用。

 **任务分析**

通过了解矿井水资源化的概念,掌握矿井水资源化的意义与矿井水的综合利用。为此,

必须掌握以下知识：

(1) 矿井水资源化概述；

(2) 矿井水资源化的形式与可行性分析；

(3) 矿床疏干与排供相结合；

(4) 矿井排水分质利用。

 **相关知识**

一、矿井水资源化概述

未经处理而直接大量外排的矿井水，不仅造成矿区周围环境的污染而且造成大量水资源浪费。毫无节制地排水不仅大大浪费水资源、增加了矿产成本，而且还导致地面塌陷、地下水资源流失、水质恶化等环境问题。

据统计，目前我国煤矿矿井年排水量约 71.7 亿 m^3，其利用率较低。根据对我国北方以排放岩溶水为主的 32 个矿区的统计，矿井总排水量高达 253 m^3/min，其中 60% 为岩溶地下水，约占矿区所处岩溶水系统水资源量的 19%。毫无节制地排水不仅大大增加了吨煤开采成本，而且还导致诸如地面岩溶塌陷、地下水资源流失、水质恶化和生态系统破坏等一系列环境地质问题。

矿井水资源化是指为解决矿区严重缺水和矿井水污染环境问题，根据用户对水质和水量的需求对矿井水进行科学合理的净化处理和分质供水配置，从而使矿井水排水利用达到经济效益、社会效益和环境效益最优的过程。

矿井水资源化开辟了新水源，减少了淡水资源开采量；实现了"优质水优用，差质水差用"的原则，减轻或避免了长距离输水问题；解决了矿区严重缺水问题。

二、矿井水资源化的形式与可行性分析

1. 矿井水资源化的形式

矿井水资源化的形式有以下 3 种：

(1) 矿井排水处理后作为水源供给不同用户；

(2) 矿井预先疏水与矿井排水联合作为水源供给不同用户；

(3) 矿井预先疏水，矿井排水与矿区地表水优化配置作为水源供给不同用户。

2. 矿井水资源化可行性分析

(1) 矿区水资源量供需平衡分析

矿区水资源供需平衡计算与分析是指在矿区一定区域范围内，就水资源的供给与需求，以及它们之间的余缺关系进行计算与分析的过程。它以矿区现状和供需水发展趋势为基础，为矿区水资源的合理开发利用和矿区经济、社会、生态持续协调发展提供决策支持。

(2) 矿井水处理方式选择

经矿区水资源供需平衡分析，可以明晰供需矛盾，我国大部分矿区缺水，因此，利用矿井水缓解供需矛盾成为首选。如何合理利用就涉及矿井水处理方式选择。

矿井水处理后几乎可以满足目前各种不同要求用户的需求。一般矿井水处理方式应按照以下原则进行选择：首先满足矿井生产加工洗选，其次用于矿区生活、工农业生产，还可以用于生态、环保、人工景观等，当然也可以作为回灌、水源热泵等水源。根据不同目的可以选择相应矿井水处理方式。

（3）供水工程技术可行性和经济合理性分析

即水资源储、输、用系统以及水处理构筑物、管路,供水系统等,技术上是否可行、经济上是否合理。

三、矿床疏干与排供相结合

我国多数矿床的主要充水含水层,也是当地主要供水水源,尤其在北方更是如此。未来矿床的疏干必然要在保证矿山安全前提下实行排供结合。

1. 矿井排水的排供结合模式

受多种因素影响,目前我国矿井水的利用率很低。据北方矿床的不完整统计,煤矿矿井水利用率仅为20%～30%,铁矿约为54%。主要用于水质要求不高的农业灌溉和矿产资源开发利用有关的洗矿、发电、炼焦等行业,如用于居民生活或食品医药等工业,需考虑净化处理。

2. 预先疏干的排供相结合模式

在诸多疏干方法中,地表深井排水的预先疏干是一种理想模式,既可减少矿坑涌水量,又可建成供水水源地(如广东石录铜矿)。此外,根据矿山开采规模发展,渐进式地优化深井排水量,使疏干流场处于缓变状态(与突水相比较),可减弱疏干对环境的负面影响(如地面岩溶坍塌规模),同时也可减少水中泥沙含量以保护水质。

3. 利用含水层双层结构的排供结合模式

如山东金岭铁矿,在水文地质调查中发现,顶板充水围岩中奥陶灰岩上强下弱的双层含水结构,中间虽有隔水层相隔但两者具统一的地下水位,放水试验证实了中间隔水层的存在。因此,改变了原设计在井下按开采水平各设疏干坑道的全面疏干方案,采用隔水层上部含水段抽水、下部弱含水段疏干的排供方案。开采表明,至第五开采水平时已出现明显上下分离的两个降落漏斗。

4. 暗河引流的排供结合模式

如湖南香花岭多金属矿为暗河管道充水矿床,境内分布12条地下暗河,在查明暗河轨迹基础上,用探洞确定暗河引流段的空间坐标,开始引流坑道在上游截暗河河水,灌溉农田200公顷,解决了4 000多农民的生活饮水问题,同时减少矿坑涌水量达98.85%。

四、矿井排水分质利用

不同煤矿矿井水的水质和排放情况差异较大,回用时应根据利用方向按分质分用、经济方便的原则,适当处理后优先保证矿区用水,尤其要优先考虑井下用水,做到先井下后井上、先矿内后矿外、先生产后生活。充分发挥矿区现有水利设施潜能,避免重复建设,其利用方向有:井下消防洒水、洗煤补充用水、热电厂循环冷却用水、绿化道路和防尘洒水、施工用水、矸石山灭火用水、农田灌溉用水及生活用水等。

1. 生活饮用水

矿井水做供水水源时,主要是洁净矿井水和含悬浮物不高的矿井水。一般而言,含悬浮物矿井水的水质较好,溶解性总固体和总硬度不高,pH值接近中性,有机物和有害重金属的含量较低,经混凝、沉淀、过滤、消毒等工艺就可达到生活饮用水标准要求。而高矿化度矿井水,由于含溶解性总固体高而不宜引用,目前比较成熟的脱盐技术即电渗析技术,虽然处理成本较高,但对于严重缺水的地区采用此法仍是可行的。

2. 煤矿井下生产用水

井下生产用水(井下防尘、洒水、煤层注水)一般只需降低矿井水中的悬浮物而不需要进行净化处理,矿井水经地面调节池沉淀降低悬浮物后即可直接供井下使用。

3. 地面工业用水

矿井水作为工业用水时,除了去除矿井的悬浮物外,还要去除可能对工业生产产生危害的有害物质,一般混凝处理后不需再加液氯消毒,即可直接用于澡堂、锅炉房、厕所和地面浇花、打扫卫生等。

4. 农业灌溉

矿井水用于农田灌溉,只要求降低悬浮物,一般经过沉淀池沉淀就能满足要求。

5. 矿井水回灌

将清水回灌到地下含水层中,以抬高地下水水位、补充地下水。

目前,山西部分矿区在矿井水资源化利用方面取得了一定的成效。

案例分析

【案例6-3】 双鸭山矿务局集贤煤矿污水处理。

(1) 工程概况

双鸭山矿务局污水处理工程将双鸭山集贤煤矿矿井水净化处理作为矿务局本部和集贤煤矿矿区的生产和生活用水。矿井水处理规模为 2.4×10^4 m³/h。

(2) 水质特点

矿井水在井下汇流过程中,不仅受到煤屑和废坑木的污染,而且还受到井下防尘洒水等污染,悬浮物多,水呈黑色,属于典型的含悬浮物型矿井水,SS=263 mg/L,COD=419 mg/L,铁和氟化物略有超标。

(3) 工艺流程(图 6-15)

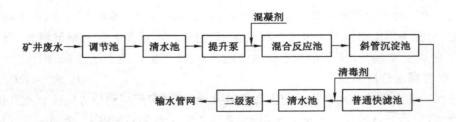

图 6-15　集贤煤矿污水处理工艺流程图

【案例6-4】 梧桐庄煤矿矿井水的处理与利用。

梧桐庄煤矿矿井涌水主要源自奥陶系灰岩含水层水,补给径流排泄条件较差,相对滞流,在长期水岩相互作用下,形成高矿化度、高硬度水质。并且矿井涌水在流经采煤工作面和巷道时,由于带入大量煤粉和岩粉等悬浮颗粒而具有高悬浮物的特性。此外,由于受矿工生产生活活动的影响,矿井水含有较多的细菌。该矿矿井水量为 1 100 m³/h,原水水质见表 6-1。

表 6-1   矿井水原水水质

水质指标	指标值	水质指标	指标值	水质指标	指标值
Ca^{2+}	593.18 mg/L	Cl^-	1 665.44 mg/L	矿化度	4 936 mg/L
Mg^{2+}	111.87 mg/L	SO_4^{2-}	1 658.34 mg/L	SS	1 800 mg/L
$K^+ + Na^+$	1 102.64 mg/L	NO^{2-}	70.25 mg/L	COD	6.52 mg/L
硬度($CaCO_3$)	1 941.94 mg/L	HCO_3^-	241.49 mg/L	pH	7.5

由于水资源比较紧张,根据该矿生产要求,200 m³/h 的矿井水经过处理后作为矿井井下消防、防尘等生产用水;125 m³/h 的矿井水经过处理后作为矿井井上生产、生活用水,剩余 775 m³/h 的矿井水由于矿化度较高,外排会造成生态环境破坏,经过充分研究,对此类矿井水实施地下深层回灌,将经过处理达到回灌水质要求的矿井水进行回灌,回灌水水质不高于回灌目标含水层的水质背景值。

通过矿井水处理试验研究和理论研究,确定矿井水处理工艺如图 6-16 所示。为了降低能耗,矿井水处理工艺分为井下处理工艺和井上处理工艺两部分。矿井原水经过井下混凝、沉淀、石英砂过滤技术处理后,200 m³/h 的矿井水可用于矿井井下生产。900 m³/h 的矿井水用泵抽到地面后,采用井上水处理工艺处理,其中 125 m³/h 的矿井水经井上超滤、反渗透技术处理后可以达到生活用水的水质要求;775 m³/h 的矿井水经过井上活性炭吸附和 ClO_2 消毒处理工艺处理后,可以达到地下水回灌的水质要求。

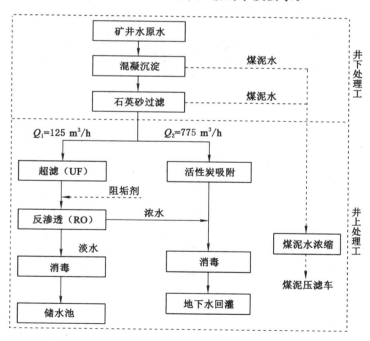

图 6-16　梧桐庄煤矿矿井水处理工艺流程图

【例 6-5】　高河煤矿矿井水的综合利用。

1. 高河煤矿用水水源选择与水量的分配

高河煤矿处于较为缺水的晋东南地区,该矿区内主要河流有浊漳河、岚水河与淘清河,流量随季节变化较大,不宜作为永久性水源。区内地下奥灰水属于洁净矿井水,呈中性,矿化度较低,属 SO_4^{2-}、HCO_3^-、Ca^{2+}、Mg^{2+} 型水,不含有毒有害离子,各项理化指标符合国家饮用水卫生标准,因此可作为矿区生活饮用水。

高河煤矿用水包括工业场地生产生活、洗浴用水,选煤厂生产补充水及锅炉房补充水,矿井井下消防洒水等。经各部分水量分配计算,得出用水水源:取地下水 2 283.14 m^3/d;利用井下排水 3 584 m^3/d;利用生活污水 1 884 m^3/d。

2. 高河煤矿矿井水处理工艺

为了保护环境,充分利用水资源,矿井工业场地一般生活、生产污水经处理后回用于选煤厂生产用水。污水处理工程的设计处理能力为 3 000 m^3/d 处理后水质要达到选煤厂生产用水水质标准。处理后作为生产用水,采用机械反应,竖流沉淀,重力无阀式过滤及消毒工艺。流程如下:处理后的生活污水→回用水池→生产清水泵→选煤厂生产补充水系统。

污水处理设备及建构筑物主要有:格栅间、调节池、水处理间与回用水池。全矿生活污水量为 1 984.23 m^3/d,其中工业场地污水量为 1 984 m^3/d,小庄风井场地污水量为 0.23 m^3/d。其工艺流程图见图 6-17。

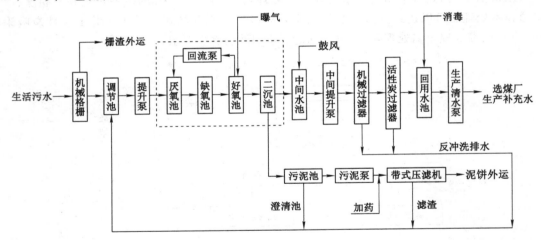

图 6-17　污水处理工艺流程图

高河煤矿井下排水由副立井排出,主要含有悬浮物。矿井水排水处理工程的设计处理能力为 8 000 m^3/d,处理后的水质满足生活杂用水水质标准和井下消防洒水水质标准。流程如下:井下排水(沉淀)→生产清水池→生产清水泵→选煤厂生产补充水系统。另一部分进入重力式无阀滤池,无阀滤池的反冲洗水自流进入吸水池,由潜污泵提升进入中水池,以提高矿井水资源的利用率。水力机械反应池中的煤泥水定时排放至煤泥浓缩池,经渣浆泵提升进入洗煤广管网。

矿井水处理设备及建构筑物主要有:调节预沉池、网格高密度迷宫斜板沉淀池、综合水处理间、水泵房、生产清水池、中水池与污泥泵房。其工艺流程图见图 6-18。

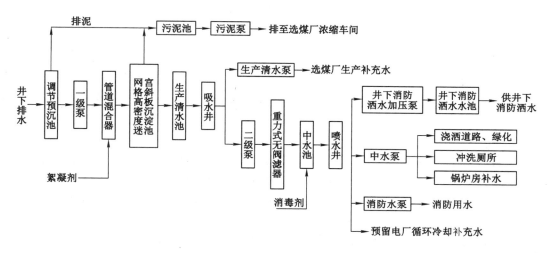

图 6-18 井下排水处理工艺流程图

3. 工艺特点

(1) 根据矿井水水质特点确定工艺技术参数,采用一次提升到机械反应池,再自流进入后续各处理构筑物,出水水质稳定可靠,动力设备较少,能耗较低。

(2) 采用机械反应池与重力式无阀滤池相结合的工艺技术,主要处理构筑物采用钢筋混凝土结构,具有占地面积小、使用寿命长、工程投资省、工艺简单、操作管理方便、运行成本低等特点。

(3) 矿井水中浮化油在机械反应投入电解质混凝剂后脱稳,被池内大量的回流泥渣截留和吸附,得以有效去除,高河煤矿矿井水处理系统实现了自动加药、自动刮油、自动排泥、自动反冲洗的全过程监控,根据矿井水水质、水量情况和监测结果及时调整加药量、污泥排放,保证处理出水达标。

4. 回收与利用

高河煤矿工业场地、小庄风井场地及选煤厂一般生产、生活用水均利用奥灰水,以确保卫生要求。井下排水经处理后分别用于矿井井下防尘洒水、冲洗厕所、浇洒道路、绿化用水、工业场地消防补充水及电厂循环冷却补充水;选煤厂生产补充水利用处理后的生活污水,不足部分由沉淀处理后的井下排水补给。井下消防洒水及选煤厂生产用水不足部分也由处理后的井下排水供给。总之,矿井水通过技术处理后得到了有效的回收与利用。

**任务实施**

在了解矿井水资源化概念及其意义的基础上,通过案例分析,掌握矿井水综合利用的途径与方法。

**思考与练习**

1. 什么是矿井水资源化?
2. 简述矿井水资源化的意义。
3. 矿井水综合利用的途径有哪些?

参 考 文 献

[1] 曹剑锋,迟宝明,王文科,等.专门水文地质学[M].北京:科学出版社,2006.

[2] 陈书平,张慧娟.矿井水文地质[M].北京:煤炭工业出版社,2011.

[3] 房佩贤,卫中鼎,廖资生.专门水文地质学(修订版)[M].北京:地质出版社,1996.

[4] 高宗军,郭建斌,魏久传,等.水文地质学[M].徐州:中国矿业大学出版社,2011.

[5] 郭东屏,张石峰.渗流理论基础[M].西安:陕西科学技术出版社,1994.

[6] 国家煤矿安全监察局.煤矿防治水细则[M].北京:煤炭工业出版社,2018.

[7] 国家煤矿安全监察局.中国煤矿水害防治技术[M].徐州:中国矿业大学出版社,2011.

[8] 国家煤炭工业局.建筑物、水体、铁路及主要井巷煤柱留设与压煤开采规范[M].北京:
煤炭工业出版社,2017.

[9] 胡达克,郭清海,王知悦.水文地质学原理[M].北京:高等教育出版社,2010.

[10] 胡绍祥.矿山地质学[M].徐州:中国矿业大学出版社,2015.

[11] 黄德发.焦作煤田矿井地下水防治[M].北京:煤炭工业出版社,2011.

[12] 霍崇仁,王禹良.水文地质学[M].北京:水利电力出版社,1998.

[13] 李华奇.矿井防治水[M].北京:煤炭工业出版社,2012.

[14] 李玉杰,田晓红.矿井水害防治[M].郑州:黄河水利出版社,2016.

[15] 梁秀娟.专门水文地质学[M].北京:科学出版社,2016.

[16] 刘其志,肖丹.矿井灾害防治[M].重庆:重庆大学出版社,1970.

[17] 孟召平,高延法,卢爱红.矿井突水危险性评价理论与方法[M].北京:科学出版
社,2011.

[18] 全国自然资源与国土空间规划标准化技术委员会.矿坑涌水量预测计算规程:DZ/T
0342—2020[S].北京:中华人民共和国自然资源部,2020.

[19] 全国自然资源与国土空间规划标准化技术委员会.矿区水文地质工程地质勘查规范:
GB/T 12719—2021[S].北京:国家市场监督管理总局,国家标准化管理委员会,2021.

[20] 沈照理,朱宛华,钟佐燊.水文地球化学基础[M].北京:地质出版社,1990.

[21] 陶涛,信昆仑,颜合想.水文学与水文地质[M].上海:同济大学出版社,2017.

[22] 王大纯,张人权,史毅虹,等.水文地质学基础[M].北京:地质出版社,1995.

[23] 王建平.水文地质勘察技术及应用[M].北京:中国水利水电出版社,2021.

[24] 王心义,李世峰,许光泉,等.专门水文地质学[M].徐州:中国矿业大学出版社,2011.

[25] 王秀兰,刘忠席.矿山水文地质[M].北京:煤炭工业出版社,2007.

[26] 王亚军.水文与水文地质学[M].北京:化学工业出版社,2013.

[27] 王增银.供水水文地质学[M].武汉:中国地质大学出版社,1995.

[28] 吴玉华,张文泉,赵开全,等.矿井水害综合防治技术研究[M].徐州:中国矿业大学出

版社,2009.

[29] 武强,崔芳鹏,赵苏启,等.矿井水害类型划分及主要特征分析[J].煤炭学报,2013,38
　　 (4):561-565.

[30] 武强,董书宁,张志龙.矿井水害防治[M].徐州:中国矿业大学出版社,2007.

[31] 武强,黄晓玲,董东林,等.评价煤层顶板涌(突)水条件的"三图一双预测法"[J].煤炭
　　 学报,2000,25(1):60-65.

[32] 肖长来,梁秀娟,王彪,等.水文地质学[M].北京:清华大学出版社,2010.

[33] 薛根良.实用水文地质学基础[M].北京:中国地质大学出版社,2014.

[34] 薛禹群.地下水动力学[M].2版.北京:地质出版社,1997.

[35] 杨绍平,邵虹波.水文地质勘察技术[M].北京:中国水利水电出版社,2015.

[36] 杨维,张戈,张平.水文学与水文地质学[M].北京:机械工业出版社,2016.

[37] 俞启香.矿井灾害防治理论与技术[M].徐州:中国矿业大学出版社,2008.

[38] 张永波,郭亮亮,时红.矿床水文地质学[M].北京:中国水利水电出版社,2020.

[39] 张正浩.煤矿水害防治技术[M].北京:煤炭工业出版社,2010.

[40] 郑坤灿.水处理实习指导教程[M].北京:化学工业出版社,2008.

[41] 郑瑞宏.矿山水文地质[M].徐州:中国矿业大学出版社,2014.

[42] 郑世书,陈江中,刘汉湖.专门水文地质学[M].徐州:中国矿业大学出版社,1995.

[43] 中华人民共和国安全生产法[M].北京:应急管理出版社,2021.

[44] 中华人民共和国矿山安全法[M].北京:法律出版社,2009.

[45] 中华人民共和国应急管理部,国家矿山安全监察局.煤矿安全规程[M].北京:应急管
　　 理出版社,2022.